高等学校计算机专业系列教材

算法设计与分析

第2版

黄宇 编著
南京大学

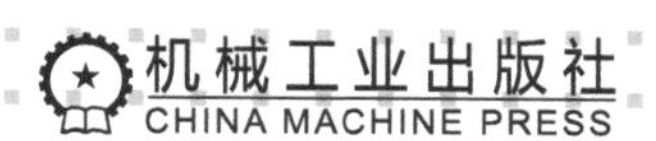

图书在版编目（CIP）数据

算法设计与分析 / 黄宇编著．—2 版．—北京：机械工业出版社，2020.6（2025.3 重印）
（高等学校计算机专业系列教材）

ISBN 978-7-111-65723-1

I. 算…　II. 黄…　III. ①计算机算法 - 算法设计 - 高等学校 - 教材　②计算机算法 - 算法分析 - 高等学校 - 教材　IV. TP301.6

中国版本图书馆 CIP 数据核字（2020）第 094633 号

本书是在作者多年从事“算法设计与分析”课程教学和研究的基础上编写而成的，系统地介绍了算法设计与分析的理论、方法和技术。本书内容围绕两条主线来组织。一条主线是介绍经典的算法问题，如排序、选择、图遍历等；另一条主线是介绍经典的算法设计与分析策略，如分治、贪心、动态规划等。

本书主要面向计算机专业本科生，以及其他需要学习计算机科学基本知识与了解计算机程序设计背后原理的读者。

出版发行：机械工业出版社（北京市西城区百万庄大街 22 号　邮政编码：100037）

责任编辑：张梦玲　　责任校对：李秋荣

印　　刷：中煤（北京）印务有限公司　　版　　次：2025 年 3 月第 2 版第 5 次印刷

开　　本：185mm×260mm　1/16　　印　　张：15

书　　号：ISBN 978-7-111-65723-1　　定　　价：59.00 元

客服电话：(010) 88361066　68326294

献给我的女儿允湉和允沿，她们与这本书一起孕育和成长。

前　言

算法是计算的灵魂（spirit of computing），而算法设计与分析的基础知识是计算机科学的基石。算法设计与分析的内容很丰富，可以从不同视角进行组织与阐述。一种视角是关注经典的算法问题，如排序、选择、查找、图遍历等；另一种视角是关注经典的算法设计策略，如分治、贪心、动态规划等。

根据这一“二维视角”，本书的核心内容分为四块，如图 1 所示。从问题的视角看，主要有两类问题。第一类为序相关的问题，包括基于比较的排序、选择与查找；第二类为图相关的问题，包括基本的图遍历问题以及最小生成树、最短路径等图优化问题。从策略的视角看，主要有两类策略。第一类为遍历策略，包括线性表上的遍历和图上的遍历；第二类为优化策略，在序相关的问题上主要体现为分治策略，在图相关的问题上体现为贪心策略与动态规划策略。

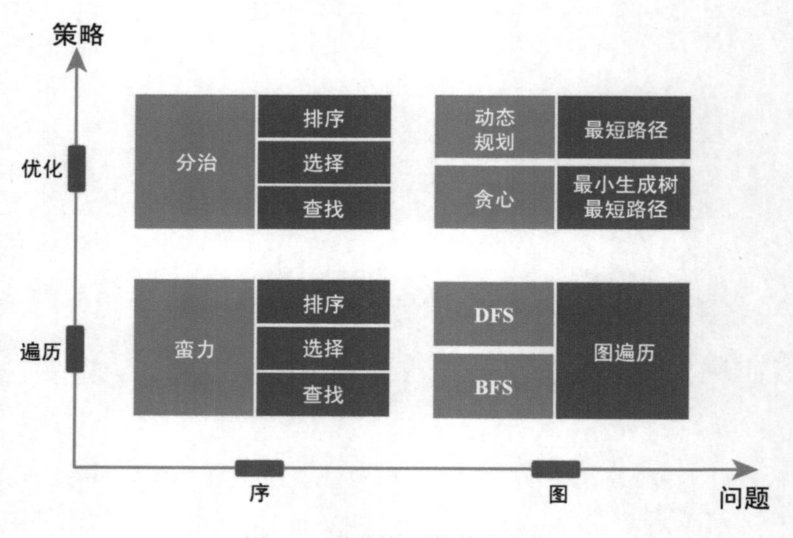

图 1　二维视角下的核心内容

上述核心内容是算法设计与分析中最基础的知识与最典型的技术。以此为基础，本书进一步讨论更深入的算法设计与分析技术。一类是围绕经典数据结构的算法设计与分析，另一类是进阶的算法分析策略。此外，本书集中讨论抽象的 —— 与机器、实现语言无关的 —— 算法设计与分析。为此，在主体内容之前，本书首先讲解计算模型的基础知识，它是后续抽象的算法设计与分析的基础。本书的最后介绍计算复杂性的基础知识，试图让读者在了解各类算法问题、学习各种算法设计与分析技术之后，对算法问题的难度有一个总体的认识。本书内容的总体结构如图 2 所示。

本书的内容是作者在多年授课的过程中逐渐积淀而成的，因而它不是对算法设计与分析知识的一个百科全书式的覆盖，而是对一些重点内容更专注的讨论。本书的内容和组织方式是面向一个学期的授课而设计的。在授课形式方面，我们将课程分为主课与辅课两种形式。主课主要围绕典型的问题、经典的算法展开，而辅课则主要围绕算法策略展开。若干次的主课讲授形成一个阶段，每一个阶段结束后，通过一次辅课从策略的视角回顾最近阶段的一组算法，同时补充新的素材对相应的策略进行进一步的讨论。

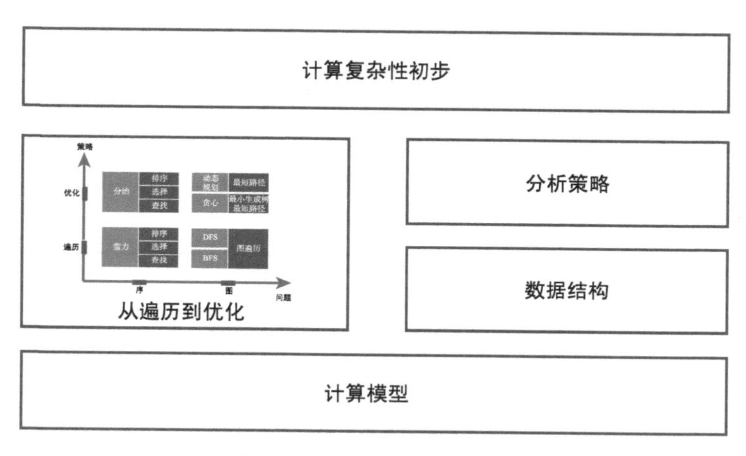

图 2　本书内容总体结构

在知识讲授之外，实践也是算法设计与分析课程的重要组成部分。算法课程的实践分为两类。一类是传统的习题。本书习题大体按照这样的顺序给出：首先是紧扣书本知识的习题，例如一些简单定理的证明、紧扣算法细节的一些问题等；其次是应用题，它需要读者对一个具有一定现实意义的问题进行建模，并用书中的算法知识来解决问题。另一类是编程实现题。本书的应用题大都可以用于算法编程实现的训练。在实际授课中，我们挑选了部分应用题作为编程实现题，并基于开源的 OnlineJudge 平台进行自动评测，取得了良好的效果。

本书的素材主要源自南京大学计算机系本科生“算法设计与分析”课程的授课内容。其中一部分素材来源于共同授课的其他老师，包括前期负责讲授主课并指导辅课教学的陈道蓄老师，以及后期共同分班讲授这门课程的钱柱中、张胜、徐经纬老师。还有一部分素材来源于经典的算法教科书和国外大学的授课教师在其课程网站上发布的课程材料。另外，还要感谢“算法设计与分析”课程早期的两位助教魏恒峰和杨怡玲，他们对大量的课程资料进行了整理与提炼。最后要感谢上过这门课的学生，他们创造性的提问与解题时所犯的错误为本书提供了宝贵的素材。

教学建议

南京大学计算机系“算法设计与分析”课程的讲授采用三种不同形式：主课、辅课、习题课。

- 主课围绕各个主要知识点进行专题讲授。下面列出了主课的授课计划，包括每次课的主题以及所对应的书本中的章节。
- 辅课主要是对前一阶段主课知识的多角度解读，以及重点内容的强化。辅课的授课往往以经典例题的讨论为主，以知识点的阐述为辅。下面也列出了辅课的授课计划，它穿插在主课的授课过程中，将主课的授课划分为若干阶段。
- 习题课主要包括书面习题以及上机评测问题的讲解。习题课的讲授可以根据具体的教学、上机、考试等情况进行相应的安排。

教学章节	教学要求	课时
主课一　准备知识（第 1 章）	计算模型的基础知识 抽象算法设计与分析的基本概念	2
主课二　数学基础（第 2、3 章）	函数渐近增长率的基本概念 简单蛮力算法的逐步改进	2
	递归方程的基本求解技术 基于 Master 定理的分治递归求解	2
辅课一	从算法设计与分析的角度重新审视数学的概念	2
主课三　排序（第 4、7、14 章）	从蛮力排序到快速排序	2
	堆结构的维护 堆结构的应用：堆排序与优先队列	2
	合并排序 基于比较的排序的下界	2
辅课二	排序：从简单遍历到分治	2
主课四　选择（第 5、19 章）	选择问题的简单特例 期望线性时间选择 最坏线性时间选择	2
	对手论证的基本原理 用对手论证分析选择问题的下界	2
主课五　查找（第 6、15、16、18 章）	折半查找 平衡二叉搜索树的定义及平衡性分析	2
	动态等价关系下的查找 并查集的设计与分析	2
	哈希表的冲突消解技术 平摊分析的基本原理与典型应用	2

（续）

教学章节	教学要求	课时
辅课三	分治策略中的平衡性控制技术	2
主课六　图遍历（第 8、9 章）	DFS、BFS 基本算法框架 DFS 框架深入分析	2
	有向图中的 DFS：拓扑排序、任务调度、强连通片划分	2
	无向图中的 DFS：寻找割点、寻找桥	2
	BFS 遍历框架，BFS 的典型应用	2
辅课四	图遍历的深入理解与典型应用	2
主课七　图优化（第 10、11、12、13 章）	最小生成树：Prim 算法、Kruskal 算法	2
	最短路径：给定源点最短路径、所有点对间最短路径	2
	贪心算法的设计要素与典型应用	2
	动态规划策略的设计要素与典型应用	2
辅课五	从具体的图优化算法到通用的图优化框架	2
主课八　串匹配（第 17 章）	基于有限自动机的串匹配 KMP 算法的原理	2
主课九　计算复杂性初步（第 20、21 章）	P 问题、NP 问题的基本概念 问题间归约的基本概念	2
	NP 完全问题的基本概念 基本的 NP 完全性证明技术 近似算法的基本概念 算法设计与分析的前沿简介（随机算法、在线算法、分布式算法等）	2
辅课六	NP 完全性的基本概念辨析 NP 完全性证明的基本技术示例	2

目　录

第三部分 从图遍历到图优化

第四部分 围绕数据结构的算法设计

第五部分 算法分析进阶

第六部分 计算复杂性初步

第一部分

计算模型

这一部分内容是学习全书后续知识的基础。首先我们引入计算模型的概念。有了计算模型这台“抽象的计算机”，我们就可以在其上讨论抽象的——与机器、实现语言无关的——算法设计与分析。在讨论算法设计时，我们着重讨论算法正确性的严格证明，其关键挑战在于算法的输入可能有无穷多个。应对无穷多个输入的主要手段是数学归纳法。在讨论算法分析时，根据抽象算法的特点，引入“关键操作个数”这一与机器、实现语言无关的指标，算法分析本质变为对关键操作执行的计数。算法分析的基本内容包括最坏情况时间复杂度分析和平均情况时间复杂度分析。

在给出计算模型和抽象算法设计与分析的概念后，我们进一步讨论跟算法设计与分析相关的数学知识，即从刻画计算机运作和算法设计与分析的角度，重新思考学习过的数学知识。首先建立常用的数学函数与常见的算法操作之间的关联；其次引入函数渐近增长率的概念，这是描述算法代价的基本工具；最后讨论一类特殊形式的递归方程的求解，这类递归是分析分治算法（参见第二部分各章节的讨论）的有效工具。

第1章 抽象的算法设计与分析

为了讨论与机器、实现语言无关的抽象算法设计与分析，必须有一台“抽象的机器”——一个计算模型（model of computation）——作为算法的载体。为此，本章首先讨论计算模型的基本概念，然后引入 RAM 模型。在此基础上，进一步介绍抽象的算法设计与分析的基本概念。

1.1 RAM 模型的引入

1.1.1 计算的基本概念

如今，计算技术已经渗透到日常生活的各个方面，显著地改变了人们的生活。计算技术的广泛应用与巨大成功让人不禁思考：“为什么计算机似乎无所不能？”例如，人们平时的工作、娱乐、交流都得益于计算机的支持。但是经过进一步思考，可以提出一个更加深入的问题：“为什么有些事情对人来说不难，而对计算机来说却非常困难？反之亦然，为什么有些事情对计算机来说很容易，而对人来说却非常困难？”例如，一个人很容易理解另一个人所讲的话，而这对计算机来说却十分困难。再例如，从海量的歌曲信息中查找某首特定的歌曲，对于计算机来说很容易，而对于人来说却非常困难；但是歌曲是由人来谱曲的，对于计算机来说，哪怕“创作”一段很短的曲调都是非常困难的事情。

上述问题与计算技术的本质特征紧密关联。计算的首要使能技术（enabling technology）是 0/1 编码。所有需要计算机处理的信息都先进行 0/1 编码，然后以 0/1 比特的形式进行处理，最终再从 0/1 比特解码为用户易于理解的形式并输出。能够进行 0/1 编解码的信息均可以用计算机进行处理，而计算机几乎无所不能的原因在于，很多常见的信息均可以有效地进行 0/1 编解码。例如，我们要拍一张照片发送给远在地球另一端的朋友。首先，数码相机将物理的影像信息 0/1 编码成特定格式的图片，这些包含影像信息的 0/1 比特可以在计算设备上存储、复制，还可以通过网络进行传输，同时，收到这些 0/1 比特的人也可以用特定的软件对它们解码并在显示设备上显示。

0/1 编解码的“魔术”使得计算机只需要通过一组种类有限的、较为简单的操作，就可以对信息进行处理。计算机能完成复杂的任务，其关键不在于计算机能做各种复杂的操作，而在于计算机能组合简单的操作完成复杂的任务。因而计算的关键特征在于：*基于有限种操作的灵活组合来完成复杂的计算任务*。这可以用大家熟悉的积木做一个类比。一套积木中，积木块的种类是有限的，但是积木块的组合方式却是任意多的（假设每一种积木块都足够多）。搭积木的意义在于用有限种类的积木块做出多种（创造性）组合。

计算的这一本质特征也解释了计算机的擅长与不擅长：计算机并无创造能力，它只不过是根据预先指定的操作序列依次执行。计算机的优势在于它执行操作的速度很快，不知疲倦，并且在高强度的工作负载下很少犯错（相对人而言）。这就解释了对于海量信息的简单处理（例如检索海量歌曲信息），计算机远比人类要擅长。但是对于自然语言理解、艺术创作等“创造性”的事情，计算机就难以做到，或者说计算机必须依赖人将这些创造性的事情先转换成简单操作的组合，才能按照人的安排机械地完成。

有了计算的基本概念，我们可以给算法下一个宏观的定义：*算法就是一组计算机操作的序列，遵循算法的指示，计算机对任意合法输入执行一系列操作，并给出正确的输出。*

1.1.2 计算模型的基本概念

对计算基本概念的讨论表明，算法首先依赖于一台机器，机器能执行种类有限的操作（*称之为指令*），但是每条指令的执行次数可以是任意多的。算法描述了一种指令的序列，它能对任意合法的输入完成计算，给出正确的输出。

基于上述算法与机器之间的关系，引出了一个更深入的问题。假设大家有计算机程序设计的基本知识与动手经验。回顾日常的编程活动，大家会发现：*我们解决计算问题时的思考和处理是与机器、实现语言无关的*。一方面，假设你会在普通的 PC 上对一组元素进行排序，现在把计算设备换成一台手机。如果你预先了解了手机编程的基础知识，那么你对于排序的思考和理解，可以帮助你轻松地在新的手机平台上完成相应的排序程序。另一方面，假设你用 C 语言实现了一个排序算法，现在把实现语言换成 Java。如果你充分了解 Java 语言的知识，那么你对于排序的思考和理解，可以帮助你轻松地用新的 Java 语言实现同样的排序算法。

可以从两个不同的角度来思考上述现象背后的原因。

- *自顶向下地看*：我们掌握的是一种抽象的原则，它与具体的机器和编程语言无关。换成算法的语言来说，我们是在一台抽象的机器上完成了算法的设计与分析。当我们熟悉机器和语言的细节时，可以轻松地将抽象的算法“实例化”（instantiate）成具体机器、具体语言的算法实现（*即程序*）。
- *自底向上地看*：虽然计算设备千差万别，但是可以在汇编语言的层次上思考它们的共同之处。不考虑体系结构的不同，不同机器的主要差别是寄存器数目和字长的不同。但是这些参数虽然不同，却都在一个接近的范围内。可以将每一种计算设备看成这样一种机器，即提供一组基本操作，完成数学、逻辑计算和存储器访问。一台机器上的一个操作在另外一台机器上总可以用常数个操作模拟。这样，不同机器的代价至多差常数倍，它们在本质上是一样的。

上面论述中提到的“抽象的机器”就是计算模型，它是抽象的算法设计与分析的基础。计算模型可以执行数学运算、逻辑运算、存储器访问等基本操作。它仅存在于我们的思维之中，但是它包含了计算设备的核心运作机理。提到计算模型，最有名的是图灵机㊀，它是英国数学家阿兰·图灵于 1936 年提出的。但是图灵机的描述能力过于强大而不便于使用。对于讲授算法设计与分析的基础知识而言，更合适的计算模型是简单易用的 RAM 模型。

1.1.3 RAM 模型

我们使用 RAM（Random Access Machine）模型作为讲解抽象的算法设计与分析的计算模型。根据上面的讨论，可以把 RAM 模型理解成一台抽象的逻辑上的计算机，其基本构成如图 1.1 所示。RAM 模型包含一个只读的输入纸带和一个只写的输出纸带。输入纸带由一个

㊀ http://en.wikipedia.org/wiki/Turing_machine。

个空位组成，每个空位存储一个整数。每当一个空位的值被读入后，读写头向右移动一个空位。输出纸带同样由多个空位组成，它开始全部为空。当执行写指令的时候，RAM 模型首先在当前的空位写下数值，然后读写头向右移动一个空位。一旦某个值被写到纸带上，它就不能再被更改。存储空间由一系列的寄存器 $r_0, r_1, \cdots, r_i, \cdots$ 构成，每个寄存器可以存储一个任意大小的整数值。这里假设问题的规模不是特别大，能够在存储器中处理。同时，假设计算所涉及的整数不是特别大，可以在机器的字长内表示。

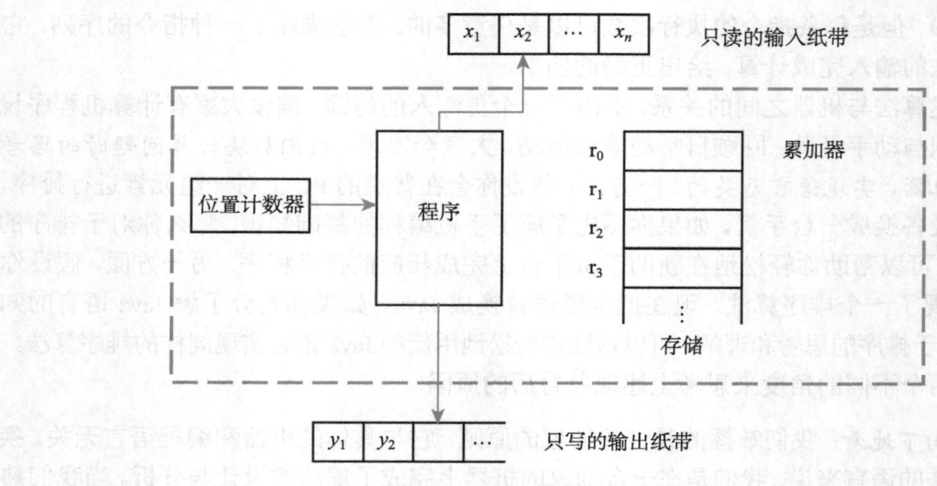

图 1.1 RAM 模型的基本构成

RAM 模型执行的程序不是存放在存储器内的，因而程序不能修改其自身。程序只是一组指令的序列，这里对 RAM 模型所执行指令的细节并不关心，只是将它们粗略地分为三类。

- *简单操作*：RAM 模型可以执行常见的简单操作（simple operation）。这里不详细讨论每个简单操作的细节，只是假设对于现实计算机上常见的、合理的简单操作，RAM 模型都能完成。例如，排序时，能做两个待排元素的比较；串匹配时，能做两个字符的比较；图遍历时，能对一个节点染色等。
- *复杂操作*：复杂操作主要包括“循环”和“子程序调用”，在分析这些复杂操作时，需要把它们分解成简单操作的组合。
- *存储访问*：存储单元的读/写是简单操作。假设 RAM 模型有充分大的存储空间，并且每次执行存储访问操作需要单位时间。

注意，从理论上讲，可以将任意操作定义为简单操作，但是如果将一个实际很复杂的操作定义为简单操作，则得到的计算模型就会明显地偏离现实，不能对现实问题做准确有效的抽象，因而其本身就没有存在的意义。所以我们需要合理地使用定义 RAM 模型的简单操作的能力。本书并不会显式地列出 RAM 模型所有的简单操作，而是以现实计算机的指令集为指导，针对不同的算法问题，约定合理的简单操作集。

除约定合理的简单操作集之外，即使针对一个简单操作，当操作数的值特别大时，也需要合理地度量它的代价。具体而言，上面使用的是单位代价 RAM（unit-cost RAM，uniform

RAM）模型，即对于每个简单操作，无论它的操作数多大，均可以在单位时间完成。当操作数特别大时，这一代价计量方式就不太合理。此时，一个更准确的方式是使用对数代价（log-cost）RAM 模型，即操作的代价与操作数的比特数成正比。为了方便表述，不作说明的时候我们均使用单位代价 RAM 模型。同时本书会注意不去滥用这一模型。在特定问题中，我们会显式地说明需要使用对数代价 RAM 模型。例如，当算法的输入与数值相关的时候，包括背包问题、数论相关的算法问题等，对这些问题的建模往往需要使用对数代价 RAM 模型。

1.1.4　计算模型的选择：易用性与精确性

通过上面对 RAM 模型的介绍，我们可以很鲜明地感受到 RAM 模型的特点：它是简单易用的，但同时它对诸多要素的刻画是粗略的。RAM 模型在自身的易用性和建模的精确性这两个矛盾的方面做到了比较好的权衡。

首先来看 RAM 模型的“不精确性”。在 RAM 模型中，很多特性各异的操作被统一抽象为简单操作，在后续的算法分析中，对它们的执行代价是不作区分的。这显然是一种简化处理。例如，两个数的加法和乘法都被抽象为简单操作，但是乘法操作一般比加法操作的代价要高一些。又例如，编译器对于循环操作的优化，以及多线程技术的使用，可以使某些复杂操作和一些简单操作之间并没有太大的差异。再例如，当存储空间特别大的时候，实际的存储系统往往要分级，而不同速度的存储介质（例如缓存、内存、硬盘、网络存储）的访问代价是有显著差异的。

虽然上述三个例子（还有更多的例子）使得 RAM 模型定义中的三个关键假设（简单操作、复杂操作、存储访问）都不严格成立，但是 RAM 模型仍然是讨论抽象的算法设计与分析的一个很好的载体。每个模型都有它的适用范围，做一个类比，我们经常会将地球表面建模为一个平面。这显然不是一种精确的建模，因为众所周知地球表面是一个球面。因而在航海等活动中，这个模型是不适用的。但是，在诸如建一间房屋这样的活动中，平面模型又是一个简单实用的模型。定义 RAM 模型的核心是，要在模型的易用性和精确性之间做出高效的权衡。虽然 RAM 模型的一些假设比较理想化，在现实中往往得不到完全的满足，但是在 RAM 模型的定义中所做的抽象和假设在一般意义下都是比较合理的。面对现实中的问题，RAM 模型不会给出基本原则上错误的结论，只会在细节上有所不精确。RAM 模型捕捉了算法设计与分析的本质，适合在其上展开算法设计与基础知识的讨论。

正是由于 RAM 模型的上述种种不精确性，在特定的更深入的研究领域中，研究者设计了更精确的计算模型。除了前面提到的图灵机外，这里再简要介绍两个面向具体领域的计算模型，以帮助大家更好地对照理解 RAM 模型在易用性和精确性方面的权衡。

- *外部存储模型*（external memory model）：RAM 模型的一个重要特点在于对数据存储的简单建模。存储空间原则上是无穷的，并且存储访问的代价是统一的。随着数据量越来越大，这一存储模型在很多场合下有严重的不足。存储海量数据往往需要一组多级的存储空间（memory hierarchy），包括寄存器、（多层）缓存、内存、本地硬盘、网络存储等。每级存储的访问速度和存储容量有巨大的差异（经常超过 100 倍）。针对数据密集型的应用，研究者提出了外部存储模型，对不同存储介质的不同访问代价做了更精细的建模。

- PRAM（Parallel Random Access Machine）模型：随着多核处理器、并行计算、分布式计算等技术的发展，现代的计算设施越来越多地不再是串行计算。但是 RAM 模型并不具备刻画并行分布式计算的能力。为此研究者基于 RAM 模型扩充出针对并行计算的 PRAM 模型。PRAM 模型中有多个处理器，均连接到一块共享内存上。处理器之间的通信是通过共享内存的读写来实现的，算法设计者需要处理并发读写的冲突。PRAM 模型中没有建模通信的开销，因为通信完全是通过共享存储的访问实现的。

基于 RAM 模型这台“抽象的计算机”，我们可以讨论抽象的算法设计与分析：可以定义清楚什么是需要完成的计算任务（即*算法问题*），进而可以论证这台机器需要以何种顺序执行哪些操作才能完成指定的任务（即*算法设计*），还可以统计完成任务所需的开销（即*算法分析*）。

1.2　抽象算法设计

算法设计源于我们所面临的算法问题。为此本节首先讨论算法问题的严格定义，其次讨论算法设计，其核心是算法正确性的严格证明。

1.2.1　算法问题规约

基于 RAM 模型，我们主要讨论这样的算法：它接受有限的数据作为输入，进行相应的处理，在有限步内终止，并给出输出。因此，可以将算法问题严格地定义为精确限定输入/输出的“规约”（specif ication）形式。

定义 1.1（算法问题规约）　一个算法问题的规约主要包括两部分：

- 输入：明确规定了算法接受的所有合法输入。
- 输出：明确规定了对于每一组合法的输入，相应的输出值应该是什么。

例如，“求最大公约数”这一算法问题的规约如下：

- 输入：任意两个非负整数 a、b。
- 输出：a、b 的最大公约数㊀。

针对上述明确定义的算法问题，可以设计相应的算法来解决它。这里给出著名的欧几里得算法，又叫“辗转相除法”，如算法 1 所示。

算法 1: EUCLID(a, b)

```
1 if b = 0 then
2 |  return a ;
3 else
4 |  return EUCLID(b, a mod b) ;
```

㊀ 这里假设最大公约数这一数学概念的定义是明确的。

1.2.2 算法正确性证明：数学归纳法

有了算法问题的严格定义，我们就有了讨论算法正确性的（唯一）标准。要证明算法的正确性，就是要证明对于任意合法输入，算法的输出总是满足规约的要求。以欧几里得算法为例，证明该算法的正确性，就是要证明：对于任意两个非负整数的输入，算法输出的结果一定是输入的两个数的最大公约数。

证明算法正确性的核心挑战在于：算法的输入可能有无穷多种，我们需要保证无穷多种输入对应的输出必然都是对的。显然，具体工程实现中常用的测试技术是无法证明算法的正确性的。无论对多大规模的输入进行测试，始终有无穷多的输入是无法覆盖到的。众所周知，测试只能证明程序是有错的，而不能证明程序是无错的。测试只能尽量减少算法实现中的错误。

要证明一个可数无穷多的集合中的每个元素均满足某种性质，主要的手段是使用数学归纳法。在实际使用中，数学归纳法可以分为强、弱两种形式。

定义 1.2（**弱数学归纳法**）　*假设 P 是一个定义在自然数集合 $\mathbb{N}$ 上的命题*[⊖]*。如果：*

- $P(1)$ *为* TRUE。
- $\forall k \in \mathbb{N}, P(k) \rightarrow P(k+1)$。

则对所有的自然数 n，$P(n)$ 为 TRUE。

定义 1.3（**强数学归纳法**）　*假设 P 是一个关于自然数集合 $\mathbb{N}$ 的命题。如果：*

- $P(1)$ *为* TRUE。
- $\forall k \in \mathbb{N}, P(1) \wedge P(2) \wedge \cdots \wedge P(k) \rightarrow P(k+1)$。

则对所有的自然数 n，$P(n)$ 为 TRUE。

以数学归纳法为基本手段，证明算法正确性的关键是，将算法面对无穷多种输入，有无穷多种可能的执行的情况，按照某种原则变成关于自然数的无穷多个命题 $P(1), P(2), \cdots, P(n), \cdots$，然后再基于数学归纳法进行证明。需要指出的是，这两种数学归纳法都可以被看成源于更基本的良序原理（well-ordering principle）。强、弱数学归纳法和良序原理这三种形式不同的证明在本质上是等价的，只不过在不同的场景下某一种证明方式使用起来更加便捷。关于数学归纳法与良序原理的详细讨论参见附录 A。

下面以欧几里得算法为例，讨论算法的正确性证明。

定理 1.1　*EUCLID 算法是正确的。*

证明　要证明算法的正确性，就是要证明：对于任意的非负整数输入 a、b，算法的输出一定是 a 和 b 的最大公约数，记为 $gcd(a, b)$。证明采用数学归纳法，对输入的第二个参数 b 做归纳。为此，首先将要证明的结论转换成关于非负整数的无穷多个命题：

⊖ 本书中的自然数指的是正整数。有的情况下，数学归纳法会规定 P 是定义在非负整数上的命题，这在本质上是一样的。

$$P(0) = \forall a, \text{算法对输入 } a\text{、}0 \text{ 给出正确输出}$$
$$\cdots$$
$$P(k-1) = \forall a, \text{算法对输入 } a\text{、}k-1 \text{ 给出正确输出}$$
$$P(k) = \forall a, \text{算法对输入 } a\text{、}k \text{ 给出正确输出}$$
$$\cdots$$

首先对基础情况 $P(0)$ 进行证明。根据算法的实现，无论第一个参数 a 的取值是多少，EUCLID$(a, 0)$ 总是返回 a，这一结果符合最大公约数的定义，所以 $P(0)$ 为 TRUE。

其次，归纳假设当第二个输入参数 $b \leqslant k-1$ 时，算法总是正确的，即 $\forall b \leqslant k-1, P(b)$ 为 TRUE。下面考虑 $P(k)$ 的情况。根据算法实现，对于输入 (a, k)，算法将返回 EUCLID$(k, a \bmod k)$。根据归纳假设，由于 $a \bmod k \leqslant k-1$，所以算法总能正确计算 b 和 $a \bmod b$ 的最大公约数。根据最大公约数的性质，$gcd(a, k) = gcd(k, a \bmod k)$。将上述相等关系串联起来，结果如下面的公式所示：

$$\text{EUCLID}(a, k) \underbrace{=}_{\text{根据算法实现}} \text{EUCLID}(k, a \bmod k) \underbrace{=}_{\text{根据归纳假设}} gcd(k, a \bmod k) \underbrace{=}_{\text{根据最大公约数性质}} gcd(a, k)$$

由此就证明了对于任意的 a，算法总能正确计算 a、k 的最大公约数，即证明了 $P(k)$。

综上，我们使用数学归纳法证明了对任意非负整数 n，命题 $P(n)$ 为 TRUE，即证明了 EUCLID 算法是正确的。 ■

1.3　抽象算法分析

面对一个算法问题，正确设计算法之后的关键问题就是分析该算法是否高效。为此，首先需要针对抽象算法设计的特点讨论其性能指标，以此为基础进一步讨论算法的最坏情况和平均情况复杂度分析。

1.3.1　抽象算法的性能指标

算法性能分析的主要任务是度量算法执行所消耗的资源，而这样的资源主要体现在时间和空间两个维度上。算法分析表面上看很简单：要度量一个算法执行的时间，就直接记录其运行的物理时间；要度量一个算法执行所耗的空间，就直接度量其运行需要的存储空间的比特数。这一做法看似精确，但是在度量算法的性能时，存在较大的局限。因为一个算法实际执行所需的物理时间和存储空间，是与执行平台相关的，也是与实现语言相关的，另外还与运行环境中的诸多其他因素相关。这一度量看似精确，其实它依赖的具体因素太多，反而未能准确表征算法的性能好坏。从计算模型的角度来看，由于我们是在 RAM 模型上设计抽象的算法，所以算法性能的度量指标也应该具有与机器、实现语言无关的特征，同时它还需要能够较为准确地表征算法的性能。

一个在度量的一般性和精确性之间取得较好权衡的时间复杂度指标是在 RAM 模型上执行简单操作（simple operation）的个数。执行操作的个数很大程度上决定了算法执行的快慢，一个算法的具体实现的实际运行时间同其执行操作的个数往往具有线性关系。类似地，对于空间复杂度，我们可以直接用算法需要用到的 RAM 模型中寄存器的个数来度量。这一组性能指标源自于抽象的 RAM 模型，所以它也具有机器无关、实现语言无关的抽象性，能够较好地表征一个抽象算法的性能。基于上述指标，抽象算法分析的问题变成了一个计数（counting）问题：统计简单操作的个数和存储单元的个数。

在实际的算法分析中，还可以对简单操作的个数这一指标做进一步的精炼。算法分析往往不需要关心所有的简单操作，而是仅关注一些所谓的关键操作（critical operation）。这主要是因为，算法执行的大量简单操作都是辅助性的，并不是算法运作的核心。并且，一个算法执行的辅助性简单操作的个数往往和关键操作的个数满足一个线性关系，所以关键操作的个数能够准确表征算法的性能，同时它还大幅简化了算法分析的过程。例如，排序算法分析着重关注的是元素的比较（comparison of keys）这一关键操作。一方面，元素的先后顺序完全是由元素之间两两比较的结果来决定的；另一方面，虽然排序必不可少地需要进行其他简单操作，例如存储单元的读写、辅助变量的创建与修改等，但是这些辅助性的简单操作的执行，主要是由元素的比较推动的，它们的个数也不超过元素比较个数的某一个倍数。很多情况下，算法的关键操作是不言自明的，必要的时候我们可以在算法分析之前，明确约定算法的关键操作。常见算法问题中的关键操作如表 1.1 所示。

表 1.1　常见算法问题中的关键操作

算法问题	关键操作
排序、选择、查找	元素的比较
图遍历	节点信息的简单处理
串匹配	字符的比较
矩阵运算	两个矩阵元素之间的简单运算

有了度量算法复杂度的指标，我们就可以进一步进行算法分析，进而比较算法性能的好坏。这主要包括最坏情况复杂度分析和平均情况复杂度分析。下面两小节分别讨论这两个问题。

1.3.2　最坏情况时间复杂度分析

由于算法可以接受不同的输入，所以它的代价对于不同输入一般是不一样的。对于输入而言，它的一个核心的属性是其规模，这很大程度上决定了算法复杂度的高低。因此算法分析的本质不是具体的一个复杂度的值，而是输入规模 n 到算法复杂度的一个函数关系 $f(n)$。

进一步分析，上述思路中有一个小的漏洞：即使对于同样的输入规模，算法的执行时间也可能不同。所以同样的问题规模 n 可能有多个代价值与之相对应，也就是说，问题规模到算法复杂度的对应关系并不是一个函数映射。针对这一问题，可以引入算法的最坏情况复杂度的概念，其含义是在给定的规模下，最坏的输入所对应的最高的算法代价。因为对于给定的问题规模 n，其最高代价是确定的，所以这就建立了问题规模 n 与最坏情况复杂度 $W(n)$ 之间的函数关系。最坏情况复杂度不仅在数学上是一个函数关系，它同样有比较直观的现实意义。当算法的设计者能够接受一个算法的最坏情况复杂度时，他在不同情况下均可以放心地使用该算法。

可以严格地定义 $W(n)$ 如下。当问题输入规模为 n 时，算法所有可能的合法输入集合记为 D_n，一个具体的算法输入实例记为 I，$f(I)$ 表示对于具体的输入实例 I 算法的时间复杂度，则算法最坏情况时间复杂度可以定义为：

$$W(n) = \max_{I \in D_n} f(I)$$

这里主要讨论的是最坏情况时间复杂度，最坏情况空间复杂度的定义与之类似。

可以通过一个具体的例子来展示算法的最坏情况时间复杂度分析。假设需要在数组 $A[1..n]$ 中查找输入的元素 e。为了简化后续分析，进一步假设 e 必然存在于数组 $A[1..n]$ 中且仅出现 1 次。不难设计一个基于遍历所有输入元素的算法来解决这一问题，其实现如算法 2 所示。

算法 2: SEQUENTIAL-SEARCH($A[1..n], e$)

```
1 for i := 1 to n do
2 │ if A[i] = e then
3 │ └ return i ;
```

基于对输入元素的假设，算法 2 的代价主要取决于元素 e 出现于数组中的位置。元素 e 出现的位置越靠后，算法的代价越大，所以其最坏情况代价对应于 e 出现于 $A[n]$ 位置时的代价 n。因此算法 2 的最坏情况时间复杂度 $W(n) = n$。

1.3.3　平均情况时间复杂度分析

仅靠最坏情况时间复杂度尚不能充分表征算法的性能。一种经常出现的情况是，算法在遇到某些输入时代价很高，所以它的最坏情况时间复杂度很高。但是这些“坏输入”出现的可能性很小，所以综合来看这样的算法的性能是良好的。此时应该有一个比最坏情况时间复杂度更“公平”的指标来度量算法的代价，为此需要引入平均情况时间复杂度的概念。

为了表征不同输入出现的可能性不同这一情况，假设算法所有可能的输入服从某个概率分布，这样算法的时间复杂度就成为一个随机变量，而它的期望值 $A(n)$ 就被定义为算法的平均情况时间复杂度。具体而言，记规模为 n 的所有可能输入为 D_n，每个输入 I 出现的概率为 $Pr(I)$，则：

$$A(n) = \sum_{I \in D_n} Pr(I) \cdot f(I)$$

同样考察上述元素查找的问题，假设所有可能的输入等概率地出现。由于元素 e 以相等的概率 $\frac{1}{n}$ 出现于数组 $A[1..n]$ 中的每一个位置上，所以算法的代价仅受元素 e 实际出现的位置影响。所有可能的输入，按照元素 e 出现位置的不同，分为 n 种情况，分别对应于元素 e 出现在 $A[1]$，$A[2]$，$\cdots$，$A[n]$ 这 n 个位置上。分析每种情况出现的概率及其对应的算法代价，可知算法的平均情况时间复杂度为：

$$A(n) = \sum_{i=1}^{n} \frac{1}{n} \cdot i = \frac{n+1}{2}$$

1.4　习题

1.1（三个数排序）　输入三个各不相同的整数：

1）请设计一个算法对输入的三个整数排序。

2）在最坏情况下、平均情况下你的算法分别需要进行多少次比较（假设所有可能的输入等概率出现）？

3）在最坏情况下对三个不同的整数排序至少需要进行多少次比较？请证明你的结论。

1.2（三个数的中位数）　输入三个各不相同的整数：

1）请设计一个算法找出三个数的中位数。

2）在最坏情况下、平均情况下你的算法分别需要进行多少次比较（假设所有可能的输入等概率出现）？

3）在最坏情况下要找出三个不同整数的中位数至少需要进行多少次比较？请证明你的结论。

1.3（集合最小覆盖问题）　已知全集 $U = \{1, \cdots, n\}$ 和 U 的子集组成的集合族 $S = \{S_1, \cdots, S_m\}$。定义集合的最小覆盖问题为：找出 S 的最小子集 T（元素个数最少），满足 $\bigcup\limits_{S_i \in T} S_i = U$。例如，全集 $U = \{1,2,3,4,5\}$ 有下面几个子集 $S_1 = \{1,3,5\}$、$S_2 = \{2,4\}$、$S_3 = \{1,4\}$ 和 $S_4 = \{2,5\}$，则最小覆盖为 $\{S_1, S_2\}$。

1）请找出下面算法失败的例子：首先选择 S 中最大的集合 S_i，并从全集中将 S_i 中的所有元素删除；然后从 S 剩余的集合中挑选最大的并从全集中删除对应元素；重复上述过程直到全集中的所有元素都被覆盖。

2）请设计一个算法计算输入全集的一个集合覆盖（不一定是最小覆盖），并证明你所设计的算法的正确性。

3）你所设计的算法能否保证总是得出最小覆盖？如果能，请证明你的结论；如果不能，请针对你的算法举出一个反例。

1.4（换硬币问题）　定义换硬币问题如下：给定 n 个硬币，它们的面值为自然数 $S = \{s_1, s_2, \cdots, s_n\}$；另外给定一个自然数金额值 T。需要从 S 中找出若干个硬币，使得它们的面值和为 T，或者返回“不存在满足要求的硬币集合”。下面讨论三种不同的算法设计方案：

1）依次扫描硬币 $s_1, s_2, \cdots, s_n$，并累加金额。

2）按面值从小到大的顺序，依次扫描硬币，并累加金额。

3）按面值从大到小的顺序，依次扫描硬币，并累加金额。

在上述扫描过程中，如果金额值正好累积到 T，则返回已经扫描得到的硬币；否则返回“不存在满足要求的硬币集合”。请将上述三种方案分别描述成算法，并通过举反例的方式证明这三个算法的“不正确性”。

1.5　假设你有足够多个面值为 3 分的硬币和两个面值为 5 分的硬币。给定自然数金额值 N ($N > 7$)，请设计一个算法用已有的硬币正好兑换指定的金额，并证明算法的正确性。

1.6　NEXT 算法用来计算任意非负整数的后继，请证明它的正确性。

```
1 算法: int NEXT(int n)                                   /*   n≥0   */
2 if n = 0 then
3 └ return 1;
4 else if n mod 2 = 1 then
5 └ return 2·NEXT(⌊n/2⌋);
6 else
7 └ return n + 1;
```

1.7（多项式计算） HORNER 算法能够计算多项式 $P(x) = a_n x^n + a_{n-1} x^{n-1} + \cdots + a_1 x + a_0$ 的值，请证明其正确性。

```
1 算法: HORNER(A[0..n], x)
2 p := A[n] ;                          /* 数组A[0..n]存放系数a_0, a_1, ···, a_n */
3 for i := n−1 downto 0 do
4 └ p := p · x + A[i] ;
5 return p ;
```

1.8（整数相乘） INT-MULT 算法用来计算两个非负整数 y、z 的乘积。

```
1 算法: int INT-MULT(int y, int z)                     /*  y ≥ 0, z ≥ 0   */
2 if z = 0 then
3 └ return 0;
4 else
5 └ return INT-MULT(c · y, ⌊z/c⌋) + y · (z mod c);
```

1）令 $c = 2$，请证明算法的正确性。

2）令 c 为任意一个不小于 2 的整数常数，请证明算法的正确性。

1.9 算法的输入 r 为 1 到 n 之间的自然数，r 取不同值的概率如下：

$$Pr(r = i) = \begin{cases} \dfrac{1}{n} & \left(1 \leqslant i \leqslant \dfrac{n}{4}\right) \\ \dfrac{2}{n} & \left(\dfrac{n}{4} < i \leqslant \dfrac{n}{2}\right) \\ \dfrac{1}{2n} & \left(\dfrac{n}{2} < i \leqslant n\right) \end{cases}$$

这里假设 n 是 4 的倍数。请针对输入的取值情况，分析下面算法的平均情况时间复杂度（一个 operation 的代价记为 1）。

```
1 if r ⩽ n/4 then
2 │ perform 10 operations ;
3 else if n/4 < r ⩽ n/2 then
4 │ perform 20 operations ;
5 else if n/2 < r ⩽ 3n/4 then
6 │ perform 30 operations ;
7 else
8 └ perform n operations ;
```

1.10　请简述 UNIQUE 算法用于判断数组中元素的何种性质，并分析它的时间复杂度：

1）请分析该算法的最坏情况时间复杂度。

2）假设数组中仅有两个元素相等，其余任意两个元素均不等。在这一前提下，所有可能的输入等概率出现。请分析算法的平均情况时间复杂度。

3）假设数组中的每个元素都等概率地取 $[1..k]$ 中的某个自然数。请分析算法的平均情况时间复杂度。

```
1 算法: UNIQUE(A[0..n − 1])
2 for i := 0 to n − 2 do
3 │ for j := i + 1 to n − 1 do
4 │ │ if A[i] = A[j] then
5 │ │ └ return FALSE;
6 return TRUE;
```

第2章　从算法的视角重新审视数学的概念

根据第1章中对抽象算法设计与分析的讨论，算法的本质是预先给定的一组指令所组成的序列，而算法分析是对指令的执行和存储单元的使用等离散现象的计数。基于算法的这一本质属性，我们需要熟练掌握相应的数学知识来为抽象算法设计与分析服务。这些数学知识往往是我们已经学习过的，现在的重点是要从抽象算法设计与分析的角度来重新审视它们。

本章首先讨论算法设计与分析中常用的数学对象与数学性质；其次，为了进一步讨论算法代价的高低，引入函数渐近增长率（asymptotic growth rate）的概念；最后，从分析递归算法的角度讨论一类特殊递归方程的求解。

2.1　数学运算背后的算法操作

虽然我们已经熟知很多数学概念与性质，但是从算法设计与分析的角度来看，还需要进一步将这些数学概念与算法的运作联系起来。下面就从这一角度来讨论几组算法设计与分析中常用的数学概念与性质。

2.1.1　取整 $\lfloor x \rfloor$ 和 $\lceil x \rceil$

我们熟知取整函数的定义：下取整函数 $\lfloor x \rfloor$ 表示不超过 x 的最大整数；上取整函数 $\lceil x \rceil$ 表示不小于 x 的最小整数。算法设计与分析中需要取整函数的本质原因在于，算法中涉及的一些量往往是某种离散对象的个数，它必然是自然数。例如，算法的代价是关键操作的个数，问题的规模经常表示为输入元素的个数、输入数值的比特数等。但是算法分析所需的一些数学函数，其结果却不一定是整数。此时经常需要使用取整函数使得结果的表述是准确的。

例如在折半查找中（参见6.1节的算法13），对数组 $A[1..n]$ 进行折半时，中点大致在 $\frac{n+1}{2}$ 的位置。但是精确来说，折半的位置是数组的某个下标，其必然为自然数。所以可以借助取整函数，将折半的位置严格表示为 $\left\lfloor \frac{n+1}{2} \right\rfloor$ 或者 $\left\lceil \frac{n+1}{2} \right\rceil$。再例如做合并排序（参见4.2节）的时候，问题的规模不断缩小到原来的 $\frac{1}{2}$，大致经过 $\log_2 n$ 次递归，问题规模降低到大小为1的基础情况（base case），因为递归的次数必然是一个正整数，严格地讲是经过了 $\lceil \log_2 n \rceil$ 次递归，问题的规模缩小到1。

2.1.2　对数 $\log n$

对数 $\log_a b$ 的概念大家是熟悉的。需要特别提醒的是对数符号的使用，由于不同领域习惯的不同经常带来一些歧义。本书用 $\log n$ 表示 $\log_2 n$，用 $\ln n$ 表示自然对数 $\log_e n$，用 $\lg n$ 表示常用对数 $\log_{10} n$。在算法设计与分析中，至少三类重要的算法操作与对数 $\log n$ 紧密关联，并且通过分析可以发现这三类算法操作之间也有着本质的联系。

- **折半**：当划分规模为 n 的问题时，大约经过 $\log n$ 次划分，问题规模会降到基础情况。对于不同的划分方法（例如两等分、三等分或者不均匀的某种划分）、不同的基础情况（基础情况的规模可能是 1，也可能是稍大的某个常数值），结果会有细微的不同，但是具体的值总是 $\log n$ 乘以某个系数。
- **二叉树**：一棵 n 个节点的完美二叉树（定义见附录 B）的高度为 $\lfloor \log n \rfloor$。对于更一般的情况，一棵平衡二叉树的高度大致为 $\log n$[㊀]。平衡二叉树的高度和上面讨论的"折半至基础情况的次数"之间有紧密的联系。为了简化讨论，考虑完美二叉树。一棵有 n 个节点的完美二叉树有 $\frac{n+1}{2}$ 个叶节点，即大约有一半的节点为叶节点。当去掉树中所有的叶节点时，从高度的角度看，树的高度减少 1；从节点数目的角度看，节点数目减少一半。因此完美二叉树的高度与折半至初始情况的次数均为 $\log n$。更进一步，如果按层从上到下、每层从左到右将完美二叉树的节点分别标为 $1,2,3,4,\cdots$，如图 2.1 所示，则二叉树的分层可以看成对正整数的一个等价类划分，而 $\lfloor \log n \rfloor$ 的值是划分的依据：

$$1 \mid 2,3 \mid 4,5,6,7 \mid 8,9,\cdots,15 \mid 16\cdots$$

上述整数划分可以帮助我们得出一些与对数、取整函数相关的更深入的结论（例如习题 2.2），而这些结论在分析相关算法的过程中发挥着重要的作用。
- **二进制数的比特数**：一个十进制的自然数 n 的二进制表示所需的比特数为 $\lfloor \log n \rfloor + 1$。这跟前面讨论的折半同样有着密切的关联。将一个二进制数右移一位时，从二进制表示的角度看，比特数减 1；从数值的角度看，变为原来的 $\frac{1}{2}$。因此整数 n 的二进制表示所需的比特数，也就大致等于将 n 折半至初始情况的次数，即 $\log n$。

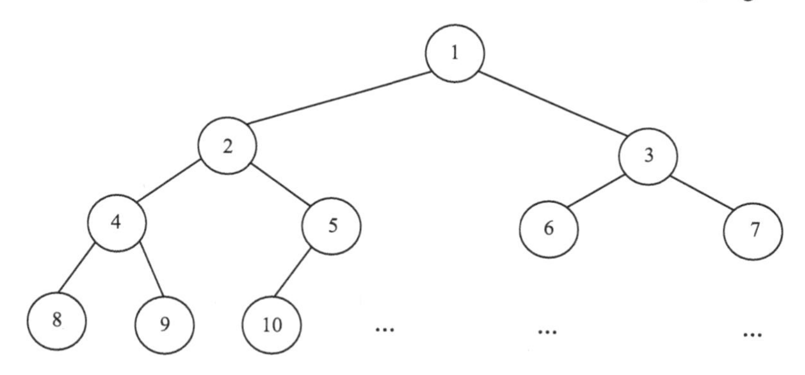

图 2.1　二叉树节点按层标号

2.1.3　阶乘 $n!$

对于 n 个不同的元素，其全排列的个数为 $n!$，而对排列的计数在算法设计与分析中有着诸多应用。例如，对于待排序的 n 个元素，它们输入的初始顺序是这些元素的所有 $n!$ 种排

㊀ 这里的"平衡"不是一个十分精确的概念，有关进一步的讨论，可以参考 6.2 节平衡二叉搜索树的例子和 15.3 节平衡根树的例子。

列中的某一种，而它们排好序后的结果，也是所有排列中的某一种。对于 n 个不同元素的排序，如果假设所有可能的输入等概率出现，则每种输入出现的概率为 $\frac{1}{n!}$。

阶乘是一个连乘形式，通过取对数可以将它变成求和形式，而连乘和求和都不易处理。因此可以利用 Stirling 公式，将阶乘转换成更易于处理的闭形式。具体而言，对于 $n \geqslant 1$，有：

$$\sqrt{2\pi n}\left(\frac{n}{\mathrm{e}}\right)^n < n! < \sqrt{2\pi n}\left(\frac{n}{\mathrm{e}}\right)^n\left(1+\frac{1}{11n}\right)$$

Stirling 公式也可以写成：

$$n! = \sqrt{2\pi n}\left(\frac{n}{\mathrm{e}}\right)^n \mathrm{e}^{\varepsilon(n)}, \text{其中 } \frac{1}{12n+1} \leqslant \varepsilon(n) \leqslant \frac{1}{12n}$$

使用 2.2 节定义的 Θ 记号，Stirling 公式又可以写成：

$$n! = \sqrt{2\pi n}\left(\frac{n}{\mathrm{e}}\right)^n\left(1+\Theta\left(\frac{1}{n}\right)\right)$$

由于 $\Theta\left(\frac{1}{n}\right)$ 是小量，并且随着 n 的增加趋近于 0，所以可以直接写成近似式：

$$n! \approx \sqrt{2\pi n}\left(\frac{n}{\mathrm{e}}\right)^n$$

Stirling 近似式的误差数据如表 2.1 所示 [10]。这使得我们对 Stirling 公式的准确度有了一个直观的了解。例如，当 $n \geqslant 1000$ 时，近似公式可以保证误差不超过 0.000 001%。

表 2.1 Stirling 公式的误差

近似	$n\geqslant 1$	$n\geqslant 10$	$n\geqslant 100$	$n\geqslant 1000$
$\sqrt{2\pi n}\left(\frac{n}{\mathrm{e}}\right)^n$	< 10%	< 1%	< 0.1%	< 0.01%
$\sqrt{2\pi n}\left(\frac{n}{\mathrm{e}}\right)^n \mathrm{e}^{\frac{1}{12n}}$	< 1%	< 0.01%	< 0.0001%	< 0.000 001%

2.1.4 常用级数求和 $\sum_{i=1}^{n} f(i)$

求和与算法分析的关系非常紧密。算法经常需要反复对输入的元素进行处理，例如多轮的循环或者递归，而多轮处理中关键操作的计数往往体现为某种级数的求和。算法的平均情况时间复杂度的定义本身就是级数求和的形式。为此，熟练掌握一些常用级数的求和对算法分析是很有必要的。

- *多项式级数*（polynomial series）：我们分别给出三组多项式级数，其中 1 次方的情况是大家熟知的算术级数（arithmetic series），而对于算法设计与分析来说，k 次方的情况更有用的是记住其使用 Θ 记号（详见 2.2 节的定义）表述的结果。

$$\sum_{i=1}^{n} i = \frac{n(n+1)}{2}$$

$$\sum_{i=1}^{n} i^2 = \frac{1}{3}n(n + \frac{1}{2})(n + 1)$$

$$\sum_{i=1}^{n} i^k = \Theta\left(\frac{1}{k + 1}n^{k+1}\right)$$

- **几何级数**（geometric series）：一般形式为

$$\sum_{i=0}^{k} ar^i = a\left(\frac{r^{k+1} - 1}{r - 1}\right)$$

它的两个常用的特例是 $a = 1$、$r = 2$ 或者 $\frac{1}{2}$ 的情况：

$$\sum_{i=0}^{k} \frac{1}{2^i} = 2 - \frac{1}{2^k}$$

$$\sum_{i=0}^{k} 2^i = 2^{k+1} - 1$$

与多项式级数类似的是，算法分析中更常用的是几何级数使用 Θ 记号表述的形式：

$$\sum_{i=0}^{k} ar^i = \Theta(r^k)$$

其直观含义是，公比不等于 1 的几何级数的和（的渐近增长率）就等于最大的那一项，其余项均可以忽略。

- **算术几何级数**（arithmetic-geometric series）：

$$\sum_{i=1}^{k} i2^i = (k - 1)2^{k+1} + 2$$

- **调和级数**（harmonic series）：

$$\sum_{i=1}^{k} \frac{1}{i} = \ln k + \gamma + \varepsilon_k$$

这里 γ 是欧拉常数，ε_k 是一个小量，它近似为 $\frac{1}{2k}$，且随着 k 的增加而趋于 0。

- **斐波那契数列**（Fibonacci numbers）：

$$F_n = F_{n-1} + F_{n-2},\ \ n \geqslant 2$$

$$F_0 = 0,\ F_1 = 1$$

斐波那契数列的第 n 项为：

$$F_n = \frac{1}{\sqrt{5}}\left[\left(\frac{1 + \sqrt{5}}{2}\right)^n - \left(\frac{1 - \sqrt{5}}{2}\right)^n\right]$$

2.1.5　期望 $E[X]$

随机变量及其期望值的概念与算法分析有着本质的关联。算法的平均情况时间复杂度的定义就是一种期望值。正如 1.3.3 节所定义的，算法的复杂度是一个随机变量，对于不同的输入复杂度是不同的。如果知道算法输入的概率分布，进而计算出算法复杂度的概率分布，则我们可以将算法复杂度的期望值定义为算法的平均情况时间复杂度。

根据第 1 章对抽象算法分析的讨论，算法的代价是通过对关键操作的执行进行计数而得出的。如果集中关注单个关键操作的执行情况，则可以为之引入一类特别的随机变量：指标随机变量（indicator random variable）。指标随机变量与某个随机事件 e 相关联，其定义为：

定义 2.1（指标随机变量）

$$X_i = I\{\text{事件 } e_i\} = \begin{cases} 1, & \text{事件 } e_i \text{ 发生} \\ 0, & \text{事件 } e_i \text{ 未发生} \end{cases}$$

很容易验证，指标随机变量的期望值 $E[X_i]$ 就等于事件 e_i 发生的概率。

指标随机变量在分析算法的平均情况时间复杂度的过程中有广泛的应用。以基于比较的排序算法（参见第 4 章的讨论）为例，假设有待排序元素 $Z = \{z_1, z_2, \cdots, z_n\}$，定义指标随机变量 $X_{ij} = I\{z_i\text{和}z_j\text{发生了比较}\}$，则排序的代价可以用指标随机变量表示为：

$$X = \sum_{i=1}^{n-1} \sum_{j=i+1}^{n} X_{ij}$$

进而排序算法的平均情况时间复杂度可以表示为：

$$E[X] = E\left[\sum_{i=1}^{n-1} \sum_{j=i+1}^{n} X_{ij}\right]$$

借助于指标随机变量，我们将分析算法平均情况时间复杂度的问题变成了求一个复杂随机变量的期望值的问题。该期望值的直接求解往往是困难的，但是基于期望值的线性特征（linearity of expectation），我们可以显著地简化这一问题。

定理 2.1（期望的线性特征）　给定任意随机变量 $X_1, X_2, \cdots, X_k$ 和它们的线性函数 $h(X_1, X_2, \cdots, X_k)$，我们有：

$$E[h(X_1, X_2, \cdots, X_k)] = h(E[X_1], E[X_2], \cdots, E[X_k])$$

需要特别强调的是，这里对于任意 k 个随机变量，无论它们是否独立，上述等式均成立。最常用的多个随机变量的线性函数就是它们的求和，即：

$$E\left[\sum_{i=1}^{n} x_i\right] = \sum_{i=1}^{n} E[x_i]$$

基于期望值的线性特征，我们可以进一步推进上述排序算法的分析：

$$E[X] = E\left[\sum_{i=1}^{n-1} \sum_{j=i+1}^{n} X_{ij}\right]$$

$$= \sum_{i=1}^{n-1} \sum_{j=i+1}^{n} E[X_{ij}]$$
$$= \sum_{i=1}^{n-1} \sum_{j=i+1}^{n} \Pr\{z_i\text{和}z_j\text{发生了比较}\}$$

这样，我们就把一个复杂随机变量的期望值的分析分解成了单个（和关键操作紧密相关的）随机事件发生概率的分析。结合具体算法的具体情况，我们可以分析这些关键操作相关的事件发生的情况，再通过级数求和，最终得出算法的平均情况时间复杂度。我们将在 4.1.5 节使用这一方法对快速排序的平均情况时间复杂度进行深入分析。

2.2　函数的渐近增长率

根据 1.3 节的定义，算法的最坏情况时间复杂度是规模 n 的函数。由于 n 是一个变量，这就给比较算法的优劣带来一个问题：算法 1 和算法 2 在规模 n 取不同值的时候，相对优劣情况可能是不一样的。常见的情形是，一些复杂的算法在小规模的时候无优势甚至有劣势，但是它们的优势将在问题规模很大的时候显现出来。我们在进行算法分析的时候，更关心问题规模很大时算法的表现。但是何谓规模大，对于不同的算法而言又千差万别。有的算法可能在几千的规模上就比同类算法有优势，而有的算法可能需要到百万级的规模才能显示出优势。

正是针对算法分析中的上述困难，我们引入函数的渐近增长率（asymptotic growth rate）的概念，其中：

- **增长率**的概念使得我们集中关注算法在规模较大时的性能表现，它关注的不是代价函数的具体的值，而是代价函数的值随规模增长的速度。因而不管开始的优劣如何，增长率较快的函数在面对大规模输入的时候值会变得更大。
- **渐近**的概念帮我们处理了不同算法对于何谓“大规模”的定义各不相同的问题，它关注的是问题规模趋于无穷时算法代价的变化情况。

我们引入三组共五个不同的记号来描述函数的渐近增长率之间的关系，它们是 O 和 o、Ω 和 ω、Θ。我们首先给出使用极限语言的定义，在此基础上给出基于求极限的判别方法。这里假设 $\frac{f(n)}{g(n)}$ 的极限存在。对于常见的算法代价函数而言，这一假设是合理的。在这三组记号中，O 和 o 的定义是基础，这两个符号之间的差别是理解其定义的重点。我们首先给出这两个记号的定义。

定义 2.2 ($f(n)=O(g(n))$)

- $O(g(n)) = \{f(n)$：存在常数 $c > 0$ 和 $n_0 > 0$，满足 $0 \leqslant f(n) \leqslant cg(n)$ 对所有 $n \geqslant n_0$ 均成立 $\}$
- $f(n) = O(g(n))$ iff $\lim\limits_{n\to\infty} \frac{f(n)}{g(n)} = c < \infty$

定义 2.3 ($f(n)=o(g(n))$)

- $o(g(n)) = \{f(n)$：对任意常数 $c > 0$，均存在常数 $n_0 > 0$，满足 $0 \leqslant f(n) < cg(n)$ 对所有

$n \geqslant n_0$ 均成立 }

- $f(n) = o(g(n))$ iff $\lim\limits_{n\to\infty} \dfrac{f(n)}{g(n)} = 0$

不严格地说，$f(n) = O(g(n))$ 描述的是当问题规模充分大的时候，函数 $f(n)$ 的增长率不会超过 $g(n)$ 的增长率。与记号 $f(n) = O(g(n))$ 相比，$f(n) = o(g(n))$ 虽然同样表示函数 $f(n)$ 的增长率不会超过 $g(n)$ 的增长率，但是它的要求更高，强调函数 f 和 g 在增长率方面有一种“实质性的差距”：总可以通过增加问题规模 n，使得函数 $f(n)$ 和 $g(n)$ 之间有任意大的差距。

与上述定义对偶，我们有下面两个定义。

定义 2.4 ($f(n)=\Omega(g(n))$)

- $\Omega(g(n)) = \{f(n)$: 存在常数 $c > 0$ 和 $n_0 > 0$，满足 $0 \leqslant cg(n) \leqslant f(n)$ 对所有 $n \geqslant n_0$ 均成立 }
- $f(n) = \Omega(g(n))$ iff $\lim\limits_{n\to\infty} \dfrac{f(n)}{g(n)} = c > 0$（$c$ 也可以为 ∞）

定义 2.5 ($f(n)=\omega(g(n))$)

- $\omega(g(n)) = \{f(n)$: 对任意常数 $c > 0$，均存在常数 $n_0 > 0$，满足 $0 \leqslant cg(n) < f(n)$ 对所有 $n \geqslant n_0$ 均成立 }
- $f(n) = \omega(g(n))$ iff $\lim\limits_{n\to\infty} \dfrac{f(n)}{g(n)} = \infty$

与 O 和 o 的定义对偶，$f(n) = \Omega(g(n))$ 描述的是随着问题规模的增大，函数 $f(n)$ 的增长率不会低于 $g(n)$ 的增长率。而 $f(n) = \omega(g(n))$ 同样强调函数 f 和 g 在增长率方面有一种“实质性的差距”：总可以通过规模 n 的增大，使得 $f(n)$ 和 $g(n)$ 有任意大的差距。

另外，我们可以定义 $f(n) = \Theta(g(n))$，它表示 $f(n)$ 和 $g(n)$ 的增长率处于“同一水平”。

定义 2.6 ($f(n)=\Theta(g(n))$)

- $\Theta(g(n)) = \{f(n)$: 存在常数 $c_1 > 0$、$c_2 > 0$ 和 $n_0 > 0$，满足 $0 \leqslant c_1 g(n) \leqslant f(n) \leqslant c_2 g(n)$ 对所有 $n \geqslant n_0$ 均成立 }
- $f(n) = \Theta(g(n))$ iff $\lim\limits_{n\to\infty} \dfrac{f(n)}{g(n)} = c$，这里 $0 < c < \infty$

根据上述定义，我们很容易验证：

- O、Ω、Θ、o、ω 这五种关系均满足传递性。
- O、Ω、Θ 这三种关系满足自反性。
- Θ 是一个等价关系。
- $f(n) = \Theta(g(n))$ iff $f(n) = O(g(n))$ 且 $f(n) = \Omega(g(n))$。
- O、o 和 Ω、ω 之间有一种对偶的关系，即：$f = O(g)$ iff $g = \Omega(f)$，$f = o(g)$ iff $g = \omega(f)$。

这些性质的证明留作习题。

2.3　“分治递归”求解

递归是一种基本的算法设计方法，而递归算法的代价往往可以用递归方程来描述，因而解递归方程就成为递归算法分析的重要技术。分治策略（divide and conquer）是一种简单而有效的算法设计策略（详见第二部分各章节的讨论），源自分治算法分析的一类特定形式的递归方程称为“分治递归”（divide and conquer recursion）。本节着重讨论分治递归的求解方法。

2.3.1　替换法

有一种“大胆假设，小心求证”的方法可以帮助我们解递归方程，其核心原理是，如果能够猜测递归式的一个解，我们往往可以采用所谓替换法（substitution method）来较容易地证明它。替换法的本质是数学归纳法，只不过针对解递归方程的特定场合做了一些形式上的设定。我们通过一个具体的例子来展示替换法的证明过程。

对于递归式 $T(n) = 2T(n/2) + n$，我们猜测 $T(n) = O(n\log n)$。为了证明这一结论，我们将渐近记号转换为更容易处理的不等式形式。要证明 $T(n) = O(n\log n)$，也就是要证明对于某个常数 $c > 0$，$T(n) \leqslant cn\log n$ 对于充分大的 n 成立。按照数学归纳法，我们假设对于小于 n 的参数情况，这一不等式对于某个选定的常数 c 已经成立，下面我们来看参数为 n 的情况。基于归纳假设，有 $T(n/2) \leqslant c \cdot n/2 \cdot \log(n/2)$，所以：

$$\begin{aligned} T(n) &= 2T(n/2) + n \\ &\leqslant 2c \cdot n/2 \cdot \log(n/2) + n \\ &= cn\log n - cn + n \\ &\leqslant cn\log n \quad (c \geqslant 1) \end{aligned}$$

严格来讲，数学归纳法还要求验证基础情况下要证明的结论也是成立的。但是对于 $n = 1$ 的基础情况，$T(1) \leqslant 1\log 1$ 并不成立。考虑到渐近增长率的定义，我们只需要对于某个 n_0，证明对于 $n > n_0$，$T(n) \leqslant n\log n$ 即可。容易验证，对于 $n_0 = 2$，我们只需取 c 为任意充分大的常数，基础情况同样成立。

需要强调的是，在使用替换法的过程中，要证明的不等式必须形式上与归纳假设的不等式完全一样。对于上面的例子，归纳假设是 $n\log n \leqslant cn\log n$，则对 $n/2$ 的情况使用归纳假设和证明 $T(n)$ 所满足的不等式时，我们均必须严格使用 $n\log n \leqslant cn\log n$ 这一不等式，仅参数 n 可以做替换。

2.3.2　分治递归与递归树

分治算法的形式一般是将原始问题分解为若干小问题，每个小问题递归求解，再将小问题的解合并成原始问题的解。根据这一过程，分治递归具有如下一般形式：

$$T(n) = \underbrace{a}_{\text{划分成 } a \text{ 个子问题}} \cdot \underbrace{T\left(\frac{n}{b}\right)}_{\text{划分后的子问题规模为原来的 } 1/b} + \underbrace{f(n)}_{\text{子问题划分与合并的代价}}$$

这里称 $f(n)$ 为非递归代价（non-recursive cost）。分治递归的求解并不需要特殊的技巧，只需要将递归式逐步展开至初始情况，然后逐项把所有代价累加起来即可。只不过递归的层层展开会产生大量的中间结果，我们需要一个有力的工具来清晰地整理、统计递归展开过程中所有的代价。这一工具就是下面介绍的递归树（recursion tree），如图 2.2 所示。

递归树的每个节点记录着递归的代价。节点上仅需要记录非递归代价，这是因为递归代价被展开后记入下层子问题的代价。父节点到子节点的边表示递归求解的过程，递归树底层的叶节点对应于递归的基础情况，它们的代价为 $O(1)$。

递归树的第 k 层（所有深度为 k 的节点）对应于 k 次展开之后的递归式。例如，第 0 层就是未展开的原始递归式；第 1 层是递归式展开 1 次的情况，问题规模降到 $\frac{n}{b}$，总共有 a 个子问题；第 2 层是递归式展开 2 次的情况，问题规模降到 $\frac{n}{b^2}$，总共有 a^2 个子问题；以此类推，直至展开到底层的叶节点对应于递归式的基础情况。根据递归式的展开方式，我们可以计算出递归树的高度为 $\log_b n$，底层叶节点的个数为 $a^{\log_b n} = n^{\log_b a}$。

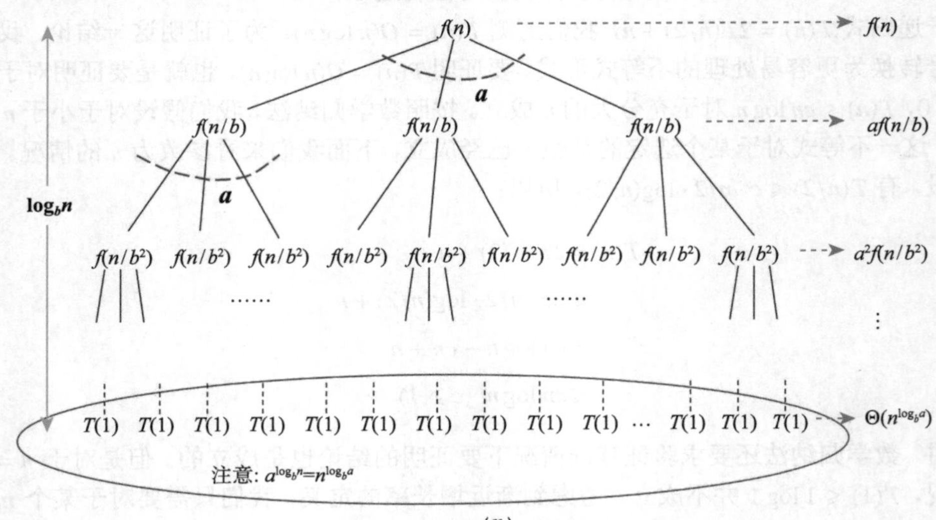

图 2.2　$T(n) = aT\left(\frac{n}{b}\right) + f(n)$ 的递归树

2.3.3　Master 定理

经过上面的准备，我们已经利用递归树这一工具将递归式完全展开至初始情况，下面只需要基于递归树对所有代价求和，即可得到递归方程的解。我们以逐层求和（sum of row-sums）的方式来计算递归的代价，首先按照递归展开的规律计算每一层的和，这样每一层的和就组成一个 $\log_b n$ 项的级数，然后再对每层的和组成的级数进行求和。

如果递归树每层的代价数列是一个等比级数的话，基于前面对于等比数列的分析（详见 2.1.4 节），以及函数渐近增长率的性质，我们可以得出递归树总代价的渐近增长率。具体而言，按照等比级数的公比大于 1、等于 1、小于 1 这三种情况，递归树总代价的渐近增长率也分三种情况。

- 如果数列公比大于 1（以根节点为第一项，叶节点为最后一项），则递归树的总代价就等于叶节点这一层的总代价，为 $a^{\log_b n} = n^{\log_b a}$。
- 如果数列公比等于 1，则每一行的代价均为 $f(n) = n^{\log_b a}$，数列共有 $\log_b n$ 项，则递归

树的总代价为 $n^{\log_b a}\log_b n$。

- 如果数列公比小于 1，则递归树的总代价等于根节点这一层的代价，为 $f(n)$。

由于已经知道数列的第一项为 $f(n)$，最后一项为 $n^{\log_b a}$，所以我们只需要比较这两个函数的渐近增长率，就可以判断该等比数列的公比是上述哪种情况。基于上述分析，我们得出求解一般形式的分治递归的 Master 定理。

定理 2.2（Master 定理） 令 $a \geqslant 1$ 和 $b > 1$ 为常数，$f(n)$ 为定义于非负整数上的函数。$T(n)$ 为定义于非负整数上的递归函数：

$$T(n) = aT\left(\frac{n}{b}\right) + f(n)$$

递归式中的 $\frac{n}{b}$ 指的是 $\left\lfloor \frac{n}{b} \right\rfloor$ 或者 $\left\lceil \frac{n}{b} \right\rceil$。

1）如果存在某个常数 $\varepsilon > 0$，使得 $f(n) = O(n^{\log_b a-\varepsilon})$，则 $T(n) = \Theta(n^{\log_b a})$。

2）如果 $f(n) = \Theta(n^{\log_b a})$，则 $T(n) = \Theta(n^{\log_b a}\log n)$。

3）如果存在常数 $\varepsilon > 0$，使得 $f(n) = \Omega(n^{\log_b a+\varepsilon})$，且存在某个常数 $c < 1$，使得对所有充分大的 n，$af\left(\frac{n}{b}\right) \leqslant cf(n)$，则 $T(n) = \Theta(f(n))$。

我们主要介绍 Master 定理证明的基本原理，而略去其严格证明。Master 定理的详细证明参见文献 [2,4,10]。

在使用 Master 定理的过程中，需要注意无论常数 ε 多么接近于 0，$n^{\log_b a}$ 和 $n^{\log_b a-\varepsilon}$ 之间都有着重要差别，可以通过下面的例子来说明。对于递归式

$$T(n) = 2T(n/2) + n\log n$$

容易计算 $n^{\log_b a} = n$，则 $f(n) = n\log n = \Omega(n^{\log_b a})$。但是仔细对照 Master 定理的要求，我们发现，对于任意常数 ε，$n\log n = \Omega(n^{1+\varepsilon})$ 均不成立。实际上对于任意常数 ε，我们有 $n\log n = o(n^{1+\varepsilon})$。所以这一递归式并不符合 Master 定理的第三种情况。深入辨析 $n^{\log_b a}$ 和 $n^{\log_b a-\varepsilon}$ 的差别，我们意识到 Master 定理的三种情况之间还有很多情况未被覆盖。考察 Master 定理未能覆盖的情况对理解 Master 定理本身是很有帮助的，这一问题留作习题。

2.4 习题

2.1 请计算满足下面两个条件的实数 x 的区间：

- $1 < x < 2$
- $\lfloor x^2 \rfloor = \lfloor x \rfloor^2$

2.2 请证明：对于任意整数 $n \geqslant 1$，$\lceil \log(n+1) \rceil = \lfloor \log n \rfloor + 1$（提示：将 n 划分为 $2^k \leqslant n \leqslant 2^{k+1}-1$）。

2.3 对于斐波那契数列，请证明：

1）F_n 是偶数当且仅当 n 能被 3 整除。

2）$F_n^2 - F_{n+1}F_{n-1} = (-1)^{n+1}$。

2.4　已知某序列满足如下条件：$F(0) = 0, F(1) = 1, F(2) = 1$，当 $n > 2$ 时，有

$$F(n) = F(n-1) + F(n-2) + F(n-3)$$

请证明：$F(n)$ 为偶数当且仅当 n 或者 $n+1$ 能被 4 整除。

2.5　对于一棵非空的二叉树 T，记其中叶节点的个数为 n_0，有 1 个子节点的节点个数为 n_1，有 2 个子节点的节点个数为 n_2。

1）如果 T 为 1 棵 2-tree，请证明 $n_0 = n_2 + 1$。

2）如果 T 为 1 棵任意二叉树，n_0 和 n_2 是否满足上述关系？请证明你的结论。

2.6　已知 $T(1) = 0$，且对所有 $n \geqslant 2$，$T(n) = T\left(\left\lfloor \frac{n}{2} \right\rfloor\right) + T\left(\left\lceil \frac{n}{2} \right\rceil\right) + n - 1$。请证明：

$$T(n) = n\lceil \log n \rceil - 2^{\lceil \log n \rceil} + 1$$

2.7（函数渐近增长率的基本性质）　请证明函数渐近增长率的如下性质：

1）O、Ω、Θ、o、ω 这五种关系均满足传递性。

2）O、Ω、Θ 这三种关系均满足自反性。

3）Θ 是一个等价关系。

4）$f(n) = \Theta(g(n))$ iff $f(n) = O(g(n))$ 且 $f(n) = \Omega(g(n))$。

5）O、o 和 Ω、ω 之间有一种对偶的关系，即：$f = O(g)$ iff $g = \Omega(f)$，$f = o(g)$ iff $g = \omega(f)$。

6）$o(g(n)) \cap \omega(g(n)) = \varnothing$，$\Theta(g(n)) \cap o(g(n)) = \varnothing$，$\Theta(g(n)) \cap \omega(g(n)) = \varnothing$。

2.8　请将一组函数按照渐近增长率从低到高的顺序进行排序。如果有多个函数的渐近增长率相同，请予以指出。

1）对下面的函数排序：

$$n,\ 2^n,\ n\log n,\ n^3,\ n^2,\ \log n,\ n - n^3 + 7n^5,\ n^2 + \log n$$

2）将下面的函数同上一小题中的函数置于一起进行排序（假设 $0 < \varepsilon < 1$）：

$$e^n,\ \sqrt{n},\ 2^{n-1},\ \log\log n,\ \ln n,\ (\log n)^2,\ n!,\ n^{1+\varepsilon}$$

2.9　对于斐波那契数列，请判断下面两个结论的正误，并证明你的结论：

1）对于 $n \geqslant 1, F(n) \leqslant 100\left(\frac{3}{2}\right)^n$。

2）对于 $n \geqslant 1, F(n) \geqslant 0.01\left(\frac{3}{2}\right)^n$。

2.10　对于大小为 n 的输入，假设在最坏情况下，算法 1 需要执行的步数为 $f(n) = n^2+4n$，算法 2 需要执行的步数为 $g(n) = 29n + 3$。当 n 为多少时，算法 1 比算法 2 快（在最坏情况下）？

2.11　请证明 $\log(n!) = \Theta(n\log n)$。（注：你可以通过 Stirling 公式得到一个证明。如果不能使用 Stirling 公式，你能否得到另一个证明？）

2.12　已知 $k\log k = \Theta(n)$，请证明：$k = \Theta(n/\log n)$。

2.13　函数 $\lceil \log n \rceil!$ 是否多项式有界？函数 $\lceil \log\log n \rceil!$ 呢？请给出证明。

2.14　请比较 $f(n)$ 和 $g(n)$ 的渐近增长率：

$$f(n) = n^{\log n},\ g(n) = (\log n)^n$$

2.15　请求解递归式 $T(n) = \sum_{i=1}^{n-1} T(i) + k$。其中 k 为常数，$T(1) = 1$。

2.16　请计算 $T(n)$ 的渐近增长率。可以假设 $T(1) = 1$，$n > 1$，c 是正常数。

1）$T(n) = 2T(n/3) + 1$

2）$T(n) = T(n/2) + c\log n$

3）$T(n) = T(n/2) + cn$

4）$T(n) = 2T(n/2) + cn$

5）$T(n) = 2T(n/2) + cn\log n$

6）$T(n) = 3T(n/3) + n\log^3 n$

7）$T(n) = 2T(n/2) + cn^2$

8）$T(n) = 49T(n/25) + n^{3/2}\log n$

9）$T(n) = T(n-1) + 2$

10）$T(n) = T(n-1) + n^c$，常量 $c \geqslant 1$

11）$T(n) = T(n-1) + c^n$，常量 $c > 1$

12）$T(n) = T(n-2) + 2n^3 - 3n^2 + 3n - 1$，$T(1) = 1, T(2) = 9$

13）$T(n) = T(n/2) + T(n/4) + T(n/8) + n$

2.17　请求解递归式 $T(n) = \frac{2}{n}(T(0) + \cdots + T(n-1)) + c$，$T(0) = 0$。

2.18　假设某个算法的时间复杂度满足递归式 $T(n) = \sqrt{n} \cdot T(\sqrt{n}) + O(n)$，请计算该算法的时间复杂度。

2.19　给定递归式 $T(n) = aT\left(\frac{n}{b}\right) + f(n)$。请选择合适的 a、b 和 $f(n)$ 使得 Master 定理的三种情况均不能应用于求解该递归式。

2.20　假设你可以选择如下 3 个算法来解决当前的问题：

- 算法 A 将问题划分为 5 个规模为一半的子问题，递归地解每个子问题，合并这些子问题需要线性时间复杂度。
- 算法 B 将一个规模为 n 的问题划分为两个规模为 $n-1$ 的子问题，递归地解这两个子问题，合并这些子问题需要常数的时间复杂度。
- 算法 C 将规模为 n 的问题划分为 9 个规模为 $\frac{n}{3}$ 的子问题，递归地解每个问题，合并这些子问题的时间复杂度是 $O(n^2)$。

每个算法的时间复杂度是多少（以 O 来表示）？你会选择哪一个算法？

2.21（带约束的汉诺塔问题）　考虑下面带额外约束的汉诺塔问题：3 个柱子编号为 A、B 和 C，你的任务是将 N 个圆盘从 A 移到 B 上。然而圆盘不能在 A 和 B 之间直接移动，也就是说任何 1 次圆盘的移动必须涉及 C。请设计一个算法解决该问题，并给出复杂度分析。

2.22　以整数数组 $A[1..n]$ 为输入，分别执行下面的 ALG1 和 ALG2：

1）两个算法的输出分别是什么？

2）两个算法的时间复杂度分别是什么？

```
1 算法: ALG1(A[first..last])
2 if first = last then
3 │ return A[first] ;
4 temp := ALG1(A[first..last − 1]) ;
5 if temp ⩽ A[last] then
6 │ return temp ;
7 else
8 │ return A[last] ;
```

```
1 算法: ALG2(A[first..last])
2 if first = last then
3 │ return A[first] ;
4 temp1 := ALG2(A[first..⌊(first+last)/2⌋]);
5 temp2 := ALG2(A[⌊(first+last)/2⌋ + 1..last]);
6 if temp1 < temp2 then
7 │ return temp1 ;
8 else
9 │ return temp2 ;
```

2.23　递归算法 MAXIMUM 计算数组 $S[1..n]$ 中某一段元素中的最大元素。

1）请用数学归纳法证明算法的正确性，即证明调用 MAXIMUM$(1,n)$ 总能得到数组 $S[1..n]$ 中的最大元素。

2）请用递归方程描述算法的最坏情况时间复杂度 $W(n)$，并计算 $W(n)$ 的渐近增长率 (在证明和分析过程中，你可以假设数组中元素的个数为 2 的幂)。

```
1 算法: MAXIMUM(x, y)
2 if y − x ⩽ 1 then
3 │ return max(S[x], S[y]) ;          /* max(a,b) 函数返回两个参数的最大值 */
4 max₁ := MAXIMUM(x, ⌊(x+y)/2⌋);
5 max₂ := MAXIMUM(⌊(x+y)/2⌋ + 1, y);
6 return max(max₁, max₂) ;
```

2.24　请分别给出下面 4 个算法 MYSTERY、PERSKY、PRESTIFEROUS 和 CONUNDRUM 的结果（用含有 n 的表达式表示）以及在最坏情况下的运行时间（用 O 表示）。

```
1 算法: MYSTERY(n)
2 r := 0;
3 for i := 1 to n − 1 do
4     for j := i + 1 to n do
5         for k := 1 to j do
6             r := r + 1;
7 return r;
```

```
1 算法: PERSKY(n)
2 r := 0;
3 for i := 1 to n do
4     for j := 1 to i do
5         for k := j to i + j do
6             r = r + 1;
7 return r;
```

```
1 算法: PRESTIFEROUS(n)
2 r := 0;
3 for i := 1 to n do
4     for j := 1 to i do
5         for k := j to i + j do
6             for l := 1 to i + j − k do
7                 r := r + 1;
8 return r;
```

```
1 算法: CONUNDRUM(n)
2 r := 0;
3 for i := 1 to n do
4     for j := i + 1 to n do
5         for k := i + j − 1 to n do
6             r := r + 1;
7 return r;
```

第二部分

从蛮力到分治

序相关的问题 —— 排序、选择、查找等 —— 是计算机科学中最基本的一类问题。对于这类问题，从简单朴素的蛮力（brute force）求解，到更高效的分治（divide and conquer）求解，展示了一组关联而递进的算法设计与分析技术。

蛮力遍历是最基本的算法设计策略，利用计算机天然的优势 —— 善于做简单重复的事情，速度很快且基本不犯错 —— 我们经常可以通过枚举所有可能的选项来求解算法问题。虽然蛮力策略一般不能得到很高效的算法，但它往往是后续改进的必要铺垫。这一部分首先通过排序、选择、查找这三个序相关的经典问题来展示蛮力策略的应用。这一批“低效”算法的设计与分析为后续分治策略的引入打下了基础。

分治策略的基本思路是将原始问题合理地划分为若干子问题，通过子问题的求解来间接完成原始问题的求解。基于以下两点观察，分治策略在很多场合下是有效的。第一，基于递归，子问题的求解几乎是“免费”的；第二，在子问题已经解决的基础上，求原始问题的解，往往比直接求解原始问题容易。分治算法一般包含三个部分：

- 分割：将原始问题按某种准则分割成若干子问题。
- 解决：递归地解决子问题。
- 合并：将子问题的解进行合并，最终得到原始问题的解。

基于分治算法的一般形式，其分析往往可以将算法的代价描述为一个分治递归（参见 2.3 节的讨论），然后通过解这个递归方程来得出算法的代价。

这一部分对照前面的蛮力遍历策略，进一步讨论分治策略在求解序相关问题时带来的改进。首先讨论基于分治的排序，包括典型的“难分易合型”的快速排序和“易分难合型”的合并排序。其次，讨论基于分治策略的选择算法。采用类似于快速排序的分治策略，可以得到期望线性时间的选择算法；通过控制子问题划分的均衡性，又可以进一步得到最坏情况线性时间的选择算法。再次，讨论基于分治的查找算法，包括经典的折半查找和基于平衡二叉树的查找。算法分析的结果表明，相比蛮力策略而言，分治策略有效地降低了求解上述问题的代价。最后，除上述经典问题之外，讨论分治策略的其他应用，这是分治策略经典应用的有益补充。

第3章　蛮力算法设计

蛮力（brute force）遍历的算法设计策略在算法的简单性与高效性之间做出了某种权衡。蛮力算法往往原理简单、易于实现和维护；但是其代价一般较高，有较大的提升空间。蛮力算法可以让我们对解决问题的代价有一个初步的保守的估计，这一点与最坏情况复杂度分析有类似之处，同时它又是算法后续改进必要的基础。

本章以排序、选择、查找这三个经典算法问题为例，讨论蛮力算法的设计与分析。以此为“跳板”，后续将在第 4、第 5 和第 6 章讨论有关这三个问题的更高效的算法设计与分析。

3.1　蛮力选择与查找

选择是与元素之间的序关系紧密相关的一个问题。对于一个包含 n 个元素的集合，任意两个元素之间可比较大小，首先定义元素的阶（rank）的概念：定义一个元素的阶为 $k(1 \leqslant k \leqslant n)$，如果有 $k-1$ 个元素比它小，$n-k$ 个元素比它大。阶为 k 的元素即为排名第 k 小的元素。基于阶的概念，可以定义选择问题。

定义 3.1（选择问题）

- 输入：元素 $\{a_1, a_2, \cdots, a_n\}$，参数 $k\,(1 \leqslant k \leqslant n)$。
- 输出：阶为 k 的元素。

选择问题的一个简单而常用的特例是选择最大（阶为 n）/最小（阶为 1）的元素。为此，只需要朴素遍历所有输入元素，记录遇到的最大/最小元素即可。这一方法的实现如算法 3 所示。选择问题的另一个常用的特例是选择中位数，即阶为 $\left\lceil \frac{n}{2} \right\rceil$ 的元素。使用上述反复遍历选择最值的方法，选择中位数的代价为 $O(n^2)$。对于一般的选择阶为 k 的元素的问题，我们可以反复选出最小的元素，重复 k 次直至选出第 k 小的元素。这一基于反复遍历方法的代价为 $O(kn)$，这一代价在最坏情况下同样是 $O(n^2)$。第 5 章将讨论如何将选择的时间改进到线性时间。

算法3: SELECT-MAX($A[1..n]$)

```
1 index-of-max := −1 ;
2 current-max := −∞ ;
3 for i := 1 to n do
4 |   if A[i] > current-max then
5 |   |   current-max := A[i] ;
6 |   |   index-of-max := i ;
7 return index-of-max ;
```

查找问题要求从一堆键值中找出指定的值。

定义 3.2（查找问题）

- 输入：n 个键值 $\{k_1, k_2, \cdots, k_n\}$，键值 key。
- 输出：是否有某个键值 $k_i = \text{key}\ (1 \leqslant i \leqslant n)$。

假设待查找的 n 个键值存储在一个数组中。如果未对键值做任何特殊的组织，则只能通过遍历整个数组来查找指定的键值。其实现如 1.3 节的算法 2 所示。要提高查找的效率，本质是对查找的数据做某种组织，并利用组织后的数据的特性，降低查找的代价。以基于遍历的查找为基础，第 6 章将讨论更高效的数据组织方法与相应的查找算法，第 16 章将介绍哈希表这一支持高效查找的数据结构。

3.2　蛮力排序

与选择和查找问题关注单个元素不同，排序问题关注的是在一组元素之间建立序关系，它要求将一组可比较大小的元素（即一个全序集）排成依次增大或者减小的线性序列。为了简化讨论，在不给出特别说明时我们均假设待排序的元素是各不相同的，并且排序的目标是将所有元素从小到大排列。显然这些假设是非限制性（non-restrictive）的，后续讨论的算法均可以处理元素值相同、从大到小排序等情况，只需要做一些细节的修改。根据上面的说明，定义排序问题如下。

定义 3.3（排序问题）

- 输入：一组各不相同的两两可比较的元素 $\{a_1, a_2, \cdots, a_n\}$。
- 输出：输入元素的某个排列 $\{a'_1, a'_2, \cdots, a'_n\}$，满足 $a'_1 < a'_2 < \cdots < a'_n$。

不给出特别说明时，这里主要考虑“基于比较的排序”（comparison-based sorting），即计算模型提供了比较元素大小的关键操作，并且算法只能使用该比较操作来决定元素之间的序。

为了在所有元素对之间建立序关系，我们可以将每一对元素进行比较。这一思路可以导出基于遍历的排序算法设计，包括选择排序、插入排序、冒泡排序等。

3.2.1　选择排序

如果知道一组元素中的最大元素是哪一个，就可以将最大元素放到元素序列的末尾。对于剩下的元素反复进行上述选最大的过程，就可以完成一组元素的排序。这就是“选择排序”算法的基本原理，其实现如算法 4 所示。

算法4: SELECTION-SORT($A[1..n]$)

```
1 for i := n downto 2 do
2     index-of-max := SELECT-MAX(A[1..i]) ;                /* 调用算法3 */
3     SWAP(A[index-of-max], A[i]) ;        /* 将数组中指定位置的两个元素互换 */
```

选择排序的运作非常“规整”，这简化了算法复杂度的分析。具体而言，不论输入的元素是何种情况，选择排序总是先对所有 n 个元素遍历选最大值，其次对剩下的 $n-1$ 个元素选最大值，……，最终对剩下的 2 个元素选最大值。因此选择排序的最坏情况与平均情况时间复杂度同样为：

$$W(n) = A(n) = \sum_{i=1}^{n-1} i = \frac{n(n-1)}{2} = \Theta(n^2)$$

选择排序在原地对输入元素进行比较与互换，它的空间复杂度始终为 $O(1)$，即选择排序的空间消耗与输入的规模是无关的。我们将所有空间复杂度为 $O(1)$ 的排序算法称为原地排序（in-place sorting）。此外，冒泡排序（算法 6）也是一种简单且常用的基于遍历的原地排序。其基本原理与选择排序是类似的，关于冒泡排序的讨论留作习题。

3.2.2　插入排序

深入分析选择排序，我们发现它有一个明显的问题：不论输入元素的乱序程度如何，算法总是进行相同的操作。此时一种合理的期望是，当输入元素较为有序时，相对输入元素更为乱序的情况而言，排序算法应该能进行较少的元素比较。为此我们提出插入排序，它的基本原理仍然是待排序元素的两层嵌套遍历，但是它能够很好地利用输入元素较为有序的特点。具体而言，在插入排序时，对于一组排好序的元素，当要插入一个新的元素时，通过遍历所有已经排好序的元素，总可以找到正确的插入位置，使得插入后的元素序列仍然是有序的。依次将元素插入到有序序列中正确的位置，则可以完成所有元素的排序。插入排序的实现如算法 5 所示。下面的分析表明，插入排序对于更有序的输入序列将使用更少的比较操作。

算法 5: INSERTION-SORT($A[1..n]$)

```
1 for j := 2 to n do
2     temp := A[j] ;
3     i := j − 1;
4     while i > 0 and A[i] > temp do
5         A[i + 1] := A[i] ;
6         i := i − 1 ;
7     A[i + 1] := temp ;
```

我们同样可以通过数学归纳法来证明插入排序的正确性。对于任意 n 个输入元素，插入排序的过程可以分为 n 个阶段，其中第 $i(1 \leqslant i \leqslant n)$ 个阶段对应于第 i 次插入的过程（这里将一个元素插入到一个空序列，记为第一次插入）。对于从任意第 i 阶段进展到第 $i+1$ 阶段，要证明的归纳不变式是：插入完成后，被插入的序列是有序的。通过分析插入排序的操作，很容易证明这一结论，详细证明留作习题。

分析插入排序的运作过程，我们发现其中的一个关键步骤是将一个待处理的元素，插入到一个已经有序的序列中去。这一操作的代价可以有较大范围的变化。具体而言，假设 i 个元素已经通过前面的插入操作排好序，现在需要将第 $i+1$ 个元素 x 通过比较插入到前 i 个元素中的某个位置，如图 3.1 所示。不失一般性，假设从后往前依次将待插入的元素与这 i 个元素进行比较。最多需要和 i 个有序元素中的每一个进行比较，最少只需要和最后一个元素进行比较。

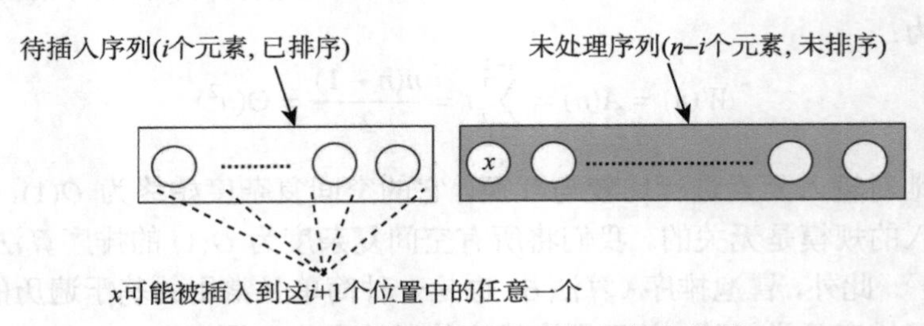

图 3.1　插入排序平均情况时间复杂度分析

首先分析最坏情况时间复杂度。在插入排序执行过程中，待插入序列的长度依次为 $1, 2, 3, \cdots, n-1$，而每次插入最多与待插入序列中的每个元素均进行比较，所以插入排序的最坏情况时间复杂度为：

$$W(n) = \sum_{i=1}^{n-1} i = \frac{n(n-1)}{2} = \Theta(n^2)$$

很容易构造出这样一个导致最坏情况的输入序列：当待排元素从大到小排列时，插入排序算法会做最多次的元素比较。

虽然插入排序的最坏情况时间复杂度与选择排序是同样的，但是前面的分析已经表明，插入一个元素的代价是可以有较大变化的，这将体现为平均情况时间复杂度的减少。具体而言，假设所有可能的输入序列以相等的概率出现，先来分析插入算法执行的一般情况，如图 3.1 所示。

假设 i 个元素已经通过前面的插入操作排好序，现在需要将第 $i+1$ 个元素 x 通过比较插入到前 i 个元素中的某个位置。前 i 个元素中共有 $i+1$ 个可能的空位。由于假设所有可能的输入等概率地出现，所以此时元素 x 在所有 $i+1$ 个可能被插入的位置中也是等概率出现的。此时插入元素 x 所需比较次数的期望值为：

$$\begin{aligned} c_{i+1} &= \underbrace{\frac{1}{i+1}\sum_{j=1}^{i} j}_{\text{右边 } i \text{ 个位置}} + \underbrace{\frac{1}{i+1} i}_{\text{最左边 1 个位置}} \\ &= \frac{i}{2} + 1 - \frac{1}{i+1} \end{aligned}$$

进而有插入排序的平均情况时间复杂度为：

$$\begin{aligned} A(n) &= \sum_{i=1}^{n-1} c_{i+1} \\ &= \frac{n(n-1)}{4} + n - 1 - \sum_{j=2}^{n} \frac{1}{j} \\ &= \frac{n^2}{4} + \frac{3n}{4} - 1 - (\ln n + \gamma + \varepsilon(n) - 1) \end{aligned}$$

$$= \Theta(n^2)$$

比较插入排序的平均情况与最坏情况时间复杂度，我们发现代价大约减少一半。插入排序的平均情况时间复杂度同样比选择排序的平均情况时间复杂度大约减少一半。也就是说，插入排序能够较好地利用输入元素较为有序的有利条件。

3.3 习题

3.1 请用数学归纳法证明插入排序（算法 5）的正确性。

3.2（冒泡排序） 冒泡排序（算法 6）对数组 $A[1..n]$ 中的元素进行排序。

算法 6: BUBBLE-SORT($A[1..n]$)

```
1 for i := n downto 2 do
2     for j := 1 to i − 1 do
3         if A[j] > A[j + 1] then
4             SWAP(A[j], A[j + 1]) ;
```

1）请证明冒泡排序的正确性。

2）请分析冒泡排序的最坏情况、平均情况时间复杂度（注：以元素的比较为关键操作，数组元素的交换不计入关键操作）。

3）可以改进冒泡排序来避免在数组尾部进行不必要的比较操作，具体做法是记录每次循环中最后发生元素交换的位置。假设最后一次元素交换发生在 $A[k]$ 和 $A[k+1]$ 之间，则记录下这一位置。未来的数组遍历就不用再扫描下标 k 之后的元素。请说明这样的做法是否会影响算法的最坏情况和平均情况时间复杂度。

3.3 假设你有一堆数量为 n 的大小互不相同的煎饼，现在需要对这些煎饼排序使得小的煎饼放在大的煎饼上面。你仅可以使用的操作是用一个锅铲插入到最上面的 k $(1 \leqslant k \leqslant n)$ 个煎饼下面，然后将它们一起翻转过去。图 3.2 给出了一个反转最上面两块煎饼的例子。请针对该问题设计算法，证明算法的正确性，并分析算法的时间复杂度。

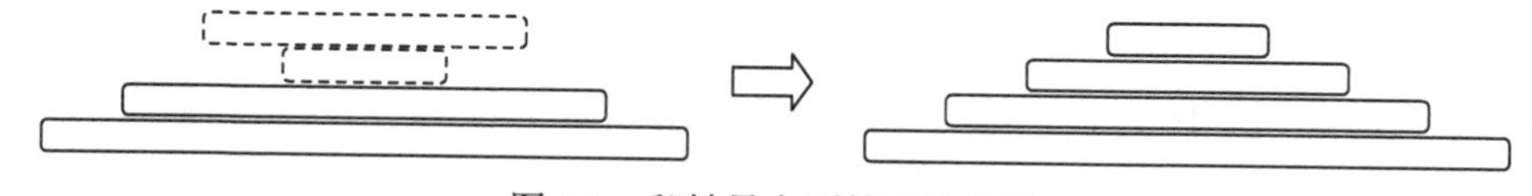

图 3.2　翻转最上面的两块煎饼

3.4 如果一个数组 $A[1..2n+1]$ 满足 $A[1] < A[2] > A[3] < A[4] > \cdots < A[2n] > A[2n+1]$（注意，$A[1]$、$A[3]$ 之间，$A[2]$、$A[4]$ 之间，$\cdots$，$A[2n-1]$、$A[2n+1]$ 之间的大小关系是任意的），则称之为“蛇形”的。给定数组 $B[1..2n+1]$，其中元素各不相同，现在需要将它变成蛇形的，只能通过元素间的大小比较来调整数组的形态。请为这一问题设计一个 $O(n)$ 的算法。

3.5 给定一个数列 $\{a_1, a_2, \cdots, a_n\}$，PREVIOUS-LARGER 算法是对数列中的每个元素 a_i $(1 \leqslant i \leqslant n)$，找到序列中位于 a_i 左边且值比 a_i 大的元素。如果存在多个这样的元素，则返回最右边元素的下标；如果不存在这样的元素，则返回特殊值 0。

```
1 算法: PREVIOUS-LARGER(A[1..n])
2 for i := 1 to n do
3 |   j := i − 1;
4 |   while j > 0 and A[j] ⩽ A[i] do
5 |   |_  j := j − 1;
6 |_  P[i] := j;
7 return P[1..n];
```

导致该算法效率不高的一个原因是语句“$j := j-1$”，它使得我们的寻找每次只能向前推进一个元素。可以考虑利用前面已经得到的数组 $P[1..n]$ 中的值来提高算法的效率。请利用这个提示设计一个复杂度为 $\Theta(n)$ 的算法，证明算法的正确性，并分析算法的时间复杂度。

3.6　给定数组 $A[1..n]$ 和一个位置下标 $k(1 \leqslant k \leqslant n-1)$，现在需要将数组的左右两部分 (以下标 k 为分界线) 调换位置。例如输入数组 $A[1..7] = \{1, 2, 3, 4, 5, 6, 7\}$，下标 $k = 4$，我们的目标是将数组变成 $A'[1..7] = \{5, 6, 7, 1, 2, 3, 4\}$。

1）请设计一个时间复杂度为 $O(n^2)$、空间复杂度为 $O(1)$ 的算法解决这一问题。

2）请设计一个时间复杂度为 $O(n)$、空间复杂度为 $O(n)$ 的算法解决这一问题。

3）请设计一个时间复杂度为 $O(n)$、空间复杂度为 $O(1)$ 的算法解决这一问题。

3.7　假设现在需要颠倒句子中的所有单词的顺序，例如“My name is Chris”，颠倒句子中的所有单词得到“Chris is name My”。请设计一个算法解决该问题，并分析算法的时间和空间复杂度。

3.8（微博名人问题）　给定 n 个人。我们称一个人为“微博名人”，如果他被其他所有人微博关注，但是自己不关注任何人。为了从给定的 n 个人中找出名人，唯一可以进行的操作是：针对两个人 A 和 B，询问“A 是否微博关注 B”。答案只可能是 YES（A 关注 B）或者 NO（A 不关注 B）。

1）在一群共 n 个人中，可能有多少个名人？

2）请设计一个算法找出名人（你可以很容易地得出一个基于遍历的算法，然后尝试改进它）。

3.9（最大和连续子序列）　给定一个由整数组成的序列 S，请找出和最大的连续子序列。例如，$S = \{-2, 11, -4, 13, -5, -2\}$，得到的结果应为 $20 = 11 - 4 + 13$。

1）你可以基于简单遍历数组元素，设计一个 $O(n^3)$ 的算法。

2）改进上述算法中的冗余计算，你可以得到一个 $O(n^2)$ 的基于遍历的算法。

3）基于分治策略（详见第二部分的讨论），你可以设计一个 $O(n \log n)$ 的算法。

4）分析遍历算法中的冗余计算，你可以设计一个 $O(n)$ 的算法。

5）基于动态规划策略（详见第 13 章的讨论），你同样可以得到一个 $O(n)$ 的动态规划算法。

第4章　分治排序

分治策略的两个关键步骤是子问题的划分和子问题解的合并。根据这两个步骤的难易程度，一般有两类典型的分治算法："难分易合型"和"易分难合型"。这两类分治算法在求解排序问题时均发挥了关键的作用，本章分别介绍这两类典型的分治排序，即难分易合的快速排序和易分难合的合并排序。分治排序将蛮力排序 $O(n^2)$ 的时间复杂度改进到了 $O(n\log n)$。比较排序时间复杂度下界分析表明，$O(n\log n)$ 的分治排序是最优的。

4.1　快速排序

从分治的角度来说，快速排序是一种典型的难分易合（hard division, easy combination）型的分治算法，并且它分割子问题的方法在快速排序之外的很多场合都有重要的应用。在导出快速排序算法的设计原理时，我们先分析插入排序的不足，针对这一不足的改进启发了快速排序的设计。快速排序算法的时间复杂度也同样有鲜明的特点，它是一种最坏情况下性能较差而平均情况下性能较好的排序算法。我们将用两种不同的方法对快速排序的时间复杂度进行分析。

4.1.1　插入排序的不足

插入排序基于遍历来实现，它的最坏和平均情况时间复杂度均为 $O(n^2)$。但它还有改进的空间，因为每次寻找插入位置所进行比较的信息，未能在下一次插入的时候进行充分的利用。我们可以通过更有力的数学工具来深入分析插入排序的不足，为此定义逆序对（inversion）的概念。

定义 4.1（**逆序对**）　给定一组各不相同的两两可比较的元素。对于这些元素的一个排列 $\{a_1,a_2,\cdots,a_n\}$ 而言，定义二元组 (a_i,a_j) 为一个逆序对，如果 $i<j$，且 $a_i>a_j$。

基于逆序对的概念，可以等价地换一个视角来描述排序问题和排序算法。对于输入的待排序元素序列，它包含若干个逆序对，而排序算法就是通过元素的比较，调整元素的位置，消除输入序列中的逆序对。一组元素是排好序的，等价于其中没有逆序对；更进一步，如一个算法消除逆序对的速度更快 —— 通过更少的比较却能消除更多的逆序对 —— 那么这个算法的效率就更高。

基于这一思路来分析插入排序的效率，从消除逆序对的角度来看插入排序的一个关键特征是：每次总是将相邻的元素进行比较。这对插入排序的性能有决定性的影响。很容易验证，对于任意两个相邻的元素进行比较，至多只能消除序列中的一个逆序对。基于这一性质，插入排序的最坏和平均情况时间复杂度的分析就转变成分析在最坏和平均情况下输入序列中分别有多少个逆序对。

对于一个从大到小排列的输入序列，其中任意两个元素均构成逆序对，所以最坏情况下

输入序列中可能有 $\binom{n}{2}=O(n^2)$ 个逆序对。所以插入排序的最坏情况时间复杂度是 $O(n^2)$。对于平均情况时间复杂度分析，假设所有可能的输入等概率地出现。为了考察一个输入序列中平均情况下有多少个逆序对（也就是分析输入序列中逆序对个数的期望值），考察任意一个输入序列 $\pi=\langle x_1,x_2,\cdots,x_n\rangle$ 和它的转置 $\pi^{\mathrm{T}}=\langle x_n,x_{n-1},\cdots,x_1\rangle$。输入序列 π 中的任意一对元素 (x_i,x_j)，它在 π^{T} 中对应的元素为 (x_j,x_i)。容易验证，这两个二元组中，必然只有一个逆序对。由于所有可能的输入等概率地出现，因此这一对二元组各自以 $\frac{1}{2}$ 的概率构成一个逆序对。所以平均情况下逆序对的个数就是输入序列中所有二元组个数的一半，即 $\frac{1}{2}\binom{n}{2}=O(n^2)$。所以插入排序的平均情况时间复杂度同样为 $O(n^2)$。基于逆序对的分析表明，插入排序的最坏与平均情况时间复杂度均为 $O(n^2)$，并且平均情况的复杂度为最坏情况的一半。

基于逆序对这一工具，我们发现插入排序的主要问题是一次比较至多只能消除一个逆序对。对此，后续改进的出发点就是如何更“聪明”地进行元素的比较，使得一次比较能够消除更多的逆序对。

4.1.2 快速排序的改进

基于上面对于插入排序的分析，如果想改进排序算法的效率，必须一次比较能够消灭尽可能多的逆序对。根据逆序对的定义，一个偏大的元素应该尽量往后放，这样它就以更小的可能性与其他元素组成逆序对；对偶地，一个偏小的元素应该尽量往前放。根据这一思路，我们首先需要选取一个基准元素（pivot），以它为基准来界定一个元素的大小。然后将所有元素与基准元素相比较，如果一个元素比基准元素大，则把它放在基准元素的右边，反之放在左边。

当所有元素与基准元素进行比较之后，我们就将所有元素分为左边、基准元素和右边这三部分。此时，基准元素已经处于它正确的位置上。左边的元素虽然内部是乱序的，但是它们必然只能在左边的某个位置上；右边的情况也是类似。只需要递归地对左右部分分别执行上述划分的过程，就可以完成所有元素的排序。这就是快速排序算法的基本原理。快速排序算法是分治策略的典型应用，并且是“难分易合”型的分治算法。上述元素划分过程的实现如算法 7 所示。基于这一划分过程实现的快速排序如算法 8 所示。快速排序过程的一个详细示例如图 4.1 所示。

算法 7: PARTITION(A,p,r)

```
1 pivot := A[r] ;
2 i := p - 1 ;
3 for j := p to r - 1 do
4     if A[j] < pivot then
5         i := i + 1 ;
6         SWAP(A[i], A[j]) ;
7 SWAP(A[i + 1], A[r]) ;
8 return i + 1 ;
```

算法 8: QUICK-SORT(A, p, r)

1 **if** $p < r$ **then**
2 　$q :=$ PARTITION(A, p, r) ;
3 　QUICK-SORT$(A, p, q-1)$;
4 　QUICK-SORT$(A, q+1, r)$;

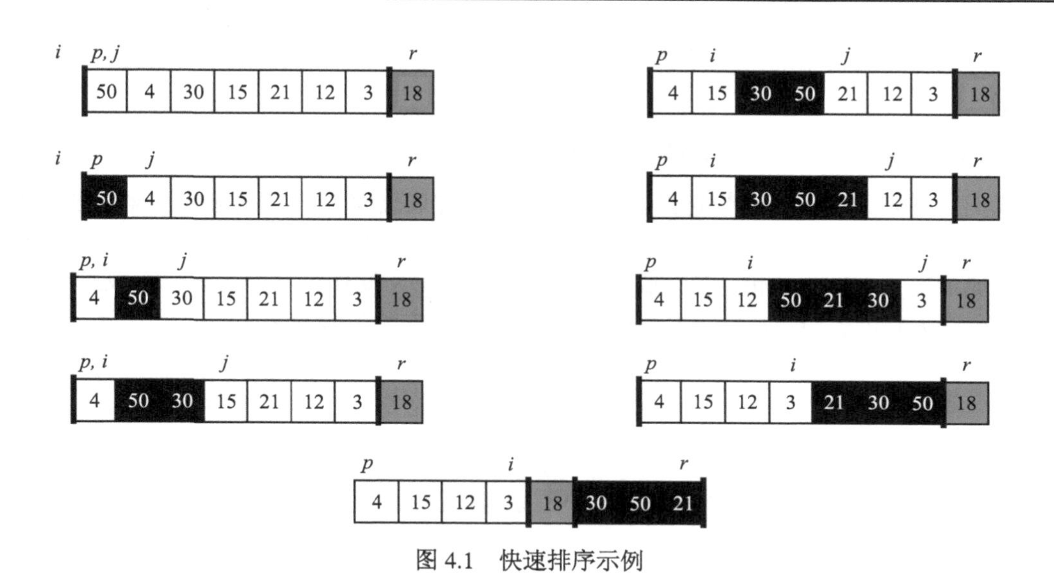

图 4.1　快速排序示例

4.1.3　最坏情况时间复杂度分析

本节首先分析快速排序的最坏情况时间复杂度，后面两小节将用两种不同的方法来分析它的平均情况时间复杂度。最坏情况和平均情况时间复杂度的对比是理解快速排序算法性能的关键。

快速排序算法的性能主要受 PARTITION 过程执行效果的影响。PARTITION 的结果越不均衡，则排序的性能越差，据此可以计算快速排序的最坏情况时间复杂度。假设每次 PARTITION 的结果都极不均衡，所有元素都比基准元素小（或者都比基准元素大）。每次 PARTITION 的代价为 $O(n)$。由于每次问题的规模只减少 1，所以 PARTITION 总共要执行 $O(n)$ 次，所以快速排序算法的最坏时间复杂度为 $O(n^2)$。很容易验证，当输入数组是一个严格升序或者降序的序列时，快速排序算法有最高的时间复杂度。

通过一系列的努力，我们发现快速排序的最坏情况时间复杂度并不比蛮力的插入、冒泡、选择等排序算法更好。但是在构造快速排序的最坏情况输入序列时，我们已经可以定性地分析出快速排序的平均情况时间复杂度应该会有一个显著的提升。考虑所有可能的输入等概率地出现，则每次划分都极不均衡的概率是很小的。所有可能的情况综合来看，我们预期划分总体上应该是比较均衡的。可以采用一个简化的假设来做一个聪明的猜测（smart guess）。在平均情况下，假设每次 PARTITION 的结果都是完全均衡的，则很容易得出快速排序算法的时间复杂度满足递归式：

$$A(n) = 2A\left(\frac{n}{2}\right) + O(n)$$

根据 Master 定理易得 $A(n) = O(n\log n)$。后续两小节将严格分析快速排序的平均情况时间复杂度为 $O(n\log n)$。

深入的分析表明，快速排序是一个性能优越的排序算法。其性能的优越性体现在虽然最坏情况时间复杂度比较差（与蛮力排序类似），但是平均情况时间复杂度很好（后续的分析将表明它的平均情况时间复杂度是最优的）。在实际应用中，快速排序因其简单的实现和良好的性能成为广泛使用的排序算法。此外，快速排序的空间复杂度为 $O(1)$，它是一个原地排序算法。

4.1.4　基于递归方程的平均情况时间复杂度分析

我们用递归方程来刻画快速排序的运作过程，并通过解递归方程得到快速排序的平均情况时间复杂度。分析快速排序的平均情况时间复杂度，需要考虑 PARTITION 操作执行的所有可能情况并求期望代价。在一般情况下，PARTITION 操作将 n 个元素分割成三个部分，左边部分有 i 个元素 $(0 \leqslant i \leqslant n-1)$，中间是基准元素，右边部分有 $n-1-i$ 个元素，如图 4.2 所示。

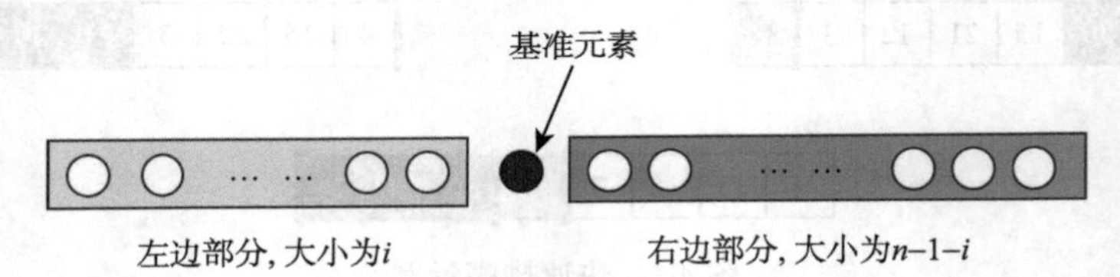

图 4.2　PARTITION 的一般情况

与前面的分析类似，假设所有可能的输入以相等的概率出现，则所有可能的划分情况以相等的概率出现，即 i 以相等的概率取区间 $[0, n-1]$ 中的每个值。因而，算法的平均情况时间复杂度 $A(n)$ 满足：

$$A(n) = \underbrace{(n-1)}_{\text{PARTITION 的代价}} + \underbrace{\sum_{i=0}^{n-1}\frac{1}{n}[A(i) + A(n-1-i)]}_{\text{递归排序左、右部分的期望代价}},\quad n \geqslant 2$$

递归的初始情况为：$A(1) = A(0) = 0$。注意到左右部分的代价具有对称性，即

$$\sum_{i=0}^{n-1} A(i) = \sum_{i=0}^{n-1} A[(n-1)-i]$$

因而，可以将上述递归方程改写为：

$$A(n) = (n-1) + \frac{2}{n}\sum_{i=0}^{n-1} A(i),\quad n \geqslant 2$$

考虑子问题代价求和部分，我们发现对于不同规模的 n，子问题求和部分有很多重叠。这启发我们采用“错项相减”的方法来推导不同规模的 $A(n)$ 之间的关系。具体而言：

$$nA(n) - (n-1)A(n-1) = n(n-1) + 2\sum_{i=1}^{n-1} A(i) - (n-1)(n-2) - 2\sum_{i=1}^{n-2} A(i)$$

$$= 2A(n-1) + 2(n-1)$$

所以：

$$nA(n) = (n+1)A(n-1) + 2(n-1)$$
$$\frac{A(n)}{n+1} = \frac{A(n-1)}{n} + \frac{2(n-1)}{n(n+1)}$$

为了便于推导，我们进行换元，令 $\frac{A(n)}{n+1} = B(n)$，则：

$$B(n) = B(n-1) + \frac{2(n-1)}{n(n+1)}$$

递归式 $B(n)$ 的初始情况满足 $B(0) = B(1) = 0$。直接对递归 $B(n)$ 进行展开可以将 $B(n)$ 的递归式转换为求和式：

$$\begin{aligned}
B(n) &= \sum_{i=1}^{n} \frac{2(i-1)}{i(i+1)} \\
&= 2\sum_{i=1}^{n} \frac{(i+1)-2}{i(i+1)} \\
&= 2\sum_{i=1}^{n} \frac{1}{i} - 4\sum_{i=1}^{n} \frac{1}{i(i+1)} \\
&= 4\sum_{i=1}^{n} \frac{1}{i+1} - 2\sum_{i=1}^{n} \frac{1}{i} \\
&= 4\sum_{i=2}^{n+1} \frac{1}{i} - 2\sum_{i=1}^{n} \frac{1}{i} \\
&= 2\sum_{i=1}^{n} \frac{1}{i} - \frac{4n}{n+1} \\
&= O(\log n)
\end{aligned}$$

所以 $A(n) = O(n\log n)$，即快速排序算法的平均情况时间复杂度为 $O(n\log n)$。

4.1.5　基于指标随机变量的平均情况时间复杂度分析

算法分析最终是计算关键操作的执行次数，而平均情况时间复杂度的含义是关键操作执行次数的期望值。遵循这一思路，首先将输入的所有元素按照“从小到大”的顺序依次记为：$z_1, z_2, \cdots, z_n$。随着输入序列的不同，元素之间的比较也以不同的形式出现。借助指标随机变量这一工具，可以很方便地描述算法的时间复杂度。具体而言，定义指标随机变量 X_{ij} 为：

$$X_{ij} = I\left\{z_i \text{ 和 } z_j \text{ 发生了比较}\right\}$$

则快速排序算法的代价可以表示为：

$$X = \sum_{i=1}^{n-1} \sum_{j=i+1}^{n} X_{ij}$$

而快速排序算法的平均情况时间复杂度就是上述代价的期望值：

$$
\begin{aligned}
E[X] &= E\left[\sum_{i=1}^{n-1}\sum_{j=i+1}^{n} X_{ij}\right] \\
&= \sum_{i=1}^{n-1}\sum_{j=i+1}^{n} E[X_{ij}] \quad \text{（期望的线性特征）} \\
&= \sum_{i=1}^{n-1}\sum_{j=i+1}^{n} \Pr\{z_i \text{ 和 } z_j \text{ 发生比较}\} \quad \text{（指标随机变量的性质）}
\end{aligned}
$$

在上述分析中，基于期望的线性特征，我们将快速排序平均情况时间复杂度分析转换为了求两个元素之间发生比较的概率（再求和）。为了分析元素 z_i 和 z_j 发生比较的概率，将所有元素划分成 5 个不同部分（注意，元素 z_1 到 z_n 是严格增序的），分别考察不同部分的元素被选为基准元素时，元素 z_i 和 z_j 是否会发生比较：

$$
\underbrace{z_1, \cdots, z_{i-1},}_{\text{无影响}} \underbrace{z_i}_{\text{发生比较}}, \underbrace{z_{i+1}, \cdots, z_{j-1},}_{\text{不发生比较}} \underbrace{z_j}_{\text{发生比较}}, \underbrace{z_{j+1}, \cdots, z_n}_{\text{无影响}}
$$

- $\{z_k \mid 1 \leqslant k \leqslant i-1\}$ 和 $\{z_k \mid j+1 \leqslant k \leqslant n\}$：如果这两个分段中的元素被选为基准元素，则 z_i 和 z_j 将被分割到同一个部分中，它们之间是否会发生比较要依据后续基准元素的选择情况而定。所以这两个分段中的元素被选为基准元素不会对 z_i 和 z_j 是否发生比较产生影响。
- $\{z_k \mid i+1 \leqslant k \leqslant j-1\}$：如果这个分段中的元素被选为基准元素，则 z_i 和 z_j 会被分割到两个不同的部分，因而它们永远不会发生比较。
- $\{z_i\}$ 和 $\{z_j\}$：如果 z_i 或 z_j 被选为基准元素，则 z_i 和 z_j 之间会正好发生一次比较。

假设所有可能的输入序列以相同的概率出现，则每个元素成为基准元素的概率相等。除去不发生影响的元素，我们需要考察 $j-i+1$ 个元素（中间三个分段的元素）。只有当 z_i 或 z_j 被选为基准元素时，z_i 和 z_j 才会发生比较。所以 z_i 和 z_j 发生比较的概率为 $\frac{2}{j-i+1}$。因此，快速排序的平均情况时间复杂度满足：

$$
\begin{aligned}
E[X] &= \sum_{i=1}^{n-1}\sum_{j=i+1}^{n} \frac{2}{j-i+1} \\
&= \sum_{i=1}^{n-1}\sum_{k=1}^{n-i} \frac{2}{k+1} \\
&< \sum_{i=1}^{n-1}\sum_{k=1}^{n} \frac{2}{k} \\
&= \sum_{i=1}^{n-1} O(\log n) \\
&= O(n \log n)
\end{aligned}
$$

所以 $E[X] = O(n\log n)$，即快速排序的平均情况时间复杂度为 $O(n\log n)$。

4.2 合并排序

合并排序同样是一种非常典型的分治算法。与“难分易合”的快速排序对偶，合并排序是一种“易分难合”的分治算法。这类分治算法主要基于这样的思路：当没有明显的线索提示如何分割子问题时，就直接对子问题进行均匀分割。对于每个子问题，递归地对它们进行求解。当已经获得每个子问题的解的时候，把它们合并成原始问题的解往往比直接求解原始问题要容易。

具体到合并排序的例子，直接将输入序列从中间分割为两个子序列，递归地对两个子序列进行排序。如果两个子序列已经排好序，把它们合并成一个有序的序列是相对容易的。取它们的最小元素进行比较，两者之间的最小者一定是全局最小的，则可以把它放在输出数组的首位，如图 4.3 所示。对剩下的元素重复这一过程，可以将两个子序列中的元素合并成一个有序的序列。上述合并过程的实现如算法 9 所示。基于合并两个有序子序列的过程，可以实现合并排序，如算法 10 所示。

合并排序是典型的分治算法，并且由于它的问题分割方式是人为规定的，所以其递归形式规整，这对分析其代价带来了方便。合并排序的最坏情况时间复杂度满足：

$$W(n) = \underbrace{2W\left(\frac{n}{2}\right)}_{\text{左右子序列分别递归排序}} + \underbrace{O(n)}_{\text{合并已排序的子序列}}$$

根据 Master 定理有 $W(n) = O(n\log n)$。

算法 9: MERGE(A, p, q, r)

```
1  n1 := q - p + 1 ;
2  n2 := r - q ;
3  Let L[1..(n1 + 1)] and R[1..(n2 + 1)] be new arrays ;
4  for i := 1 to n1 do
5  |   L[i] := A[p + i - 1] ;
6  for j := 1 to n2 do
7  |   R[j] := A[q + j] ;
8  L[n1 + 1] := +∞ ;
9  R[n2 + 1] := +∞ ;
10 i := 1;  j := 1 ;
11 for k := p to r do
12 |   if L[i] < R[j] then
13 |   |   A[k] := L[i] ;
14 |   |   i := i + 1 ;
15 |   else
16 |   |   A[k] := R[j] ;
17 |   |   j := j + 1 ;
```

算法10: MERGE-SORT(A, p, r)

```
1 if p < r then
2 |   q := ⌊(p+r)/2⌋ ;
3 |   MERGE-SORT(A, p, q) ;
4 |   MERGE-SORT(A, q+1, r) ;
5 |   MERGE(A, p, q, r) ;
```

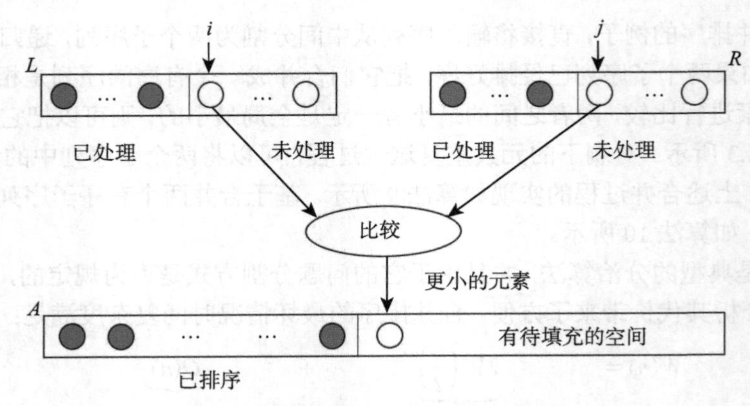

图 4.3　合并两个已经排好序的子序列

根据下一节的结论，我们知道合并排序的平均情况时间复杂度 $A(n) = \Theta(n \log n)$，合并排序的最坏与平均情况时间复杂度均达到最优。但是合并排序在时间方面的高效是以空间复杂度的增加为代价的。合并排序的空间复杂度为 $O(n)$，与输入的规模为线性关系，所以合并排序不是一个原地排序算法。

4.3　基于比较的排序的下界

前面讨论的排序算法都是基于比较的排序（comparison-based sorting）。我们从 $O(n^2)$ 的插入排序，改进到 $O(n \log n)$ 的快速排序与合并排序。此时产生一个很自然的问题：能否继续对排序算法进行改进或者是否有一个"界限"是任何比较排序都不能突破的？如果已经达到了这一界限，则不必再徒劳谋求进一步的改进。这一界限的概念可以定义为一个算法问题的下界。

定义 4.2（**算法问题的下界**）　*给定算法问题 $\mathbb{P}$，对于解决问题 $\mathbb{P}$ 的任意算法 $\mathcal{A}$，如果 $\mathcal{A}$ 的最坏情况时间复杂度总是满足 $W(n) = \Omega(l(n))$，则我们称 $l(n)$ 为该算法问题最坏情况时间复杂度的下界。类似地可以定义一个算法问题平均情况时间复杂度的下界。*

这里讨论的是一个算法问题的下界。对于该算法问题，可以设计任意的算法（只要它是正确的），但是所有可能的这些算法（包括已经设计出来的和未来可能被设计出来的）的时间复杂度总是不低于某一个下界。注意，这和前面讨论的某一个算法的时间复杂度的上界有很大的不同。关于上界，我们讨论的是对于某一个确定的算法，面对不同的输入它的代价有变化，而所有可能代价不超过某一个上界。基于算法问题下界的定义，本节讨论排序问题的最坏情况和平均情况时间复杂度的下界。这里的讨论限定于基于比较的排序。

4.3.1 决策树的引入

要分析一个算法问题的下界，核心挑战在于以前的分析面对的都是一个确定的算法，我们要考虑输入的所有可能变化。而现在的分析面临的是一个问题所有可能的算法。因此首先必须找到一个工具，它能够刻画某一个问题所有算法的共性特征，由此才能分析所有算法所共有的下界。对于比较排序而言，唯一能确定的这类算法的共性特征是：它们只能依赖元素的比较来判断其顺序。所以需要引入一种抽象的数学模型来刻画元素间的比较，这一数学模型就是描述元素比较的决策树（decision tree），如图 4.4 所示。

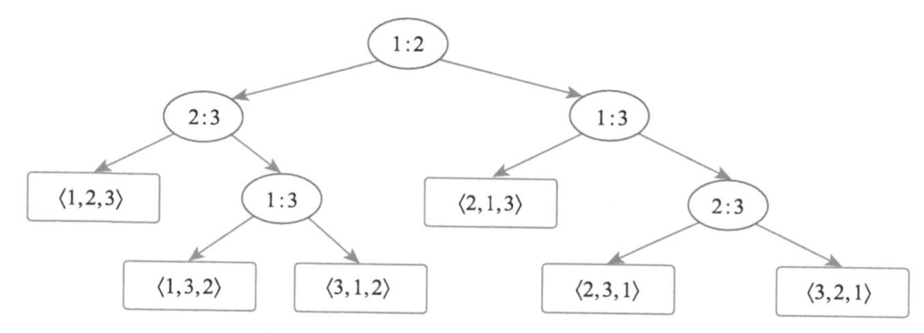

图 4.4 三个元素比较排序的决策树

决策树是一棵 2-tree（定义见附录 B），它所有的内部节点表示的是两个元素 x_1 和 x_2 之间的比较。假设所有元素各不相同，则每次比较只有两种可能的结果，即 $x_1 < x_2$ 或者 $x_1 > x_2$，它们分别对应于内部节点的左子节点和右子节点。一个内部节点的子节点可能是一个外部节点，也可能是另一个内部节点。外部节点表示的是某一种排序结果，内部节点表示的是（在父节点的比较之后）继续进行的一次新的比较。

任何一个基于比较的排序算法的执行过程，都可以看成是进行若干次两个元素的比较，最终得到一个排序结果。这一过程可以表示为决策树上从根节点到子节点的一条路径，而这条路径的长度就对应于算法一次执行的代价。算法的最坏情况时间复杂度则变成了根节点到叶节点最长路径的长度，即整个决策树的高度。算法的平均情况时间复杂度则为根节点到不同叶节点路径长度的某种加权和（具体情况取决于输入的概率分布）。图 4.4 展示的是对三个元素进行排序所对应的决策树。

4.3.2 比较排序的最坏情况时间复杂度的下界

决策树的高度对应于算法的最坏情况时间复杂度，它是分析中的关键量。决策树是一棵二叉树，二叉树的高度有如下性质。

引理 4.1 *假设一棵二叉树的高度为 h，叶节点个数为 L，它们之间有如下关系：$L \leqslant 2^h$。*

这一引理可以基于对树的高度的归纳进行证明，具体证明留作习题。

决策树的叶节点对应于排序的结果，而排序的结果为输入元素的某一种排列，所以排序的结果有 $n!$ 种，决策树的叶节点至少有 $n!$ 个。基于上述分析，我们有：

$$n! \leqslant L \leqslant 2^h$$

这意味着:

$$\begin{aligned} h &\geqslant \log(n!) \\ &= \Omega(n \log n) \end{aligned}$$

由此得到了比较排序的最坏情况时间复杂度的下界。

定理 4.1　*比较排序算法的最坏情况时间复杂度的下界为 $\Omega(n \log n)$。*

4.3.3　比较排序的平均情况时间复杂度的下界

一个具体的比较排序算法对应于一棵具体的决策树。该算法的平均情况时间复杂度对应于其所有可能执行代价的加权平均。基于决策树来描述，比较排序的平均情况时间复杂度就对应于根节点到所有叶节点的路径长度的加权和，每条路径的权重就是该路径上的叶节点对应算法输出的出现概率。

为此首先分析决策树叶节点的个数。注意，算法的输入虽然有无穷多种可能，但是对于基于比较的排序而言，只有元素的大小关系对算法的执行有影响。所以比较排序的输出只有 $n!$ 种可能，对应于输入元素所有可能的排列。前面的分析表明，决策树的叶节点至少有 $n!$ 个，这是因为算法的输出至少包含输入元素所有可能的排列。通过进一步分析我们发现，对于一个确定性的排序算法而言，它对于同样的（这里指的是元素的大小关系相同，而不是元素的值相同）输入，只可能按同样一种元素比较序列完成排序。所以在决策树中不会出现两条不同的根节点到叶节点的路径，它们的叶节点相同。所以任何一个具体的比较排序算法所对应的决策树中正好有 $n!$ 个叶节点。由于平均情况时间复杂度分析假设所有可能的输入等概率地出现，所以所有输出也等概率地出现，每个叶节点出现的概率为 $\frac{1}{n!}$。

为了计算决策树的根节点到所有叶节点路径长度的加权和，定义一棵二叉树的外部路径长度 EPL（External Path Length）。

定义 4.3（外部路径长度）　*定义一棵二叉树 T 的外部路径长度 $\mathrm{EPL}(T)$ 为根节点到所有叶节点路径长度之和。等价地，可以递归地定义 EPL 为：*

- *只含有唯一一个根节点/叶节点的树，它的 EPL 为 0。*
- *一棵树 T 的左右子树分别为 T_L 和 T_R，则*

$$\mathrm{EPL}(T) = \mathrm{EPL}(T_L) + N_L + \mathrm{EPL}(T_R) + N_R$$

这里，N_L 和 N_R 分别表示左、右子树的叶节点个数。

基于外部路径的定义，一个基于比较的排序算法的平均情况时间复杂度为 $\frac{\mathrm{EPL}}{L}$，而所有比较排序的平均情况时间复杂度的下界则为所有可能的决策树的 $\frac{\mathrm{EPL}}{L}$ 值的下界。对于叶节点数为 L 的一棵 2-tree，需要计算它的 EPL 的一个下界。计算下界的关键在于 2-tree 的一个重要的性质：

引理 4.2 越平衡的 2-tree 具有越小的 EPL。

证明 对于任意一棵不平衡的 2-tree，可以构造比它更平衡的另一棵 2-tree，并分析其 EPL 值的变化。具体而言，如果一棵 2-tree T 的高度为 h，且其中存在一个深度为 $k \leqslant h-2$ 的叶节点，则必然存在有同样节点数、同样叶节点数的更平衡的一棵 2-tree T'，满足 $\text{EPL}(T') < \text{EPL}(T)$。

可以通过直接构造 EPL 更小的树 T' 来证明这一结论。对于如图 4.5 所示的 T，由于其高度为 h，则必然存在深度为 h 的叶节点，记该叶节点的父节点为 Y。由于 T 为 2-tree，所以父节点 Y 必然有两个外部节点作为子节点。根据前面的假设，T 中存在深度为 $k \leqslant h-2$ 的叶节点，记为 X。通过下面的变换可以建新的树 T'：将 Y 的两个子节点挪作 X 的子节点。很容易验证 T' 仍然为一棵 2-tree，且它的叶节点个数仍然是 L。下面来分析从 T 到 T'，其 EPL 的变化。

将点 Y 的两个叶节点去掉，对于整棵树的 EPL 的贡献为 $-h-1$。给 X 点增加两个叶节点，对于整棵树的 EPL 的贡献为 $k+1+1$。综合来看，T' 的 EPL 的净增长为 $-h-1+k+1+1=k-h+1$。根据前面的假设 $k \leqslant h-2$，所以 T' 的 EPL 净增长为负的，即 T' 具有更小的 EPL。 ■

对于一棵尽量平衡的 2-tree，它的叶节点数为 L，树高为 $\Theta(\log L)$，EPL 为 $\Theta(L\log L)$。所以任意一棵有相同节点数、相同叶节点数的 2-tree 的 EPL 值至少为 $L\log L$。根据前面对于比较排序平均情况时间复杂度的分析，任一比较排序的平均情况时间复杂度为 $A(n)=\dfrac{\text{EPL}}{L}$，所以比较排序的平均情况时间复杂度满足：

$$\begin{aligned}A(n)&=\frac{\text{EPL}}{L}\\&=\Omega\left(\frac{L\log L}{L}\right)\\&=\Omega(\log n!)\\&=\Omega(n\log n)\end{aligned}$$

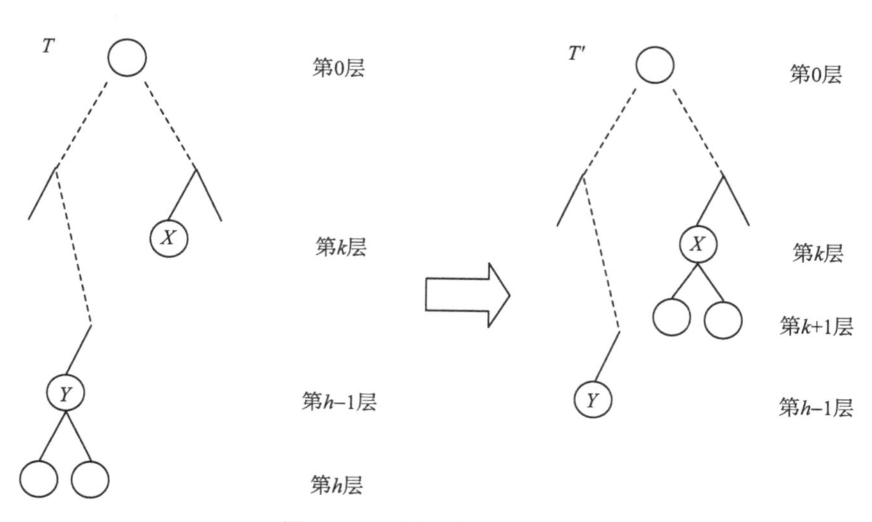

图 4.5 平衡性对 EPL 的影响

基于比较排序的平均情况时间复杂度，可以得到合并排序的平均情况时间复杂度 $A(n)$。由于平均情况时间复杂度一定不超过最坏情况时间复杂度，所以有 $A(n) = O(W(n)) = O(n\log n)$。根据本节的结论，任意比较排序（包括合并排序）的平均情况时间复杂度有下界 $A(n) = \Omega(n\log n)$，所以合并排序的平均情况时间复杂度 $A(n) = \Theta(n\log n)$。

4.4　习题

4.1　请证明，假设一棵二叉树的高度为 h，叶节点个数为 L，则有：$L \leqslant 2^h$。

4.2　如果先对一个矩阵中的每一列进行排序，然后再对每一行进行排序，请证明每一列的数据仍然是有序的。

4.3　给定正整数数组 $A = [93, 23, 8, 46, 26, 43, 6, 97]$，分别使用插入排序、快速排序、合并排序对该数组进行排序。请图示各个算法执行的详细过程。

4.4　本题深入考察对于 4 个或者 5 个元素排序的问题：

1）请给出一个算法，它在最坏情况下可以只利用 5 次比较来对 4 个元素进行排序。

2）请给出一个算法，使得在最坏情况下，对 5 个元素进行排序时，该算法有最优的表现。

4.5　请修改 QUICK-SORT 算法中的 PARTITION 过程（算法 7）：

1）对数组中的 n 个整数重新排序，使得所有负数排在非负数的前面（对元素的大小关系没有要求）。

2）对数组中的 n 个球进行排序，使得所有黄球在最左边、红球在中间、篮球在最右边（假设所有球只有这三种颜色）。

4.6　为了进一步提升 QUICK-SORT 的性能，考虑如下的 *pivot* 选取方案：在所有待排序元素中，均匀随机选取 3 个元素，将这 3 个元素的中位数定为 *pivot*。

1）请计算这一方法所选中的 *pivot* 正好是所有元素中第 i 小的元素的概率。

2）这一新方法选中输入元素的中位数为 *pivot* 的概率，是原始 QUICK-SORT 中选中中位数为 *pivot* 概率的多少倍？这一比率的极限是多少（令 $n \to \infty$）？

3）这一方法是否能在渐近增长率上改进经典的 QUICK-SORT 算法？

4.7　假设两个待合并的数组长度分别为 k 与 m，其中 $k \ll m$。试给出一个合并算法，它能够利用 k 远小于 m 这个特点，使得元素比较次数至多为 $(k+m)/2$。在最坏情况下，为了达到上述上界，k 必须多小？是否存在一个 k 的取值范围，使得比较次数的上界为 $\sqrt{k+m}$？你能否得出在这一情况下元素的移动次数？

4.8　称一个数组 $A[1..n]$ 为 *k-sorted*，如果它能够被分为 k 段，每段长度为 n/k，左边段中的元素一定小于右边段中的元素（每段之内的元素可以是乱序的）。请设计一个 $O(n\log k)$ 的算法，将数组 $A[1..n]$ 排成 *k-sorted*（算法分析过程中，可以假设 n 总是 k 的倍数且 n 和 k 都是 2 的幂）。

4.9　给定 n 个螺钉，它们的尺寸互不相同，另外给定 n 个螺母，每个螺钉与唯一的螺母相匹配。你可以用一个螺钉旋入一个螺母来判断它们是否匹配，判断的结果有三种可能：正好匹配、螺母比螺钉大、螺母比螺钉小。你不可以将两个螺钉或者螺母直接进行比较。请用一个平均情况时间复杂度为 $O(n\log n)$ 的算法找出所有匹配的螺钉和螺母。

4.10 请设计一个基于比较的排序算法（或者直接采用已有的排序算法），并说明其时间复杂度可以表示为 $O(n+k)$，其中 k 为输入序列中逆序对的个数。

4.11 已知数组 $A[1..n]$ 中至多有 2 个逆序对。

1）请证明: 若 (i,j) 为逆序对，则 $j-i\leqslant 2$。

2）请设计一个算法将数组中的元素排序，要求算法在最坏情况下的比较次数不超过 n。

4.12 SQRTSORT(k) 是对子数组 $A[k+1..k+\sqrt{n}]$ 进行原地排序的算法，$k(0\leqslant k\leqslant n-\sqrt{n})$ 是算法的输入（为了简化问题，这里假定 $\sqrt{n}$ 为整数）。

1）请设计一个算法通过调用子过程 SQRTSORT(k) 对输入的数组 $A[1...n]$ 进行排序。你的算法只允许调用 SQRTSORT 检查或修改数组，即你的算法不能直接比较、移动或者复制数组元素。请回答最坏情况下，你的算法所需要调用 SQRTSORT 的次数。

2）请证明你解决第 1 问的算法在常数因子的意义下是最优的，也就是说，如果你的算法调用 SQRTSORT 的次数是 $f(n)$，请证明没有算法能够调用 $o(f(n))$ 次 SQRTSORT 完成排序。

3）假设 SQRTSORT 通过调用你解决第 1 问的算法递归实现。例如在第 2 层进行递归调用时，算法对数组中大约 $n^{1/4}$ 个元素进行排序。最坏情况下，算法的时间复杂度是多少（为了简化分析，你可以假设 n 具有 2^{2^k} 的形式，即对它反复求平方根得到的总是整数）？

4.13 现在有 $2n$ 个实数值，请给出复杂度为 $O(n\log n)$ 的算法将这 $2n$ 个数分为 n 对，并且使得所求得的划分的数对和的最大值在所有划分的数对和最大值中是最小的。例如，$(1,3,5,9)$ 可以分为 $((1,3)(5,9))$、$((1,5)(3,9))$ 和 $((1,9)(3,5))$，这三种划分的数对和组成是 $(4,14)$、$(6,12)$、$(10,8)$，第三种划分中 10 是它的数对和的最大值，并且它也是三种划分方法的数对和最大值 14、12、10 中的最小值。

4.14（易位词） 易位词是指将一个单词改变其中的字母的顺序，构成另外一个单词。例如，“ate”“tea”和“eat”是一组易位词。请设计一个算法找出一篇篇幅很大的英文文件中的所有易位词（只需描述算法的基本原理，可以略去细节）。

4.15（空闲时间） 假设有一台并行计算机可以同时处理任意多的任务，现在给定一组 n 个任务的开始和结束时间，请设计算法用来发现机器的最长空闲时间以及最长的非空闲时间。

第5章 线性时间选择

基于蛮力策略可以在 $O(kn)$ 的时间内在 n 个元素中选出阶为 k 的元素（参见 3.1 节）。随着 k 的取值不同，这一代价最坏是 $O(n^2)$，至少是 $O(n)$。本章运用分治策略将选择任意阶元素的代价改进为线性时间，首先讨论期望线性时间的选择算法，然后讨论最坏情况线性时间的选择算法。在第 19 章，我们还将深入讨论选择问题的下界。

5.1 期望线性时间选择

5.1.1 选择算法设计

在输入的 n 个元素中，阶为 k 的元素 p 对应于这样一种偏序：$k-1$ 个元素比 p 小，$n-k$ 个元素比 p 大。这和快速排序中用基准元素划分所有元素后得到的偏序是相同的。基于这一观察，可以使用分治策略，基于快速排序中用到的 PARTITION 过程（算法 7）来选择阶为 k 的元素。首先，基于某个基准元素，可以将数组中的元素分为左部分、基准元素和右部分。进而可以递归地进行选择。与排序稍有不同的是，此时只需要对左右两个部分中的一个递归地进行选择。具体而言：

- 如果左边部分元素个数等于 $k-1$：直接返回基准元素。
- 如果左边部分元素个数大于 $k-1$：对左部分递归地选择阶为 k 的元素。
- 如果左边部分元素个数小于 $k-1$：则对右边部分递归地进行选择，所不同的是此时选择的阶为 $k-n_L-1$，这里 n_L 为左部分元素的个数。

上述选择过程的实现如算法 11 所示。

算法 11: SELECT-ELINEAR(A, p, r, k)

```
1  if p = r then
2      return A[p] ;
3  q := PARTITION(A, p, r) ;                    /* 调用算法7 */
4  x := q − p + 1 ;
5  if k = x then
6      return A[q] ;
7  else if k < x then
8      return SELECT-ELINEAR(A, p, q − 1, k) ;
9  else
10     return SELECT-ELINEAR(A, q + 1, r, k − x) ;
```

5.1.2　选择算法分析

选择算法 SELECT-ELINEAR 的核心操作是 PARTITION。与快速排序类似，SELECT-ELINEAR 算法的性能也主要受 PARTITION 结果的平衡性的影响。如果每次 PARTITION 的结果极为不均匀（例如，左右两部分中有一部分为空），则 SELECT-ELINEAR 算法需要递归执行 $O(n)$ 轮，每轮的 PARTITION 代价为 $O(n)$，所以 SELECT-ELINEAR 算法在最坏情况下需要 $O(n^2)$ 的时间。但是与快速排序类似的是，SELECT-ELINEAR 算法的平均情况性能比较好。同样可以先大致估算其性能。假设每次 PARTITION 的结果都是完全均匀的，则选择的期望时间复杂度满足：

$$
\begin{aligned}
A(n) &\leqslant n + \frac{n}{2} + \frac{n}{2^2} + \cdots \\
&= O(n)
\end{aligned}
$$

即选择的平均情况时间复杂度是线性的。下面使用指标随机变量和递归方程这两种工具来严格分析 SELECT-ELINEAR 算法的平均情况时间复杂度。

记 SELECT-ELINEAR 算法一次具体执行的代价为 $T(n)$，则算法的平均情况时间复杂度分析将计算 $A(n) = E[T(n)]$ 的一个上界。对于一次 PARTITION 过程，记小于等于基准元素的元素个数为 k，则大于基准元素的元素个数为 $n-k$ $(1 \leqslant k \leqslant n)$。定义指标随机变量 X_k 为：

$$
X_k = I\left\{\text{小于等于基准元素的元素个数为} k\right\}
$$

假设所有可能的输入等概率出现，则任意元素均以相同的概率成为基准元素，所以 $E[X_k] = \dfrac{1}{n}$。结合 SELECT-ELINEAR 算法的执行过程，可知它的执行代价满足：

$$
\begin{aligned}
T(n) &\leqslant \sum_{k=1}^{n} X_k \cdot (T(\max(k-1, n-k)) + O(n)) \\
&= \sum_{k=1}^{n} X_k \cdot T(\max(k-1, n-k)) + O(n)
\end{aligned}
$$

对不等式的两边取期望可得：

$$
\begin{aligned}
E[T(n)] &\leqslant E\left[\sum_{k=1}^{n} X_k \cdot T(\max(k-1, n-k)) + O(n)\right] \\
&= \sum_{k=1}^{n} E[X_k \cdot T(\max(k-1, n-k))] + O(n) \\
&= \sum_{k=1}^{n} E[X_k] \cdot E[T(\max(k-1, n-k))] + O(n) \quad (X_k \text{ 和 } T(\max(k-1, n-k)) \text{ 独立}) \\
&= \sum_{k=1}^{n} \frac{1}{n} E[T(\max(k-1, n-k))] + O(n)
\end{aligned}
$$

当 k 的取值不同时，max 函数的取值满足：

$$
\max(k-1, n-k) = \begin{cases} k-1, & k > \left\lceil \dfrac{n}{2} \right\rceil \\ n-k, & k \leqslant \left\lceil \dfrac{n}{2} \right\rceil \end{cases}
$$

根据 max 函数的对称性，可以将 $E[T(n)]$ 简化为：

$$E[T(n)] \leqslant \frac{2}{n}\sum_{k=\lfloor \frac{n}{2} \rfloor}^{n-1} E[T(k)] + O(n)$$

根据 $E[T(n)]$ 的上述表达式，可以用替换法来证明 $E[T(n)] = O(n)$。假设存在某个常数 c 使得 $E[T(n)] \leqslant cn$，同样假设存在某个常数 a 使得上述表达式中的 $O(n)$ 项可以替换为它的上界 an，将对 $E[T(n)]$ 的假设代入上述表达式可得：

$$\begin{aligned}
E[T(n)] &\leqslant \frac{2}{n}\sum_{k=\lfloor \frac{n}{2} \rfloor}^{n-1} ck + an \\
&= \frac{2c}{n}\left(\sum_{k=1}^{n-1} k - \sum_{k=1}^{\lfloor \frac{n}{2} \rfloor - 1} k\right) + an \\
&= \frac{2c}{n}\left(\frac{(n-1)n}{2} - \frac{(\lfloor \frac{n}{2} \rfloor - 1)\lfloor \frac{n}{2} \rfloor}{2}\right) + an \\
&\leqslant \frac{2c}{n}\left(\frac{(n-1)n}{2} - \frac{\left(\frac{n}{2}-2\right)\left(\frac{n}{2}-1\right)}{2}\right) + an \\
&= c\left(\frac{3n}{4} + \frac{1}{2} - \frac{2}{n}\right) + an \\
&\leqslant cn - \left(\frac{cn}{4} - \frac{c}{2} - an\right)
\end{aligned}$$

为了得到 $E[T(n)] \leqslant cn$ 的结论，只需要取 $\frac{cn}{4} - \frac{c}{2} - an \geqslant 0$，即 $n \geqslant \frac{2c}{c-4a}$ (对于 $n < \frac{2c}{c-4a}$，假设 $T(n) = O(1)$)。由此证明了 $E[T(n)] \leqslant cn$。

5.2　最坏情况线性时间选择

上一节讨论了期望线性时间选择算法，其核心操作是用某个基准元素对所有元素进行划分，而其性能的关键在于划分的平衡性。正是由于划分的平衡性得不到保证，所以在最坏情况下每次划分都极度不平衡，算法的时间复杂度为 $O(n^2)$，而在平均情况下算法的时间复杂度为 $O(n)$。如果希望将选择算法的性能改进到最坏情况线性时间，关键问题是控制划分的平衡性，即保证在最坏情况下划分也不能“太不平衡”。这正是最坏情况线性时间选择算法的核心原理。

5.2.1　选择算法设计

我们按如下规则来对所有元素进行划分。将所有元素分成 5 个一组，共 $\left\lceil \frac{n}{5} \right\rceil$ 组，如图 5.1 所示。对于每组的 5 个元素，找出其中的中位数，并用中位数划分每组中的 5 个元素，结果是 2 个元素大于中位数，2 个元素小于中位数。对于每一组，将比中位数小的元素画在中位数的上方，大的元素画在中位数的下方。对于每一组的中位数，递归地使用最坏情况线性时间选择算法求出其中位数，记为 m^*，并用 m^* 来划分所有的中位数。将比 m^* 小的中位数画在其左边，比 m^* 大的中位数画在其右边。

当确定 m^* 之后，后续步骤和 SELECT-ELINEAR 算法类似：采用元素 m^* 为基准元素将所有元素分为左边部分（比 m^* 小）和右边部分（比 m^* 大）。根据选择的参数 k 和左右部分的大小关系，对其中的某一个子问题递归地进行选择。上述方法的实现如算法 12 所示。

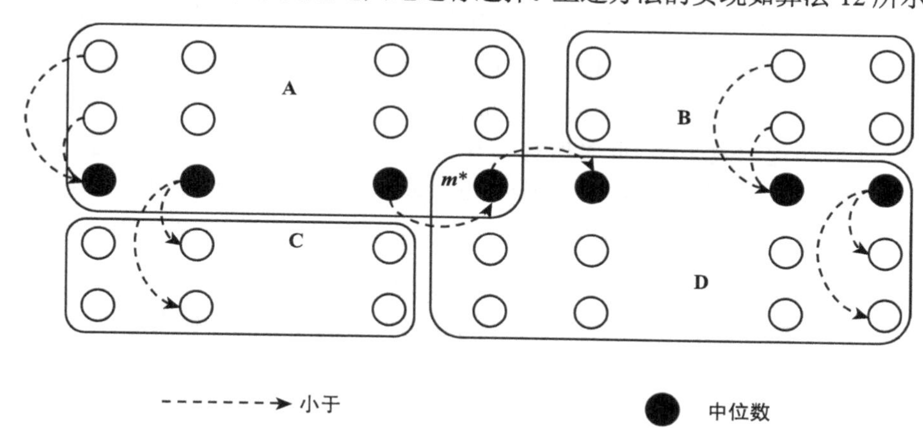

图 5.1 保证平衡性的划分

算法12: SELECT-WLINEAR

---

1 将所有元素分成$\left\lceil \frac{n}{5} \right\rceil$组，每组5个元素(最后一组可能有不足5个元素)；
2 找出每组中的中位数，共$\left\lceil \frac{n}{5} \right\rceil$个；
3 递归地使用SELECT-WLINEAR算法，在这$\left\lceil \frac{n}{5} \right\rceil$个中位数中找出中位数，记为$m^*$；
4 基于m^*对所有元素进行划分，假设有$x-1$个元素小于m^*，$n-x$个元素大于m^*；
5 如果$k=x$，则直接返回m^*；
6 如果$k<x$，则递归地对小于m^*的元素用SELECT-WLINEAR算法选择阶为k的元素;
7 如果$k>x$，则递归地对大于m^*的元素用SELECT-WLINEAR算法选择阶为$k-x$的元素；

5.2.2 选择算法分析

基于前面的讨论，分析 SELECT-WLINEAR 算法的关键在于分析其子问题划分的平衡性。基于如图 5.1 所示的划分方法，所有元素被划分成了 A、B、C、D 四个部分，下面分别讨论各部分的元素和 m^* 的关系。显然 A 部分的元素一定小于 m^*，因为 A 中的元素小于它们小组内的中位数，而这些中位数又小于 m^*；同理 D 部分的元素一定大于 m^*。对于 B、C 部分的元素，无法确定它们与 m^* 的关系。

由此可以看出这一划分方法的关键：这一特殊的划分方法决定了 A 和 D 中的元素一定在 m^* 的两边，这保证了划分一定不会“太不平衡”，进而保证了 SELECT-WLINEAR 算法在最坏情况下也是线性时间的。可以通过递归不等式的求解来严格证明这一结论。SELECT-

WLINEAR 算法的最坏情况时间复杂度满足递归式：

$$W(n) \leqslant \underbrace{W\left(\left\lceil \frac{n}{5} \right\rceil\right)}_{\text{递归地选择中位数的中位数}} + \underbrace{W\left(\frac{7}{10}n + 6\right)}_{\text{递归地对三部分元素做选择}} + O(n)$$

其中，对于每个小组的中位数再递归地选择中位数，其代价为 $W\left(\left\lceil \frac{n}{5} \right\rceil\right)$。递归式的第二项对应于子问题递归做选择的代价。根据上面的分析，在最坏情况（子问题规模减少速度最慢的情况）下，A、B、C 三个部分中的所有元素都比 m^* 小，都被划分在了同一个子问题中，并且需要对这个子问题递归做选择。此时所有 D 中的元素都比 m^* 大，在后续的递归中，无须再考虑它们[⊖]。此时，为了估算 A、B、C 三个小组中最多有多少个小于 m^* 的元素，可以等价地来估算剩下的 D 小组中最少有多少个大于 m^* 的元素。在所有 $\left\lceil \frac{n}{5} \right\rceil$ 个小组中，至少有一半的小组，每组要贡献 3 个比 m^* 大的元素。其中还要去掉两个小组，一个小组是末尾不足 5 个元素的小组，一个是中位数 m^* 所在的小组。所以另一半的子问题规模至少为：

$$3\left(\frac{1}{2}\left\lceil \frac{n}{5} \right\rceil - 2\right) \geqslant \frac{3n}{10} - 6$$

所以最坏情况下算法对规模不超过 $\frac{7}{10}n + 6$ 的子问题递归地进行选择。

可以使用替换法来证明 $W(n) = O(n)$。首先假设对于某个常数 c，有 $W(n) \leqslant cn$，将这一假设代入上面的递归式可得：

$$\begin{aligned} W(n) &\leqslant c\left\lceil \frac{n}{5} \right\rceil + c\left(\frac{7}{10}n + 6\right) + an \\ &\leqslant c\frac{n}{5} + c + \frac{7}{10}cn + 6c + an \\ &= \frac{9}{10}cn + 7c + an \\ &= cn + \left(-\frac{1}{10}cn + 7c + an\right) \end{aligned}$$

因而，只要 $-\frac{1}{10}cn + 7c + an \leqslant 0$，即 $c \geqslant 10a\frac{n}{n-70}$，则假设成立。

对于 $n < 140$，假设 $W(n) = O(1)$。对于 $n \geqslant 140$，有 $\frac{n}{n-70} \leqslant 2$，所以只需选择 $c \geqslant 20a$，有不等式 $c \geqslant 10a\frac{n}{n-70}$ 成立。由此证明了 SELECT-WLINEAR 算法的最坏情况时间复杂度 $W(n) = O(n)$。

5.3 习题

5.1 请设计一个高效的算法在 n 个元素中找到第 3 大的元素，并分析最坏情况下你的算法所需要的比较次数。你的算法在执行过程中是否必须先找到最大的和次大的元素？

⊖ 对偶的情况是，B、C、D 中所有的元素在同一个子问题中，并且需要对该子问题做递归，此种情况的分析是相同的。

5.2　请设计一个算法，使得在最坏情况下，它能够只利用 6 次比较来找出 5 个元素的中位数。请描述该算法的步骤，并使用决策树的形式展示你的算法。

5.3　请设计一个算法，同时找出 n 个元素中的最大和最小元素。你所设计的算法，其代价（实际代价，而不是渐近增长率）在多大程度上优于蛮力算法？（我们将在 19.3 节讨论这个问题的下界。）

5.4　假设对一个含有 n 个元素的集合，某算法只用比较来确定阶为 i 的元素。证明：无须另外的比较操作，它也能找到比阶为 i 的元素小的 $i-1$ 个元素和比该元素大的 $n-i$ 个元素。

5.5　假设已有一个用于选择中位数的“黑盒”算法 $\mathcal{A}$，它在最坏情况下需要线性运行时间。请给出基于已有的黑盒算法 $\mathcal{A}$，选择阶为任意 k 的元素的算法 $\mathcal{B}$，要求算法 $\mathcal{B}$ 最坏情况下也是线性时间的。

5.6（最大的 k 个元素）　给定有 n 个数的集合，现要求找出其中的前 k 大的 k 个数（得出的这 k 个数要求是排好序的，即知道哪个是第 1 大，第 2 大，$\cdots$，第 k 大），请设计多种基于比较的算法，使其最坏情况时间复杂度分别满足下面的要求：

1）$O(n\log n)$

2）$O(n+k\log n)$

3）$O(n+k^2)$

4）$O(n+k\log k)$

5.7　给定一个有 n 个不同整数的集合 S，用 M 表示 S 的中位数。请设计算法找出 S 中和 M 的大小最接近的 k 个数（k 远小于 n）。例如，集合 $S=\{6,7,50,800,900\}$，中值 M 是 50，两个（$k=2$）和中值 M 最接近的数是 6 和 7。

1）请设计一个时间复杂度为 $O(n\log n+k)$ 的算法。

2）请设计一个时间复杂度为 $O(n+k\log k)$ 的算法。

5.8　给定数组 $A[1..5]$ 和 $B[1..5]$。已知两个数组中的 10 个元素各不相同，且每个数组中的元素值都是严格递增的。

1）请设计一个算法，找出两个数组中的中位数（即所有 10 个元素中第 5 小的元素）。

2）请证明你的算法的最坏情况时间复杂度是最优的。

5.9　考虑在多个一维数组或者一个多维数组中进行选择的问题：

1）给定两个有序数组 $A[1..n]$、$B[1..n]$ 和一个整数 k，请设计一个算法用 $O(\log n)$ 的时间找到 $A\cup B$ 中阶为 k 的元素（可以假设数组中没有重复元素）。

2）给定三个有序数组 $A[1..n]$、$B[1..n]$、$C[1..n]$ 和一个整数 k，请设计一个算法用 $O(\log n)$ 的时间找到 $A\cup B\cup C$ 中阶为 k 的元素。

3）给定二维数组 $A[1..m][1..n]$，数组的每一行都是有序的，并给定一个整数 k。请设计一个算法找到数组中阶为 k 的元素，并分析算法的时间复杂度。

5.10（加权中位数）　现有 n 个各不相同的数 $x_1,x_2,\cdots,x_n$，每个数都有正权重 $w_1,w_2,\cdots,w_n$，满足 $\sum_{1\leqslant i\leqslant n} w_i=1$。定义一个元素 x_k 为“加权中位数”，如果它满足：

$$\sum_{x_i<x_k} w_i<\frac{1}{2},\quad \sum_{x_i>x_k} w_i\leqslant\frac{1}{2}$$

1）请证明当 $w_i = \dfrac{1}{n}$ $(i = 1, 2, \cdots, n)$ 时，$x_1, x_2, \cdots, x_n$ 的中位数即为加权中位数。

2）请设计一个基于元素的排序实现加权中位数选择的算法，要求最坏情况时间复杂度为 $O(n \log n)$。

3）请设计一个最坏情况时间复杂度为 $\Theta(n)$ 的加权中位数选择算法。

第 6 章　对数时间查找

查找问题要求在一组键值中找出指定的键值。查找问题虽然可以通过简单遍历待查键值来实现，但是在现实应用中一方面待查元素集合往往非常大，另一方面查找操作的频率经常很高。这使得简单地遍历整个查找空间的做法往往是不可行的。因而需要设计新的算法来实现更高效的查找。初步分析查找问题的代价，很容易得出查找问题的上界和下界，这可以帮助我们对查找算法的代价有一个合理的“期待”：

- *上界* $O(n)$：朴素地遍历整个待查键值集合可以实现查找，其代价为 $O(n)$。我们需要显著地减少这一代价。
- *下界* $O(1)$：查找的最理想情况是总能用常数时间 $O(1)$ 找到指定的键值，即查找的代价与待查空间的大小无关。一般情况下这一低代价是难以实现的，它构成了查找代价的下界。

根据分治的思想，如果我们能在每次（不成功）的查找之后，将后续待查键值的范围减少一半（或者至少减少一个固定的比率），则可以实现 $O(\log n)$ 的查找。基于对查找问题的上、下界的分析，对数时间的查找是一种合理的期望。

正如 3.1 节所分析的，查找问题的关键在于将待查的元素按某种结构进行有效的组织，进而利用元素之间的关系显著降低查找的代价。当查找操作的出现非常频繁，但相对而言待查找元素的变化不大时，哪怕付出比较高的代价去组织元素，由于后续将有频繁的查找操作，总体上也是“合算”的。本章讨论如何有效地组织待查键值，实现 $O(\log n)$ 时间的查找。在第 16 章，我们将讨论如何通过哈希表这一数据结构实现接近 $O(1)$ 时间的查找。

6.1　折半查找

6.1.1　经典折半查找

在实际应用中，待查找的键值经常需要排序。在这一前提下，查找问题的关键变成了如何利用待查键值是有序的这一有利条件，有效地降低查找的代价。为此我们设计了折半查找（binary search）算法。假设待查找的元素存放在数组 $A[first..last]$ 中，并且是排好序的，需要查找键值 key。折半查找算法首先查找中间位置的元素 $A\left[\frac{first+last}{2}\right]$，若查找成功则返回，若查找不成功，需要考虑两种情况：如果 $key < A\left[\frac{first+last}{2}\right]$，则由于数组是有序的，所以 key 只能在数组的左边出现，为此只需要对左半边数组递归地进行查找；$key > A\left[\frac{first+last}{2}\right]$ 的情况是对称的。折半查找的实现如算法 13 所示。

算法13: BINARY-SEARCH($A[first..last], key$)

```
1  if last < first then
2  |  return -1 ;
3  int mid := ⌊(first+last)/2⌋ ;
4  if key = A[mid] then
5  |  index := mid ;
6  else if key < A[mid] then
7  |  index := BINARY-SEARCH(A[fist..mid − 1], key) ;
8  else
9  |  index := BINARY-SEARCH(A[mid + 1..last], key) ;
10 return index ;
```

根据折半查找算法的设计可知，每次比较都可以保证查找空间缩小为原来的一半，因而最坏在 $O(\log n)$ 时间内可以完成查找。需要注意的是，上面讨论的是在数组上进行折半查找。如果待查找的有序元素存放于链表之中，是不能实现高效的折半查找的，这一问题的辨析留作习题。

折半查找应该被理解为一种查找的框架，而不仅仅是一个具体的算法。我们可以根据不同的条件去查找某个元素，而不限于找某个指定的键值。元素的组织方式也可以有多种形式，不局限于排好序的元素。问题的关键在于元素的组织信息和每次查找失败后获得的信息，可以帮助我们将待查元素空间减少一半。下面通过两个例子来展示折半查找的推广。

6.1.2 查找峰值

实际应用中的数据经常具有单峰（unimodal）特性，即元素值先单调上升（或者下降）到某个值，再单调下降（或者上升）到某个值。那么最大（或者最小）元素的值被称为峰值。假设输入元素 $A[1..n]$ 中具有单峰特性，其中的元素值先上升后下降，我们的问题是找出峰值所在的位置。

表面上看要查找的并不是某个特定的值，待查的元素也并不是排好序的，这与折半查找不同。但是分析单峰性质的特点，我们同样可以采用折半查找的方法找出峰值。具体而言，对于一个序列，从中间将它分成左右两半，直接考察它中间位置的元素 mid，以及它左右两个相邻元素 $left$ 和 $right$：

- 如果 $left < mid < right$：则峰值必然在右半部分。
- 如果 $left > mid > right$：则峰值必然在左半部分。
- 如果 $left < mid$, $mid > right$：则 mid 就是峰值。

上述算法的运作本质上与折半查找是相同的，它在最坏 $O(\log n)$ 的时间内可以找到峰值。

6.1.3　计算 $\sqrt{N}$

假设输入是一个非常大的正整数 N，它的二进制表示有 n 个比特，现在要计算它的平方根 $\lfloor \sqrt{N} \rfloor$。这里要做的是任意精度计算，即输入的整数可以有任意多个比特，远超过任何机器的字长，所以无法采用常规的数学函数计算它的值。算法可以进行的操作是 1 个 n 比特数的移位和 2 个 n 比特数的相加，这两种操作是度量算法代价的关键。

这一问题可以建模为一个查找问题，并通过折半查找来有效解决。根据平方根的数学性质，$x = \lfloor \sqrt{N} \rfloor$ 满足：

$$x^2 \leqslant N, \ (x+1)^2 > N$$

求平方根的问题就是在 1 到 N 的自然数（它们天然是有序的）中，找到符合上述性质的元素。每次取待查找序列中央位置的元素 m 并计算 m^2，将 m^2 的值与 N 进行比较，如果 $m^2 = N$，则 m 就是要找的平方根，否则有两种情况：如果 $m^2 > N$，则我们递归地在左边部分继续查找平方根；否则对偶地对右边部分递归地查找平方根。

上述过程本质上与折半查找是相同的，最多需要进行 $\log N = n$ 次查找。每次查找的代价是计算 m^2 的代价，这总共需要 $O(n)$ 次移位和加法操作。所以计算 $\lfloor \sqrt{N} \rfloor$ 的代价为 $O(n^2)$。注意在上述计算过程中，每次算法都独立地计算 m^2。实际上基于上一次计算 m^2 的结果，下一次查找的平方运算的代价可以改进到 $O(1)$ 时间。因而可以最终将计算 $\lfloor \sqrt{N} \rfloor$ 的时间改进到 $O(n)$。这一改进的详细讨论留作习题。

6.2　平衡二叉搜索树

二叉搜索树的性质决定了每次不成功的查找均可以将查找空间缩减为根节点的左子树或右子树。因而二叉搜索树的平衡性可以保证每次比较至少将搜索空间减少一定的比率，进而可以实现最坏时间为 $O(\log n)$ 的查找。红黑树是一种常用的平衡二叉搜索树。本节首先讨论红黑树的定义，其次分析它的平衡性。这里省略了对于红黑树插入、删除操作的详细讨论，相关内容请参考文献 [1,4]。

6.2.1　二叉搜索树及其平衡性

二叉搜索树（binary search tree）是一种用于查找的数据结构，它是一棵具有如下特性的二叉树：

定义 6.1（二叉搜索树）　*如果一棵二叉树中的任意一个节点均满足如下性质，则该树为二叉搜索树：对于树中任意一个节点 x，x 左子树中任意节点 y 和 x 右子树中任意节点 z，这些节点存储的键值均满足 $y.key < x.key < z.key$。*

从二叉搜索树的性质很容易得出基于二叉搜索树的查找算法：首先查找根，如果要找的键值小于（或大于）根的键值，则递归地对左子树（或右子树）进行查找。因而基于二叉搜索树搜索的最坏情况时间复杂度取决于树的平衡性。如果二叉树是平衡的，则意味着经过每次比较，待查找的键值空间至少减少一个固定的比率，这就保证了至多经过 $O(\log n)$ 次键值比较即可完成查找。作为参照，考察一棵极不平衡的二叉搜索树，如图 6.1 所示。每次查找只能将待查找元素减少 1 个，因而最坏情况下需要 $O(n)$ 的时间才能完成查找，跟朴素遍历的代价相当。

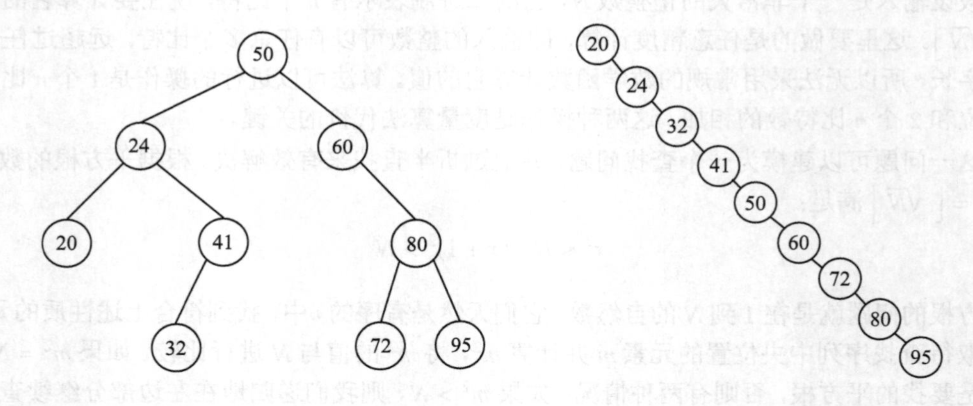

图 6.1　不同平衡性的二叉搜索树

正是由于二叉搜索树的平衡性对于查找的性能极为关键，各种平衡二叉搜索树被设计出来，它们都希望控制平衡性以保证查找的性能。下面讨论的红黑树就是一种常用的平衡二叉搜索树。

6.2.2　红黑树的定义

红黑树是基于二叉搜索树来定义的，首先要基于二叉搜索树的概念做一些准备性的定义：

- *染色*：红黑树的每个节点必然是红色或者黑色的。
- *2-tree 结构*：红黑树是一棵 2-tree，即每个节点必然有 2 个或者 0 个子节点。有 0 个子节点的节点被称为外部节点（external node），而有 2 个子节点的节点被称为内部节点（internal node）。
- *二叉搜索树性质*：红黑树首先是一棵二叉搜索树，它存储的键值满足二叉搜索树的定义。
- *黑色深度*：定义根节点的黑色深度为 0。一个非根节点的黑色深度定义为从根节点到该节点的路径上黑色节点的个数（不包含根节点）。例如在图 6.3 中，所有外部节点的黑色深度均为 2。简单来说，黑色深度的定义本质上与传统深度的定义是一致的，只是仅计算黑色节点而忽略红色节点。

基于上述准备性定义，可以进一步定义红黑树（Red-Black Tree, RBT）。

定义 6.2（红黑树–直接定义）

- *根节点为黑色，所有外部节点为黑色。*

- 红色节点不能连续出现，即没有任何一个红色父节点有红色子节点。
- 以任意节点为根的子树中，所有外部节点的黑色深度相等。这一共同的黑色深度被定义为以该节点为根的子树的黑色高度，同时也是该节点的黑色高度。

一棵二叉搜索树，如果其根节点为红色，且满足红黑树的所有其他定义，则称之为准红黑树（Almost Red-Black tree，ARB）。有了准红黑树的概念，则可以递归地定义红黑树。

定义 6.3（**红黑树-递归定义**）

- 唯一一个外部节点（同时也是根节点）构成一棵黑色高度为 0 的红黑树 RB_0。
- 对于 $h \geqslant 1$，一棵二叉树为准红黑树 ARB_h，如果它的根节点为红色，且其左右子树均为 RB_{h-1}。
- 对于 $h \geqslant 1$，一棵二叉树为红黑树 RB_h，如果它的根节点为黑色，且它的左右子树分别为一棵 RB_{h-1} 或者 ARB_h。

为了更直观地理解红黑树的递归定义，这里给出高度值较小的几种红黑树和准红黑树，如图 6.2 和图 6.3 所示。使用数学归纳法可以证明红黑树的上述两种定义是等价的，详细证明留作习题。

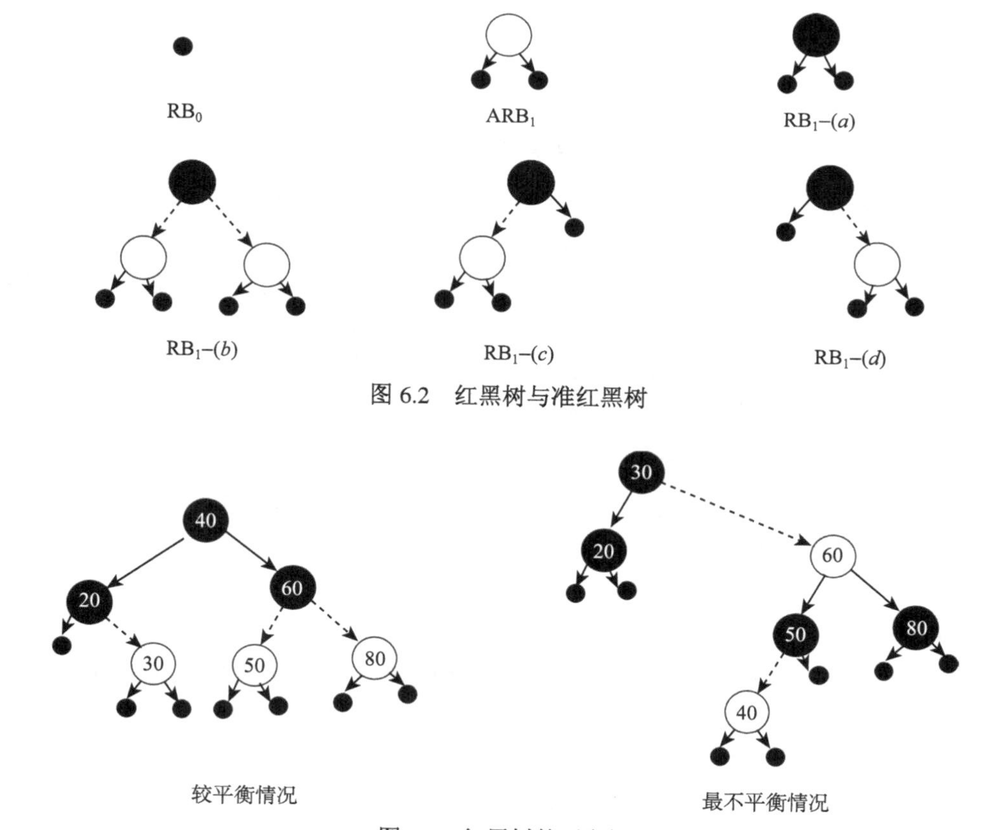

图 6.2　红黑树与准红黑树

图 6.3　红黑树的平衡性

6.2.3　红黑树的平衡性

基于红黑树的定义，我们可以直观地感觉到它对平衡性的控制。黑色高度被要求完全一样，这是对平衡性的直接控制。但是平衡性和维护开销是一对矛盾。保证绝对的平衡固然好，但是当节点（不可避免地）需要插入/删除时，维护开销很大。本质上我们追求的是在平衡性（查找的性能）和维护开销之间的高效权衡。基于这一思路，红黑树中引入红色节点就是为了实现这一高效的权衡。红色节点的引入使得红黑树可以有一定限度的不平衡，但是红色节点不能连续出现这一限制又确保不平衡性被限制在一定的程度内。如图 6.3 所示，对于一棵有 6 个内部节点的红黑树，分别给出了它在传统高度/深度的意义下较为平衡与尽量不平衡的情况。

下面的性质定量地揭示了红黑树的平衡性：

引理 6.1　假设 T 为一棵 RB_h，则：

1）T 有不少于 2^h-1 个内部黑色节点。

2）T 有不超过 4^h-1 个内部节点。

3）任何黑色节点的普通高度至多是其黑色高度的 2 倍。

引理 6.2　假设 T 为一棵 ARB_h，则：

1）T 有不少于 2^h-2 个内部黑色节点。

2）T 有不超过 $\frac{1}{2}4^h-1$ 个内部节点。

3）任何黑色节点的普通高度至多是其黑色高度的 2 倍。

引理 6.1 表明，对于一个给定黑色高度的红黑树而言，它的内部黑色节点不会太少，否则不能支撑给定的黑色高度。同时内部节点不能太多，因为内部节点有黑色和红色两种：黑色节点不能太多，否则会超过指定的黑色高度；在黑色节点高度不能太多的前提下，红色节点也不能太多，因为红色节点不能连续出现。同样由于红色节点至多只能每隔一个黑色节点出现一次，所以普通高度至多是黑色高度的 2 倍。引理 6.2 对于准红黑树做了类似的讨论。这两个引理基于数学归纳法容易证明，其具体证明留作习题。根据上述引理，很容易得出一棵含有 n 个内部节点的红黑树的普通高度为 $O(\log n)$，这保证了基于红黑树的查找代价：

定理 6.1　假设 T 为一个有 n 个内部节点的红黑树，则红黑树的普通高度不超过 $2\log(n+1)$，基于红黑树的查找代价为 $O(\log n)$。

6.3　习题

6.1　如果一组有序的元素存放于链表中，在链表中进行折半查找的代价为多少（假设不仅要计算元素的比较代价，还要计算链表中某个位置元素的寻址代价）？

6.2　请将 6.1 节中计算 $\lfloor \sqrt{N} \rfloor$ 的算法改进到 $O(n)$。

6.3　请证明红黑树的直接定义和递归定义是等价的。

6.4　请证明红黑树的平衡性（引理 6.1、引理 6.2）。

6.5 给定一个有 n 个互不相同的有序整数 $\{a_1, a_2, \cdots, a_n\}$ 的序列。请设计算法判断是否存在某个下标 i 满足 $a_i = i$。例如，$\{-10, -3, 3, 5, 7\}$，有 $a_3 = 3$；在 $\{2, 3, 4, 5, 6, 7\}$ 中不存在满足条件的 i。

6.6 数组 $A[1..n]$ 存放的是 n 个有序的互不相同的正整数。请设计算法找出 A 中缺少的最小的正整数。例如，$A = [1, 2, 4, 5]$，缺少的最小的正整数是 3。

6.7 数组 $A[0..n-1]$ 中存有 n 个整数满足：存在 k 使得 $a_k < a_{k+1} < \cdots < a_{n-1} < a_0 < \cdots < a_{k-1}$。请设计一个算法找出这个 k。

6.8 请对下面每个问题设计符合要求的算法，你可以使用已有的排序算法。

1）S 是由 n 个整数组成的数组，并且未排序。请给出算法用来找到整数对 $x, y \in S$ 使得 $|x-y|$ 最大。最坏情况下，你的算法的复杂度应该为 $O(n)$。

2）S 是由 n 个整数组成的有序数组。请给出算法用来找到整数对 $x, y \in S$ 使得 $|x-y|$ 最大。最坏情况下，你的算法的复杂度应该为 $O(1)$。

3）S 是由 n 个整数组成的数组，并且未排序。请给出算法用来找到整数对 $x, y \in S$ 使得 $|x-y|(x \neq y)$ 最小。最坏情况下，你的算法的复杂度应该为 $O(n \log n)$。

4）S 是由 n 个整数组成的有序数组。请给出算法用来找到整数对 $x, y \in S$ 使得 $|x-y|(x \neq y)$ 最小。最坏情况下，你的算法的复杂度应该为 $O(n)$。

6.9 有两个无序的整数序列 A 和 B，请设计一个算法在 A 中找一个元素 a，在 B 中找一个元素 b，使得交换 a 和 b 之后，序列 A 中元素之和与序列 B 中元素之和的差值最小。

6.10 令 M 是一个 $m \times n$ 的矩阵，矩阵中的每一行元素从左到右按照升序排列，每一列的元素从上到下按照升序排列。请给出高效的算法在矩阵中查找给定的元素 x（x 可能不存在），并给出最坏情况下所需要的比较次数。

6.11 给定由 n 个整数组成的集合 S 和一个整数值 a。请给出算法判定在 S 中是否存在两个元素的和为 a。

1）假设 S 是未排序的，请设计一个复杂度为 $O(n \log n)$ 的算法。

2）假设 S 是排好序的，请设计一个复杂度为 $O(n)$ 的算法。

6.12 下面两个问题都是求集合 A、B 的并集，其中 $n = \max\{|A|, |B|\}$：

1）假设集合 A、B 中的元素都是乱序的，请设计一个复杂度为 $O(n \log n)$ 的算法。

2）假设集合 A、B 中的元素都是排好序的，请设计一个复杂度为 $O(n)$ 的算法。

6.13 给定一个由 n 个整数组成的集合 S 和一个整数 T，请给出复杂度为 $O(n^{k-1} \log n)$ 的算法来判定在 S 中是否存在 k 个整数的和为 T。

6.14（数组上的“局部最小元素”） 假设有一个数组 $A[1..n]$，它满足以下两个条件：$A[1] \geqslant A[2]$；$A[n-1] \leqslant A[n]$。当元素 $A[x]$ 不大于它的两个邻居 $(A[x-1] \geqslant A[x], A[x+1] \geqslant A[x])$ 时，称 $A[x]$ 为局部最小元素（local minimum）。例如，在图 6.4 的数组中有六个局部最小元素。

图 6.4 数组中的局部最小元素

1）在给定的条件下，请说明至少存在一个局部最小元素。

2）请设计一个用 $O(\log n)$ 时间找到一个局部最小元素的算法。

6.15（完美二叉树上的“局部最小元素”）　在完美二叉树上同样可以定义局部最小元素。假设树中节点所存的元素各不相同。如果一个节点所存的元素小于其父节点的元素和其左右子节点的元素，则该元素为完美二叉树上的局部最小元素（在边界情况下，根节点所存的元素如果小于其左右子节点的元素，则根节点元素为局部最小元素；叶节点元素如果小于其父节点元素，则叶节点元素为局部最小元素）。给定一个有 n 个节点的完美二叉树。请设计一个 $O(\log n)$ 复杂度的算法来找到该完美二叉树的任意一个局部最小元素。

第7章　分治算法设计要素

前面的章节主要通过排序、选择、查找这三个围绕序关系的经典问题，讨论了分治策略对蛮力策略的改进。在上述讨论的基础上，本章首先总结分治策略的核心要素，然后再通过若干（排序、选择、查找之外的）经典问题来进一步展示分治策略的应用。

7.1　分治算法的关键特征

前面的讨论主要从算法设计的角度来介绍分治。这里我们不妨“逆向”地从时间复杂度的角度对分治策略做一个总结。分治是一种递归，但不是任何递归都是分治。分治策略有两大要素：问题规模的缩减和递归辅助代价的控制。

- *问题规模*：问题的规模线性地缩减，往往导致蛮力的递归算法。例如递归版的冒泡排序，通过一轮冒泡使得最大元素处于数组 $A[1..n]$ 末尾。然后对剩下的 $A[1..n-1]$ 中的元素递归排序。在递归过程中，问题的规模按照 $n, n-1, \cdots, 2, 1$ 的速度递减。这一缓慢的递减过程导致了算法最终 $O(n^2)$ 的时间复杂度。

  对于分治算法，问题规模缩减至少一个常数的比率。最常见的是人为地将子问题定为原始问题的一半，例如合并排序等。另一种是基于某种标准，对问题做不确定的划分，例如快速排序等。划分的平衡性直接关系到递归的性能。如果划分极度不平衡，导致问题规模线性缩减，则递归退化成蛮力递归算法，例如期望线性时间选择算法（算法 11）的最坏情况时间复杂度分析，就对应于这样一种极度不平衡的子问题划分。但是平均情况下算法 11 的划分是平衡的，所以算法的平均情况时间复杂度是 $O(n)$ 的，显著优于最坏情况。也有的算法——例如最坏情况线性时间的选择算法（算法 12）——通过复杂的划分机制保证了最坏情况下子问题划分的平衡性，进而保证了算法在最坏情况下较低的时间复杂度。

- *辅助代价*：分治算法的代价可以由分治递归 $T(n) = aT\left(\frac{n}{b}\right) + f(n)$ 来刻画。根据蛮力算法，我们可以得到算法代价的一个上界，进而对于分治算法的代价有一个合理的预期。根据这一预期，结合分治递归，我们可以反推出分治算法可以承受的辅助代价 $f(n)$。

  例如对于排序问题，蛮力排序的代价为 $O(n^2)$，因而一个合理的预期是“能否通过分治策略将算法的代价改进到 $O(n\log n)$”。如果采用类似合并排序这样“形式规整”的分治策略，易知算法的代价满足 $T(n) = 2T\left(\frac{n}{2}\right) + f(n)$。如果希望算法的代价 $T(n) = O(n\log n)$，则根据 Master 定理，问题划分和子问题结果合并的代价应该满足 $f(n) = O(n)$。这一合理预期可以指导我们最终完成子问题合并算法的设计。

下面通过三个经典问题的分治求解，来进一步展示分治策略的应用。

7.2 计算逆序对的个数

逆序对是和排序紧密相关的一个概念，4.1.1 节给出了它的定义，并展示了它在分析插入排序中的应用。现在考虑逆序对计数问题：假设数组 $S[1..n]$ 中有 n 个各不相同的两两可比较的元素，现在需要计算 S 中有多少个逆序对。由于逆序对是具有某种特定性质的元素对，所以朴素地遍历所有元素对，可以正确地计算出逆序对的个数。朴素遍历的代价为 $O\left(\left(\binom{n}{2}\right)\right) = O(n^2)$。蛮力算法的代价提示我们思考能否将算法的代价降低到 $O(n\log n)$。针对这一目标，分治策略成为一种合理的选择。

7.2.1 依托于合并排序的逆序对计数

考虑采用分治策略进行逆序对的计数。由于没有明显的线索指导如何进行数组的划分，与合并排序类似，此时一种简单的做法就是居中将数组分为左右两半。基于这一划分方法，数组中的逆序对分为三种情况：全在左边、全在右边、两个元素分属左右两边。对于前两种情况，可以递归地求出左右两个子数组中逆序对的个数。此时问题的关键在于，如何计算出所有跨越左右两边的逆序对的个数。如果最终的算法希望有 $O(n\log n)$ 的代价，则根据分治递归的求解，可以逆推出计算跨越左右两边的逆序对个数，需要在 $O(n)$ 的时间内完成。

下面着重考虑如何对跨越左右两边的逆序对进行计数的问题。如果左右两个子数组完全是乱序的，没有任何性质可以借用，则必须遍历所有跨越两边的元素对才能确保准确计数所有逆序对，但这样遍历的代价是 $O(n^2)$ 的。所以左右两边的子数组必须具有某些性质，才有可能实现 $O(n)$ 的逆序对计数。基于这一观察，合并排序可以对逆序对的计数提供重要的帮助。为此，我们设计一个“附着”在合并排序之上的逆序对计数算法。对于左、右两个子数组，算法不仅完成它们的排序，也完成它们内部的逆序对的计数。“左、右两个子数组是有序的”这一条件使得线性时间的跨越左右两边的逆序对计数成为可能，这一计数是在合并左右子数组的过程中“顺带”完成的。

基于合并排序，在合并左、右两个有序子数组的过程中，当 A、B 中当前被考察的元素 a_i、b_j 满足 $a_i > b_j$ 时，(a_i, b_j) 构成一个逆序对，如图 7.1 所示。更进一步，基于 A 是有序的这一性质，A 中剩下的（a_i 右边的）元素均和 b_j 构成逆序对，这是因为 a_i 比 b_j 大，而 A 中剩下的元素都比 a_i 大。由于 a_i 和 b_j 比较过之后，b_j 就会被挪走到合并好的序列中，而在后续的合并比较过程中不再被涉及，所以在统计逆序对个数时，计数器的值必须加上 A 中剩余元素的个数。这种一边合并一边统计跨越 A、B 的逆序对个数的过程，如算法 14 所示。实现了关键的合并同时计数的算法后，分治的逆序对计数的算法实现如算法 15 所示。

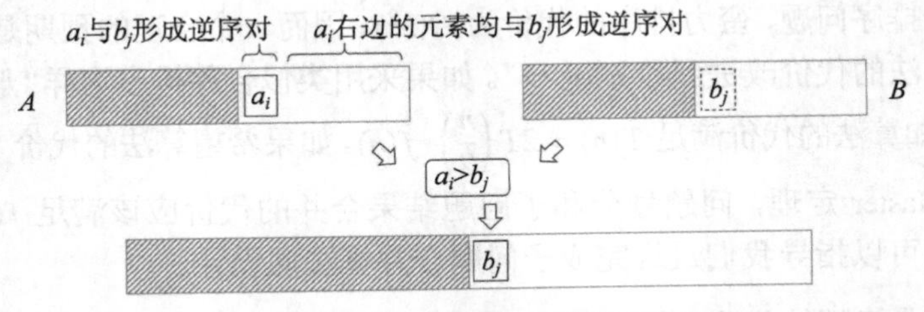

图 7.1　基于合并排序计算逆序对的个数

算法14: MERGE-COUNT(A,B)

```
1 Initialize idx_A, idx_B to the first elements of A, B respectively ; /* 元素指针，初始时指
  向数组第一个元素 */
2 num := 0 ;                                   /* 逆序对个数计数器，初始值为0 */
3 while neither A nor B is empty do
4 |  Append the smaller of A[idx_A] and B[idx_B] to the output list ;
5 |  if B[idx_B] is smaller then
6 |  |  num := num + the number of remaining elements in A ;
7 |  update the idx pointer in the list from which the smaller element is selected ;
8 Once one list is empty, append the remaining elements to the output list ;
9 return (num, output list) ;          /* output list是A和B的合并，且是有序的 */
```

算法15: COUNT-INVERSION($S[1..n]$)

```
1 if S contains one element then
2 |  return 0 ;
3 Equally divide S into A and B ;   /* A存有前⌈n/2⌉个元素，B存有后⌊n/2⌋个元素 */
4 (I_A, A) := COUNT-INVERSION(A) ;                       /* A被排好序 */
5 (I_B, B) := COUNT-INVERSION(B) ;                       /* B被排好序 */
6 (I_AB, S) := MERGE-COUNT(A, B) ;                       /* S被排好序 */
7 I = I_A + I_B + I_AB ;
8 return (I, S) ;
```

7.2.2　原地的逆序对计数

由于使用了合并排序作为载体，上述逆序对计数算法有一处明显的不足，即其空间复杂度为 $O(n)$。此时一个自然的问题是：能否将逆序对计数改进为一个原地算法，即空间复杂度为 $O(1)$，并且时间复杂度为 $o(n^2)$，仍然显著优于蛮力算法。

在上述逆序对计数算法中，空间复杂度的消耗主要来自于两个子数组的合并排序。一个自然的想法是将子数组的排序改用某种 $O(n\log n)$ 时间的原地排序，例如堆排序。此时，当左右两个子数组已经排好序的时候，对跨越这两个子数组的逆序对的计数与上述 MERGE-COUNT 算法的原理是一致的。需要注意的是，此时仅仅计算跨越两个子数组的逆序对个数，并不将两个子数组合并排序。这一改进后的算法实现如算法 16 所示。

下面来分析上述改进后的算法设计在时空复杂度方面是否满足要求。算法 16 的时间复杂度为：

$$W(n) = 2W\left(\frac{n}{2}\right) + O(n\log n)$$

通过替换法可以证明 $W(n) = O(n\log^2 n)$（$\log^2 n$ 指 $\log n$ 的平方）。此外，算法 16 通过原地排序算法完成左右子数组的排序，并且逆序对计数的过程只需要 $O(1)$ 的辅助空间，所以算法

16 的空间复杂度为 $O(1)$，即它是一个原地完成逆序对计数的算法。这样，通过适当牺牲时间复杂度 (从 $O(n\log n)$ 增加到 $O(n\log^2 n)$)，我们将逆序对计数算法改进为一个原地算法。对于空间代价敏感的场景，这样的改进是有意义的。

算法 16: INPLACE-COUNT($S[1..n]$)

```
1  num:= 0 ;
2  if n = 1 then
3      return num;
4  num:=num+ INPLACE-COUNT(S[1..⌊n/2⌋]);
5  num:=num+ INPLACE-COUNT(S[⌊n/2⌋+1..n]);
6  SORT(S[1..⌊n/2⌋]);                    /* 使用某种O(n log n)的原地排序算法 */
7  SORT(S[⌊n/2⌋+1..n]);
8  idx_left:= 1, idx_right:= ⌊n/2⌋+1;
9  while idx_left ⩽ ⌊n/2⌋ do
10     if S[idx_left] > S[idx_right] then
11         num := num + ⌊n/2⌋ − idx_left + 1 ;
12         idx_right := idx_right + 1 ;
13         if idx_right > n then
14             break ;
15     else
16         idx_left := idx_left + 1 ;
17 return num ;
```

7.3 整数乘法

下面考虑两个整数相乘的问题，即给定两个整数 x 和 y，求它们的乘积 $x\cdot y$。需要注意的是，这里考虑的是任意大小的整数（例如两个表示为二进制有 100 万个比特的整数），即它的二进制表示的长度往往远大于机器的字长，因而需要专门的数据结构（例如数组）来存储它，并且度量相乘算法代价的关键操作为比特操作的个数。

对于两个 n 比特的整数，如果直接按照整数乘法的定义将它们相乘，需要 $O(n)$ 次将两个长度为 $O(n)$ 的整数相加，而两个整数相加的代价同样为 $O(n)$，所以直接相乘的总代价为 $O(n^2)$。下面考察分治策略能否对于整数直接相乘的算法做出改进。

7.3.1 简单分治

对于该问题，按照分治的思路并借鉴合并排序的做法，将输入整数等分为两个 $\frac{n}{2}$ 比特的整数，并分段相乘。这一相乘过程的示意图如图 7.2 所示[⊖]。上述分段相乘的结果可以表示为：

$$\begin{aligned} x \cdot y &= (x_1 \cdot 2^{n/2} + x_0)(y_1 \cdot 2^{n/2} + y_0) \\ &= x_1 y_1 \cdot 2^n + (x_1 y_0 + x_0 y_1) \cdot 2^{n/2} + x_0 y_0 \end{aligned}$$

根据上述计算过程，可以得出一个分治的整数相乘算法：对于等式中的 4 个 $\frac{n}{2}$ 个比特的整数的相乘，可以递归地求解。再把子问题求解的结果按等式要求乘上正确的系数并相加，则可以得到整数 x 和 y 的乘积。这一分治递归的代价可以用下面的递归方程来刻画：

$$W(n) \leqslant 4W\left(\frac{n}{2}\right) + O(n)$$

根据 Master 定理有：$W(n) = O(n^2)$。

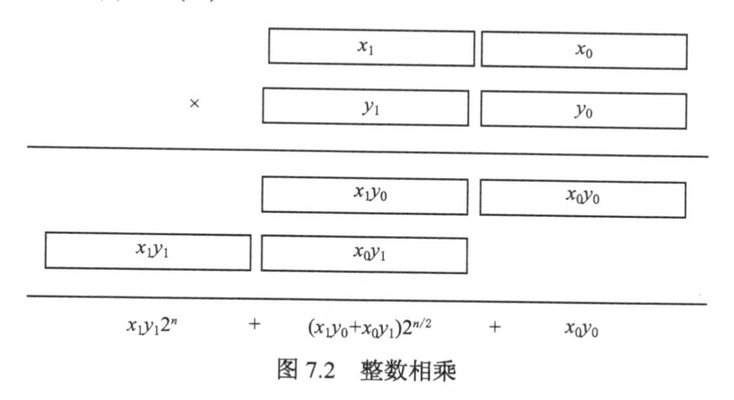

图 7.2　整数相乘

7.3.2 更精细的分治

上述算法分析表明，简单使用分治策略，算法的代价与蛮力相乘相当。根据 Master 定理，分治算法 $O(n^2)$ 的代价是由分治递归中子问题的个数“4”和子问题规模缩小的系数“$\frac{1}{2}$”决定的。如果遵循类似合并排序的易分难合型的分治策略，则问题规模缩小的系数“$\frac{1}{2}$”难以改进，这促使我们去考虑如何减少子问题的个数“4”。

根据上述思路，改进分治算法效率的关键在于找出子问题计算中的冗余。由于 4 个子问题的计算之间是有重叠的，所以基于下面的数学关系，可以将递归调用的次数减少为 3 次。令 $p = (x_1 + x_0)(y_1 + y_0)$，容易验证：

$$\begin{aligned} xy &= (x_1 \cdot 2^{n/2} + x_0)(y_1 \cdot 2^{n/2} + y_0) \\ &= x_1 y_1 \cdot 2^n + (x_1 y_0 + x_0 y_1) \cdot 2^{n/2} + x_0 y_0 \end{aligned}$$

⊖ 注意，图 7.2 是一个示意图，运算的结果是准确的，但是实际运算的细节与图示稍有差别，读者可以通过一个具体的例子（如 1111 × 1111）体会一下这一差别。

$$= x_1y_1 \cdot 2^n + (p - x_1y_1 - x_0y_0) \cdot 2^{n/2} + x_0y_0$$

根据上述公式，可以实现更高效的分治算法，如算法 17 所示。

算法 17: INT-MULT-DC(x, y)

```
1 let x = x1 · 2^(n/2) + x0, y = y1 · 2^(n/2) + y0 ;
2 p := INT-MULT-DC(x1 + x0, y1 + y0) ;
3 x1y1 := INT-MULT-DC(x1, y1) ;
4 x0y0 := INT-MULT-DC(x0, y0) ;
5 return x1y1 · 2^n + (p − x1y1 − x0y0) · 2^(n/2) + x0y0 ;
```

正是由于求解了 $p = (x_1 + x_0)(y_1 + y_0)$ 这一子问题，减少了 1 次子问题的递归计算，因而算法的最坏情况时间复杂度满足：

$$W(n) \leqslant 3W\left(\frac{n}{2}\right) + O(n)$$

同样基于 Master 定理有：$W(n) = O(n^{\log_2 3})$。这样通过更精细的子问题求解，我们使用分治策略得到了一个显著优于直接相乘的整数相乘算法。

7.4 芯片检测

从分治算法设计的角度来看，上面两个算法均属于“易分难合”型的分治算法，即未找到有效的线索指导子问题的划分时，直接采用类似于合并排序中“均分成两半”的做法。此时，问题的解决被“推迟”到了子问题的解合并的时候。与上面两个算法对偶，本节讨论一个“难分易合”型的分治算法，以对分治算法的特征进行更全面的阐述。

假设一位教授有 n 片外观完全相同的 VLSI 芯片，但是芯片的质量有好有坏。只能通过如下的手段检测芯片的好坏：在一个检测装置中让两片芯片互相检测并报告对方的好坏。已知一片好的芯片总能正确报告另一片芯片的好坏，但一片坏的芯片报告的结果可能正确也可能错误。这样，每次检测的 4 种可能结果及其蕴含的性质如表 7.1 所示。

表 7.1 芯片配对检测的结果（4 种情况，2 大类别）

A 芯片报告	B 芯片报告	结论
B 是好的	A 是好的	都是好的，或都是坏的
B 是好的	A 是坏的	至少一片是坏的
B 是坏的	A 是好的	至少一片是坏的
B 是坏的	A 是坏的	至少一片是坏的

利用对手论证策略可以证明（参见习题 19.4），若至少有 $\left\lceil\frac{n}{2}\right\rceil$ 片芯片是坏的，在这种成对检测的方式下，使用任何算法都不能确保正确地判断每片芯片的好坏。所以这里假设严格多于一半的芯片是好的，即好芯片至少比坏芯片多 1 片。现在的问题是如何正确地判断每一片芯片的好坏，求解问题的关键操作是将两片芯片进行配对检测。

由于在两块芯片互相测试时，好的芯片能够正确地判断另一片芯片的好坏，所以问题的核心其实是找出一片好的芯片，进而就可以用它来判断其他所有芯片的好坏。因而，我们的芯片检测算法的设计思路是，通过芯片的匹配检测，不断剔除坏芯片，直至确保找到一片好芯片。为了正确找出好的芯片，我们需要仔细分析一次芯片配对检测所有可能的结果，以及每种结果能提供什么样的有用信息。如表 7.1 所示，芯片匹配检测所有可能的结果可以分成两类，我们将分别对这两类情况进行处理：

- *后三种情况*：将这两片芯片都剔除，不进入下一轮检测。
- *第一种情况*：在这两片芯片中任取一片进入下一轮检测，另一片剔除。

理解上述算法设计的关键在于，它始终维护了一个重要的不变式 Φ="好芯片至少比坏芯片多一片"。我们来详细分析该不变式的满足情况：

- *初始情况*：根据问题的基本假设，开始任何芯片测试之前不变式 Φ 是成立的。
- *后三种情况的测试结果*：由于两片被剔除的芯片中，至少有一片是坏芯片，所以剩下的芯片中好芯片必然还是多于坏芯片，不变式 Φ 保持成立。
- *第一种情况的测试结果*：此时所有测试结果为后三种情况的芯片对已经被剔除，并且不变式 Φ 始终保持成立。剩下 k 对共 $2k$ 片芯片，并且这 $2k$ 片芯片中，好芯片至少比坏芯片多一片。此时的关键在于，所剩的 k 对芯片中，每对芯片必然都是好的或者都是坏的。所以每组芯片中去掉任一片留下 k 个芯片，这 k 个芯片中好芯片仍然至少比坏芯片多一片，即 Φ 同样保持成立。

根据上面的分析，我们不断地将所有芯片两两配对测试，并按测试结果将芯片剔除，直至最终必然会找到一片好的芯片。利用这一片好芯片，我们最终可以准确判断所有其他芯片的好坏。注意，对于芯片是奇数的情况（不能全部配对），以及对于芯片减少到最后的情况，需要一些特殊的处理，这一细节留作习题。

上述找出一片好芯片的过程与折半查找的过程有一定的相通之处。从分治算法设计的角度而言，所有芯片被分为两部分：剔除部分和保留部分。对保留部分，继续递归地执行相同的检测过程，最终将找到一片好的芯片。正如我们前面所讨论的，这一划分过程的平衡性对算法的性能至关重要。容易验证，所有 4 种比较结果中，只有第一种情况剔除芯片的速度最慢。但即便是第一种情况，也至少有一半的芯片被剔除。所以上述剔除算法的最坏情况时间复杂度满足：

$$\begin{aligned} W(n) &\leqslant \frac{n}{2} + \frac{n}{2^2} + \cdots \\ &= O(n) \end{aligned}$$

也就是说，通过控制子问题划分过程的平衡性（问题规模至少缩小至原问题的一半），我们使用分治策略，实现了线性时间内找出一片好的芯片，进而判定所有芯片的好坏。

7.5　习题

7.1（逆序对计数问题的推广）　逆序对的定义可以进行如下的推广：定义下标二元组 (i, j) 为一个广义逆序对，如果对于预先给定的正整数常数 C，$i < j$ 且 $A[i] > C \cdot A[j]$。显然当 $C = 1$ 时，广义逆序对退化为传统逆序对。请设计一个算法计算数组中所有的广义逆序对的个数。

7.2　对于 7.4 节的芯片检测问题：

1）请详细讨论芯片的数目为奇数时，算法应该如何处理未能配对的那一片芯片。

2）请详细分析不断剔除芯片，到最后可能剩下几片芯片？此时如何能确保找出一片正确的芯片？

7.3　给定一个 $2^n \times 2^n$ $(n \geqslant 1)$ 的棋盘，其中某一个格子被挖去，如图 7.3 所示。现有充分多个"L 形"的小块，请设计一个分治算法来将棋盘（除去挖掉的格子）铺满，并且小块之间不能重叠。（注：你在离散数学课程中学习数学归纳法的时候，可能遇到过类似的题目，它要求你证明总存在合法的覆盖方法。现在你的任务是设计一个分治算法。显然，这两个问题背后的本质是一样的。）

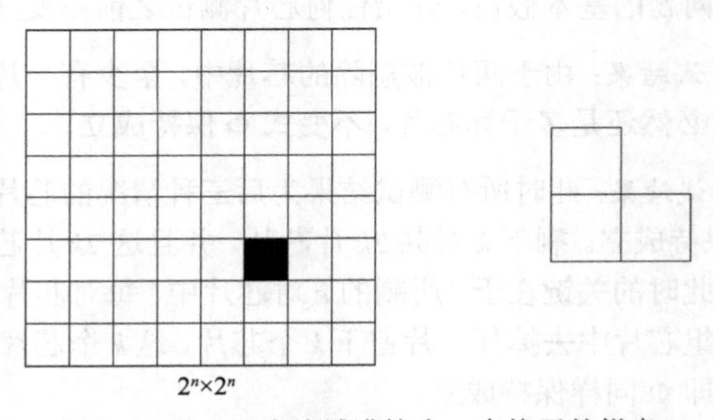

图 7.3　用 L 形小块铺满挖去一个格子的棋盘

7.4　假设我们有 k 个数组，每个数组中有 n 个排好序的元素（总共有 nk 个元素），现在需要将这些数组合并成一个排好序的数组。

1）考虑如下的方案：首先合并第 1、2 个数组，其次将已合并的数组再与第 3 个数组合并，再将已合并的数组与第 4 个数组合并，……，最后将已合并的数组与第 k 个数组合并。上述合并采用的是合并排序算法中的合并方法。请分析该算法的时间复杂度（表示为 n 和 k 的函数）。

2）请给出一个分治算法，在 $O(nk\log k)$ 的时间内完成 k 个数组的合并（在算法分析过程中，可以假设 k 为 2 的幂）。

7.5　给定一个 n 个节点的二叉树：

1）请设计一个 $O(n)$ 的算法计算树的高度。

2）定义树中两个点之间的距离为它们之间最短路径的长度，定义树的直径为树中节点间距离的最大值。请设计一个 $O(n)$ 的算法计算树的直径。

7.6　给定一个 n 个节点的任意二叉树，请设计一个递归算法，求出它的（任意一个）最大完美子树，并分析算法的最坏情况时间复杂度（完美二叉树的定义见附录 B）。在图 7.4 的例子中，虚线框出的部分就是最大完美子树。

7.7（常见元素）　数组 $A[1..n]$ 中的元素可能重复出现，如果某一个元素的出现次数 $f \geqslant \left\lfloor \frac{n}{13} \right\rfloor + 1$，则称该元素为常见元素。现在需要设计一个分治算法来找出数组中所有的常见元素。为了保证算法的正确性和低代价，首先需要证明常见元素的性质：

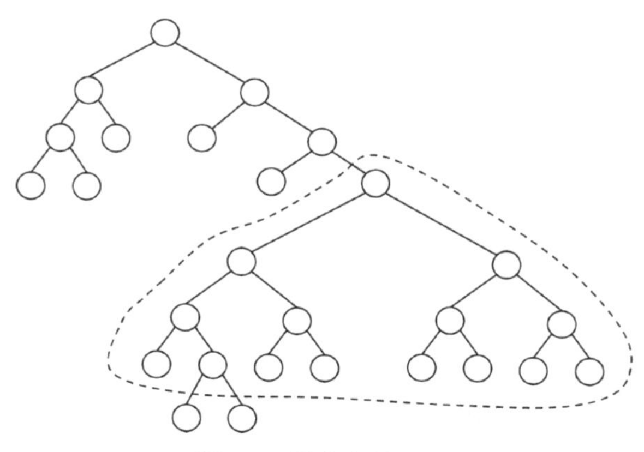

图 7.4　最大完美子树

1）设 e 是 A 中的常见元素，请证明 e 至少是 $A\left[1..\left\lfloor\frac{n}{2}\right\rfloor\right]$ 和 $A\left[\left\lfloor\frac{n}{2}\right\rfloor+1..n\right]$ 这两个子数组中某一个子数组的常见元素。

2）请证明常见元素的个数不可能超过 13。

基于上面的这个性质，请设计一个 $O(n\log n)$ 的分治算法，找出数组中所有的常见元素。

上面的问题其实是更广义的常见元素问题的一个特例：

3）常见元素定义中的 13 换为任意大于等于 2 的正整数常数 k，你的算法是否能正常工作？

4）当上述常数 k 被设定为常数 2 时（即要常见元素的出现次数至少为 $\left\lfloor\frac{n}{2}\right\rfloor+1$），是否有更高效的 $o(n\log n)$ 的算法解决该问题？

5）（选做）常见元素问题代价的下界是什么？它是否比基于比较的排序更难或更容易？

7.8（**寻找** *maxima*）　给定二维平面上的 n 个点 $(x_1,y_1),(x_2,y_2),\cdots,(x_n,y_n)$。我们定义"$(x_1,y_1)$ 支配 (x_2,y_2)"，如果 $x_1>x_2$、$y_1>y_2$（你可以假设不存在纵坐标或者横坐标相同的点）。一个点被称作为 *maxima*，如果没有任何其他点支配它。例如图 7.5 中画圈的点均是 *maxima*。

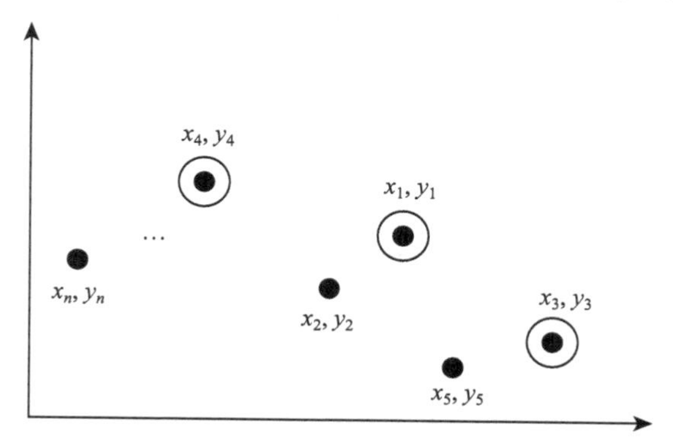

图 7.5　平面上的 *maxima* 点

1）请设计一个算法找出所有的 *maxima*：

- 你可以对点进行某种排序，进而得到一个简便的算法。
- 如果不允许对点进行排序，你能否设计一个同样高效的分治算法？

2）有人声称他用如下的算法可以在 $O(n)$ 的时间内解决该问题。他的思路是取 x 坐标

和 y 坐标的中值点，将所有点分成四个象限，然后有两种不同的思路均可以得到 $O(n)$ 的算法：

- 对每个象限递归地解决问题，再将所有象限的结果综合。依据这一思路，算法的代价应该满足 $T(n) = 3T\left(\frac{1}{4}n\right) + O(n)$，由 Master 定理知 $T(n) = O(n)$。
- 易知左下象限的点一定不可能是 *maxima*，所以每次划分都可以去掉左下象限的 $\frac{1}{4}$ 的点。因此算法的代价应该满足 $T(n) = T\left(\frac{3}{4}n\right) + O(n)$，由 Master 定理知 $T(n) = O(n)$。

请将上述思路整理成算法，并证明其正确性，或者找出上述思路的错误。

3）如果你能找出上述思路的错误，那你能否进一步证明该问题不可能有 $o(n\log n)$ 的算法（只能基于坐标的比较来确定一个点是否是 *maxima*）？

7.9　你在一个有 n 个代表的政治会议会场内，每个代表都隶属于一个政党，但是并不知道他们属于哪个政党。假设你直接询问一个代表，他会拒绝回答，但是你可以通过介绍两个代表认识来分辨他们是否属于同一个政党（因为同一政党的代表会礼貌地握手并给予对方微笑；不同政党的代表会怒视对方）。

1）假设代表中的大多数（一半以上）来自同一政党（称为主要政党）。请设计一个算法来判定每个代表是否属于这个主要政党。

2）假设代表们来自 k 个政党，一个政党占多数当且仅当属于它的代表的数目比其他任何政党的代表都多。请设计一个算法找出一个来自占多数的政党的代表，或者返回不存在占多数的政党。

7.10（矩阵乘法）　给定两个大小为 $n\times n$ 的矩阵，请给出两个分别符合下面要求的算法来计算它们的乘积。假设矩阵中均为整数，两个整数的相乘/相加为关键操作。

1）算法的最坏情况时间复杂度为 $O(n^3)$。

2）算法的最坏情况时间复杂度为 $o(n^3)$。

7.11（距离最近的点对）　给定平面上的 n 个点，请在 $O(n\log n)$ 的时间内找出距离最近的一对点。

7.12（寻找缺失的比特串）　给定一个二维比特数组，它有 k 行 n 列，存放了所有可能的 k 比特串，仅仅有某一个 k 比特串被剔除，所以 k 和 n 满足 $n = 2^k - 1$。例如图 7.6 中 $k = 3$，$n = 7$，唯一缺失的比特串是 101。

0	1	0	1	0	0	1
0	0	1	1	0	1	1
0	0	0	0	1	1	1

图 7.6　寻找缺失的比特串

现在需要计算出缺失的那个 k 比特串，所能做的关键操作是“检查数组的某一位是 0 还是 1”。

1）请设计一个 $O(nk)$ 的算法，找出缺失的比特串。

2）请设计一个 $O(n)$ 的算法，找出缺失的比特串。

第三部分

从图遍历到图优化

图的概念在计算机科学中使用得非常广泛，很多算法问题都适合采用图来建模。图本质上表示的是一组元素之间的二元关系，而图遍历则是循着元素间的关系逐一处理所有的元素。因而图遍历成为解决图算法问题的基础技术。根据遍历方式的不同，图遍历分为深度优先遍历与广度优先遍历两种。对于这两种遍历方式，本部分首先给出遍历的算法框架；其次详细分析遍历过程中每个节点和每条边的状态变化，这主要围绕图中点和边的染色以及图遍历过程中形成的遍历树来讨论；最后结合典型图算法问题的求解来展示图遍历的应用。

在图遍历的基础上，可以进一步讨论更复杂的图优化问题。贪心策略和动态规划策略是求解图优化问题的主要手段。本部分通过图优化问题的求解展示这两种经典策略的应用。首先讨论基于贪心策略的图优化问题求解。通过**最小生成树**和**给定源点的最短路径**这两个典型的图优化问题来展示贪心策略的应用，不仅深入讨论了具体的 Prim、Kruskal、Dijkstra 算法的设计与分析，而且通过提炼这些算法间的共性，归纳得到贪心算法设计框架 MCE 和 BestFS。在讨论经典的贪心（图）算法基础之上，我们总结了贪心策略的基本特征，并通过相容任务调度和 Huffman 编码，展示了贪心策略在图优化之外的应用。

在图优化部分，我们讨论基于动态规划策略的图优化问题求解。贪心策略在很多场合并不能保证得到最优解，而此时往往需要使用适用范围更广泛的动态规划策略。动态规划算法是一种递归算法，它的本质是通过减少子问题求解时的冗余计算，来提升算法的性能。这一部分先通过**最短路径问题**——包括有向无环图上**给定源点的最短路径问题**和一般图中**所有点对间的最短路径问题**——来展示动态规划策略在图优化问题求解中的应用；再通过一个典型问题——矩阵序列最少相乘代价问题——来详细解释动态规划策略的一般性原理、主要过程和核心要素；最后，通过更多的典型问题来展示动态规划策略在图优化以外的应用，包括编辑距离问题、硬币兑换问题、最大和连续子序列问题及相容任务调度问题等。

第 8 章　图的深度优先遍历

图是计算机科学中无处不在的一个数学概念，因而图算法的应用非常广泛。很多高级的图算法以图遍历为基础，所以在图算法部分我们首先深入讨论图遍历算法。图遍历分为深度优先遍历（Depth-first Search，DFS）和广度优先遍历（Breadth-first Search，BFS）两种。本章主要讨论深度优先遍历，针对有向图和无向图这两种不同类型的图，分别深入讨论深度优先遍历的详细过程，并通过典型问题来展示深度优先遍历算法的应用。

8.1　图和图遍历

对于某个集合中元素之间的二元关系，我们可以采用图的方式来形象地表示。给定图 $G=(V,E)$，V 是顶点集，边集 $E \subseteq V \times V$ 表示顶点之间的某种二元关系。如果 E 是一种对称关系，则称图 G 为无向图；如果 E 是非对称关系，则称 G 为有向图。一个有向图的例子如图 8.1 所示。如果将该图每条边上的方向去掉，则它成为一个无向图。

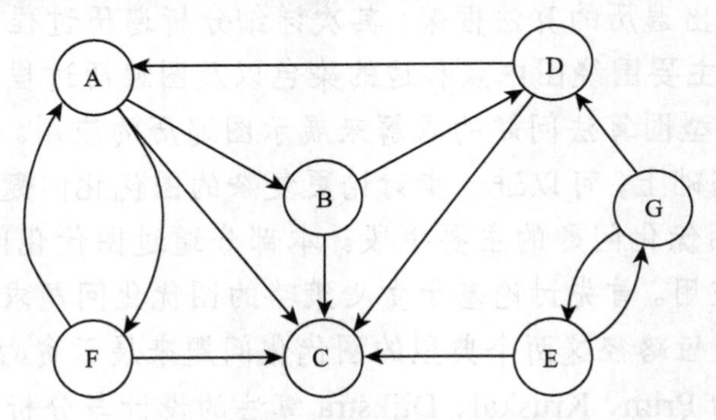

图 8.1　一个含有 7 个顶点的有向图

用于图表示的数据结构主要有两种，一种是邻接链表，一种是邻接矩阵，图 8.1 中有向图的两种表示如图 8.2 所示。邻接链表中的每个节点维护一个链表，存放它所有的邻居节点（从该节点出发的一条有向边所指向的节点）。邻接矩阵 $A_{n\times n}$ 的元素 $A[i,j]$ 是一个布尔值，它表示是否存在一条由节点 i 指向节点 j 的有向边。邻接链表和邻接矩阵只能表示节点对之间的非对称关系。所以我们采用对称有向图来间接表示无向图：为了表示无向图中点 i 和 j 之间有边，需确保 i 指向 j 和 j 指向 i 的有向边同时出现。也就是说节点 j 出现在节点 i 的邻接链表中，当且仅当节点 i 出现在节点 j 的邻接链表中；或者说邻接矩阵为对称矩阵，即 $A[i,j]=\text{TRUE}$ 当且仅当 $A[j,i]=\text{TRUE}$。

图遍历是对图的一种最基本但也是最重要的处理，它遵循节点之间的关联关系，按某种顺序依次处理图中所有的点和边。可以形象地将图中的点想象成地点，将边想象成道路。图遍历就是按照某种顺序准确高效地走遍所有的地点和道路。本章分别针对有向图和无向图讨论图的深度优先遍历。

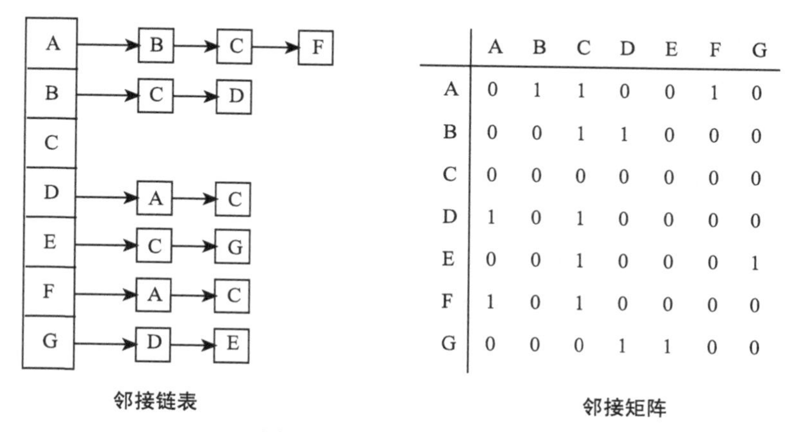

图 8.2　图的两种表示方法

8.2　有向图上的深度优先遍历

深度优先遍历的基本思想是，从某一个节点出发，如果它有未探索的邻居节点，则选择其中的某一个深入探索（其他同样可以探索的节点暂时不管），每到一个新的节点则递归地进行上述深入探索的过程。当探索无法继续时（因为当前节点所有的邻居节点已经在前面的探索过程中被处理过），则沿着探索的路径回退。每回退到一个节点时，由于前面采用的是“深入探索”的方式，所以该节点可能还有其他邻居节点未被探索过。此时同样需要递归地对该邻居节点进行深入探索。我们首先将深度优先遍历的思想实现为深度优先遍历算法框架（DFS skeleton），然后通过遍历树和节点的活动区间这两种不同的工具来深入剖析遍历的过程。

8.2.1　遍历框架

根据深度优先遍历的原则，在遍历过程中一个节点会经历三种不同的状态，遍历算法把这三种状态形象地标记为三种颜色：

- *白色*：表示一个节点尚未被遍历到。
- *灰色*：表示一个节点已经被遍历到，但是对于它的遍历尚未结束。这是因为根据深度优先遍历的规则，该节点还有若干邻居节点尚未遍历，当前算法正在递归地深入探索该节点的某一个邻居节点。
- *黑色*：表示一个节点的所有邻居节点已经完成遍历，其自身的遍历也已经结束。

在遍历过程中，一个节点的颜色按照“白色 → 灰色 → 黑色”的顺序单向地变化，不能回退。遍历开始前，每个节点都是白色。当一个节点刚被发现时，它从白色被染为灰色。遍历算法将递归地遍历它的邻居节点。当一个节点所有邻居均已完成遍历时，该节点从灰色被染为黑色，其自身也完成遍历。上述深度优先遍历的过程如算法 18 所示。注意，遍历的过程受到图的连通性的制约。为了在图不连通时仍能遍历所有节点，我们需要一个深度优先遍历的调度算法（wrapper），它能够在针对图的某个连通片的遍历结束时，继续针对其他未遍历的连通片开始新一轮遍历。其实现如算法 19 所示。

算法 18: DFS(v)

```
1  v.color := GRAY ;
2  ⟨ Preorder processing of node v ⟩ ;
3  foreach neighbor w of v do
4      if w.color = WHITE then
5          ⟨ Exploratory processing of edge vw ⟩ ;
6          DFS(w) ;
7          ⟨ Backtrack processing of edge vw ⟩ ;
8      else
9          ⟨ Checking edge vw ⟩ ;
10 ⟨ Postorder processing of node v ⟩ ;
11 v.color := BLACK ;
```

算法 19: DFS-WRAPPER(G)

```
1  Color all nodes WHITE ;
2  foreach node v in G do
3      if v.color = WHITE then
4          DFS(v) ;
```

注意算法 18 是一个算法框架，而不是一个具体的算法。该框架体现了整个深度优先遍历的过程。在对图做深度优先遍历的基础上，我们可以在遍历过程中的不同时机插入具体的处理语句，解决具体的问题。根据节点状态的变化，可以在三个不同时机插入具体问题相关的处理操作：

- *遍历前处理*：当一个节点 v 刚刚从白色变为灰色时，可以做一些处理，为后续遍历中即将进行的各种处理做准备。
- *遍历中处理*：当一个节点 v 正在被遍历的过程中，在递归地遍历某个邻居节点 w 之前，同样可以做一些准备性的处理。当完成节点 w 的遍历后，可以对遍历 w 所收集到的信息做一些事后的处理。另外，有时候我们会发现邻居节点已经在前面的遍历过程中被处理过了（颜色是灰色或者黑色），此时可以对这一发现做相应的处理。
- *遍历后处理*：当对节点 v 的递归遍历完成后，在该灰色节点即将被染成黑色之前，可以根据遍历收集到的所有信息做一些汇总性的处理。

如果限定针对每个节点和每条边的处理都至多包含常数个简单操作，则深度优先遍历的代价为 $O(n+m)$，这里 n 表示图 G 中节点的个数，m 表示边的条数。对于一个图算法而言，通常将一个 $O(n+m)$ 的算法称为是线性时间的。

8.2.2　深度优先遍历树

在讨论深度优先遍历框架时，我们主要根据节点状态的变化情况来区分遍历过程中的各种时机，并决定应该做何种处理。由于图的一条边唯一地由它的一对顶点确定，因而考察一条边的两个顶点的状态变化的组合时，可以进一步对边的状态做更细致的分类。深度优先遍历的过程将边分为四种类型，分别为 Tree Edge（TE）、Back Edge（BE）、Descendant Edge（DE）[㊀] 和 Cross Edge（CE），如图 8.3 所示。下面详细讨论边的四种染色的含义。

- TE：当遍历算法检查节点 u 的所有邻居时，如果发现一个白色邻居节点 v 并对 v 递归地进行深度优先遍历，则将边 uv 标记为 TE。在图的某个连通片内部进行遍历时，所有 TE 组成的子图是连通的、无环的且包含该连通片中所有的点。如果忽略所有边的方向，则这些 TE 组成当前连通片的一棵生成树（即一个包含连通片中所有顶点的连通无环图），称为深度优先遍历树。

  深度优先遍历树以整个遍历过程的起始点为根，从根节点指向所有叶节点的方向，就是遍历过程推进的方向。根据这一方向，可以为每条 TE 的两个节点定义“父子”关系，“父子”关系的传递形成了“祖先后继”关系。

- BE：当发现节点 u 的邻居 v 在前面的遍历过程中已经被访问到，并且 v 是 u 在遍历树中的祖先节点时，遍历算法将边 uv 标记为 BE。

- DE：当发现节点 u 的邻居 v 在前面的遍历过程中已经被访问到，并且 v 是 u 在遍历树中的后继节点时，遍历算法将 uv 标记为 DE。

- CE：上述三种情况之外的边，遍历算法将其标记为 CE。需要特别指出的是，不仅在同一个连通片中遍历中会遇到 CE（例如图 8.3 中的边 FC），还可能在不同的连通片之间形成 CE。例如在图 8.3 中，从节点 A 出发不能遍历到节点 E，但是图 G 中存在有向边 EC，容易验证该边是一条 CE。

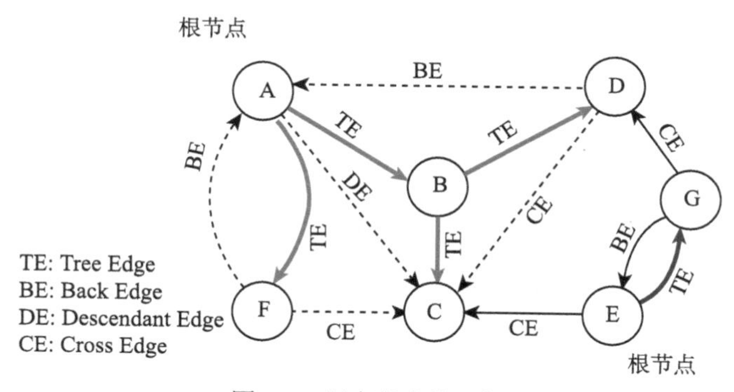

图 8.3　深度优先遍历树

8.2.3　活动区间

对每条边的染色更细致地刻画了遍历推进的过程。为了更直接地表现遍历过程中各种

㊀ 也称作 Forward Edge（FE）。

事件的先后次序，可以专门针对深度优先遍历的过程定义“遍历时间”的概念。遍历时间是一种离散时间，它本质上是针对遍历过程中我们感兴趣事件的一个计数器。在遍历过程中，着重关注一个节点“被发现”和“遍历结束”这两个事件。从一个节点被发现到遍历结束，中间的遍历活动可以由其后继节点的发现与结束事件来刻画。

基于这一思路，我们首先在 DFS 框架中嵌入维护遍历时间的操作。遍历时间初始化为 0，当发现一个新节点时，遍历时间增 1，这一时间记录为该节点的发现时间 *discoverTime*；每当一个节点遍历结束时，遍历时间同样增 1，这一时间记录为该节点的结束时间 *finishTime*。遍历时间的维护如算法 20 和算法 21 所示。

算法 20: DFS-CLOCK-WRAPPER(G)

```
1 time := 0 ;                                    /* 初始化时钟 */
2 Color all nodes WHITE ;
3 foreach node v in G do
4     if v.color = WHITE then
5         v.parent := −1 ;                       /* 维护遍历树的父节点信息 */
6         DFS-CLOCK(v) ;
```

有了遍历时间之后，就可以定义一个节点的活动区间（active interval）：

算法 21: DFS-CLOCK(v)

```
1  v.color := GRAY ;
2  time := time + 1; v.discoverTime := time ;   /* 更新时钟并记录discoverTime */
3  ⟨ Preorder processing of node v ⟩ ;
4  foreach neighbor w of v do
5      if w.color = WHITE then
6          w.parent := v ;                       /* 更新父节点信息 */
7          ⟨ Exploratory processing of TE vw ⟩ ;
8          DFS-CLOCK(w) ;
9          ⟨ Backtrack processing for TE vw ⟩ ;
10     else
11         ⟨ Checking nontree edge vw ⟩ ;
12 time := time + 1;  v.finishTime := time ;     /* 更新时钟并记录finishTime */
13 ⟨ Postorder processing of node v ⟩ ;
14 v.color := BLACK ;
```

定义 8.1（活动区间） *在遍历过程中，一个节点的活动区间定义为从该节点被发现到遍历结束的时间区间：*

$$active(v) = [discoverTime, finishTime]$$

可以通过一个具体的例子来展示遍历时间的推进，以及每个节点的活动区间，如图 8.4 所示。图中每个节点的上的两个数字分别表示该节点的*discoverTime*和*finishTime*。

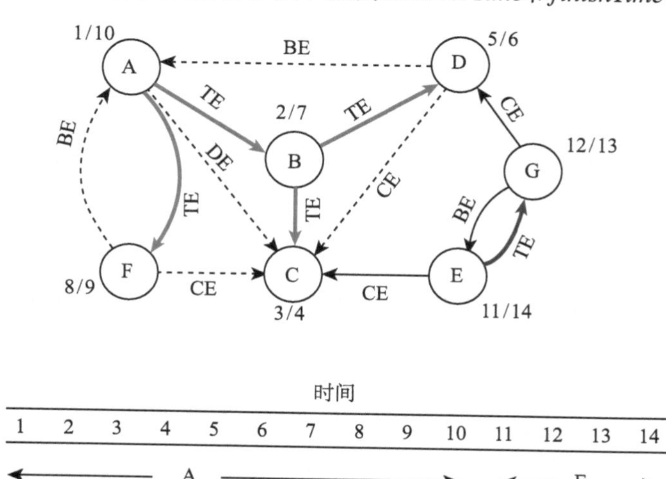

图 8.4 遍历时间和节点活动区间

通过上面的例子可以观察到，节点的活动区间之间的包含关系反映了节点在遍历树中的祖先后继关系。这一观察可以严格表述为一个定理：

定理 8.1 考察深度优先遍历图 $G = (V, E)$ 的过程。对任意点 v 和 w：

1） w 是 v 在 DFS 树中的后继节点，当且仅当 $active(w) \subseteq active(v)$。若 $w \neq v$，则此处的包含为真包含。

2） w 和 v 没有祖先后继关系，当且仅当 $active(w)$ 和 $active(v)$ 没有重叠。

3） 如果 vw 是图 G 中的边，则：

① vw 是 CE，当且仅当 $active(w)$ 在 $active(v)$ 前面。

② vw 是 DE，当且仅当存在第三个节点 x 满足：$active(w) \subset active(x) \subset active(v)$。

③ vw 是 TE，当且仅当 $active(w) \subset active(v)$，且不存在第三个节点 x 满足：$active(w) \subset active(x) \subset active(v)$。

④ vw 是 BE，当且仅当 $active(v) \subset active(w)$。

该定理的证明留作习题。基于定理 8.1，可以将图遍历活动间的时序关系等价地转换成整数区间之间的先后/包含关系。这使得我们可以从一种完全不同的角度来分析遍历的过程，在很多场合下能够有力地帮助我们论证遍历过程的某些性质。

考虑遍历树中节点间的祖先后继关系。如果两个节点间有祖先后继关系，则它们在图中有路径相连；反之则不一定成立，容易构造反例使两个点在图中有路径相连，但是它们在某个深度优先遍历树中不是祖先后继关系，这一反例构造留作习题。这促使我们思考两个节点在遍历树中有祖先后继关系的充分条件是什么。显然，如果两个节点的活动区间满足定理8.1所述的包含关系，则它们必然是遍历树中的祖先后继节点。但是在遍历尚未发生之前，能否基于更弱的条件来判断遍历树中的祖先后继关系呢？白色路径定理（white path theorem）对这一问题做了回答：

定理 8.2（白色路径定理） 在深度优先遍历树中，节点 v 是 w 的祖先，当且仅当在遍历过程中刚刚发现点 v 的时刻，存在一条从 v 到 w 的全部由白色节点组成的路径。

证明 "⇒"：如果节点 v 是 w 的祖先，则考察从 v 到 w 由 TE 组成的路径。在点 v 刚刚被发现的时刻，这条路径是一条白色路径。

"⇐"：已知点 v 到 w 存在白色路径。采用数学归纳法来证明，对白色路径的长度 k 进行归纳。初始情况，$k = 0$，结论显然成立。假设对于所有长度小于 k 的白色路径命题成立。下面考虑长度为 k 的白色路径 $P = v \rightarrow x_1 \rightsquigarrow x_i \rightsquigarrow w$。随着遍历的推进，假设点 x_i 是白色路径 P 上第一个被遍历过程发现的节点。基于点 x_i 可以将白色路径 P 分为两段：$P_1 = v \rightsquigarrow x_i$，$P_2 = x_i \rightsquigarrow w$。

由于 P_2 是一条长度小于 k 的白色路径，所以根据归纳假设，x_i 是 w 在遍历树中的祖先。我们已经知道 $v.discoverTime < x_i.discoverTime$。同时，$x_i.finishTime < v.finishTime$ 必然成立。否则节点 v 遍历结束后，从 v 可达的节点 x_i 尚未完成遍历，这和深度优先遍历的规则相矛盾。所以根据定理 8.1 有 v 是 x_i 在遍历树中的祖先。根据祖先后继关系的传递性，可知 v 是 w 在遍历树中的祖先。 ■

8.3 有向图上深度优先遍历的应用

上一节深入分析并细致刻画了有向图上深度优先遍历的过程。本节通过三个典型的例子，来展示有向图深度优先遍历的应用。

8.3.1 拓扑排序

任务调度问题是计算机科学中非常重要的一类问题，本节首先讨论其中一种比较简单的形式。假设有一组任务，其中某些任务对之间存在依赖关系。现在需要调度每个任务的执行，保证任何一个任务执行时，它所依赖的所有任务已经执行完毕。用有向图可以方便且直观地建模这个问题。每个任务被建模为图 G 中的一个点，两个任务之间的依赖关系建模为图中的有向边。任务调度问题可以建模为有向图的拓扑排序（topological ordering）问题：

定义 8.2（拓扑排序） 如果为图中的每个顶点 $v_1, v_2, \cdots, v_n$ 分配一个序号 $\tau_1, \tau_2, \cdots, \tau_n$，满足：

- 所有序号为正整数 1 到 n 的某个排列[㊀]。
- 对任意有向边 $i \rightarrow j$（从 v_i 指向 v_j 的有向边），满足 $\tau_i < \tau_j$。

则 $\tau_1, \tau_2, \cdots, \tau_n$ 为图 G 中顶点 $v_1, v_2, \cdots, v_n$ 的一个拓扑排序。如果要求对任意有向边 $i \rightarrow j$，满足 $\tau_i > \tau_j$，则所得结果称为一个逆拓扑排序（reverse topological ordering）。

㊀ 理论上任何一个全序集均可以充当拓扑排序的序号，这里采用 1 到 n 的整数是为了表述的方便。

假设有向边 $i \to j$ 表示任务 i 的执行依赖于任务 j 的完成，则可以对所有任务进行逆拓扑排序。此时，将逆拓扑序号作为任务执行的时间，即按照逆拓扑序号从小到大依次执行每个任务，则很容易验证每个任务执行之前它所依赖的任务必然已经完成。所以逆拓扑排序厘清了任务之间的依赖关系，保证了所有任务的顺利执行。注意，拓扑排序与逆拓扑排序的原理是相同的，为了表述的方便，除非特别说明，下文不严格区分拓扑排序与逆拓扑排序。

经过上面的建模，一组有依赖关系的任务调度问题变为：任给一个有向图 G，判断是其否存在一个拓扑排序，如果拓扑排序存在，则给出一个拓扑排序。谈到任务之间的依赖关系，一个比较直观的印象是，如果任务之间出现了循环依赖，则它们之间就形成了一个“死锁”，不去除循环依赖，是无法对它们进行调度的。上述经验可以严格地表述为一个引理：

引理 8.1　*如果有向图 $G = (V, E)$ 中有环，则图 G 不存在拓扑排序。*

证明　采用反证法，假设一个环上的每个节点都有一个拓扑序号。根据拓扑排序的定义，以及序号之间的“$<$”关系的传递性与非自反性可知，环上每个节点的拓扑序号都严格大于其自身，这就导致了矛盾。

■

上述引理揭示了有向图中环的存在性与拓扑排序的存在性之间存在重要的关联。该引理的一个直观延伸问题是，如果图中不存在环，那么该图的拓扑排序是否一定存在呢？答案是肯定的，有下面的引理：

引理 8.2　*如果有向图 $G = (V, E)$ 为有向无环图，则 G 必然存在拓扑排序。*

我们为该引理给出一个构造式证明，即任给一个有向无环图（Directed Acyclic Graph，DAG）G，可以基于深度优先遍历得到一个对所有顶点进行拓扑排序的算法。该算法的正确性证明蕴含了拓扑排序存在性的证明。

拓扑排序算法非常鲜明地体现了深度优先遍历的本质特征。形象地说，深度优先遍历就是在图中沿某条路径一直往下走，忽略其他路径，直至走到某个“尽头”。这里的尽头就是图中没有出度的点，如图 8.5 所示。尽头的概念对于拓扑排序等处理节点间依赖关系的算法具有非常重要的意义。假设边 $i \to j$ 表示任务 i 的执行依赖任务 j 的完成，则尽头节点不依赖任何其他节点，因而对它的拓扑序号分配从依赖关系的角度而言是自由的。由于（逆）拓扑排序是把 1 到 n 的正整数序号指派给每一个顶点，所以此时只需要将全局最小的尚未分配的序号分配给一个尽头节点，则该序号分配方式保证了尽头节点的极早执行，因而不会影响其他（依赖尽头节点的）节点的执行。注意，图中可能有多个尽头节点。此时我们只需要为每个尽头节点分配当前尚未分配的最小序号。

分析尽头的概念，我们也看到了“有向无环”这一条件的关键意义：正是图的无环特性保证了图中的尽头一定存在。同时我们还看到为什么深度优先遍历适合这一问题：深度优先遍历正是一直走到某个尽头才回退，这一搜索方式很适合承载对拓扑排序的处理。但是并不是图中所有的节点都是尽头节点，对于其他非尽头节点应该如何处理呢？基于深度优先遍历，对于其他节点的处理本质上与尽头节点一样，为了更好地说明这一处理方式的原理，我们引入“逻辑尽头”的概念。

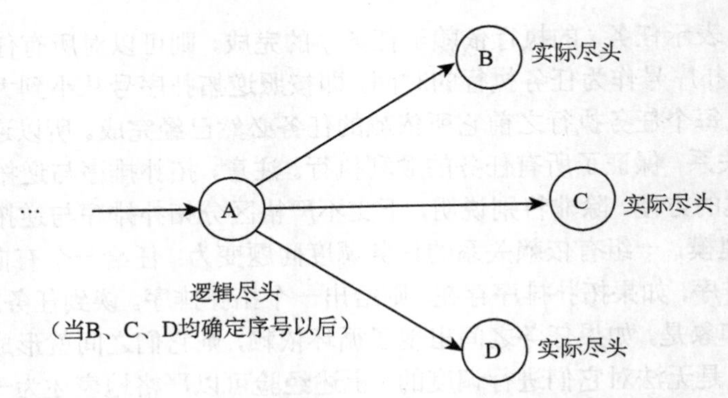

图 8.5 深度优先遍历中“尽头”的概念

一个节点为“逻辑尽头”是指，当一个节点的所有后续节点均已处理完毕时（在拓扑排序的例子中，就是所有后继节点均已确定拓扑序号），该节点就成为逻辑上的尽头节点。对于逻辑尽头而言，其调度问题已经不存在不确定因素。只需要通过深度优先遍历，确定它的所有后继节点已经完成处理，则可以确切地为该节点分配拓扑序号。逻辑尽头节点的拓扑序号只需要分配当前未分配序号中最小的，就一定比它后继节点的序号大，并且不影响其他节点未来的拓扑序号分配。

通过上面的分析，分配拓扑序号的过程就成了不断找到图中（逻辑）尽头的过程，而这正是深度优先遍历所适合的。首先我们在 DFS-WRAPPER 算法（算法 19）中，在开始遍历之前定义一个全局变量 *globalNum*，并将其初始化为 $n+1$[⊖]；其次，在 DFS 算法的“遍历后处理”的地方（算法 18 第 10 行），我们嵌入对拓扑排序的处理：

$$globalNum := globalNum - 1;\quad v.topoNum := globalNum;$$

因为每个节点的遍历结束时才会分配拓扑序号，并且拓扑序号是一个全局的单调递减的计数器，所以每个节点的序号值必然满足拓扑排序的要求。上述思路的实现如算法 22 和算法 23 所示。拓扑排序算法成为有向无环图必然存在拓扑排序的一个构造性的证明。因而有下面的定理：

定理 8.3 图 G 是有向无环图，当且仅当图 G 有拓扑排序。

算法 22: TOPO-WRAPPER(G)

```
1 globalNum := n + 1 ;                      /* 初始化拓扑序号全局计数器 */
2 Color all nodes WHITE ;
3 foreach node v in G do
4 |  if v.color = WHITE then
5 |  |  TOPO-ORDER(v) ;
```

⊖ 注意这里计算的是拓扑排序，如果要计算逆拓扑排序，只需要将全局计数器 *globalNum* 初始化为 0，并且每次使用时将其数值加 1 即可。

算法 23: TOPO-ORDER(v)

```
1 v.color := GRAY ;
2 foreach neighbor w of v do
3     if w.color = WHITE then
4         TOPO-ORDER(w) ;
5 globalNum := globalNum − 1 ;
6 v.topoNum := globalNum ;              /* 点v成为(逻辑)尽头，为它分配拓扑序号 */
7 v.color := BLACK ;
```

8.3.2 关键路径

拓扑排序关注的是一类简单的调度问题。这类问题主要考虑任务之间的依赖关系，在保证依赖关系的前提下所有任务依次串行执行。以此为基础，可以考虑一个更复杂的调度问题。假设有充分多的机器来执行任务，但是由于任务之间有依赖关系，所以在一个任务被执行完之前，所有依赖它的任务都需要等待。另外，考虑每个任务有自己的执行时长（任务的开始时间可以调整，但是从开始到结束的时间间隔固定）。此时任务调度的目标是让所有任务尽早执行完，即使最晚结束任务的结束时间尽量早。

假设需要调度的任务为 $\{a_i\}(1 \leqslant i \leqslant n)$，每个任务的执行时长为 l_i。任务之间的依赖关系可以用一个有向图 G 来表示，每个任务对应于图中的一个顶点，有向边 $i \to j$ 表示 a_i 依赖于 a_j。显然 G 必须是无环图，否则不可能完成调度。定义每个任务的最早开始时间（earliest start time），记为 est_i。每个任务的最早开始时间 est_i 和时长 l_i 唯一确定了该任务的最早结束时间（earliest finish time），记为 $eft_i = est_i + l_i$。任务调度问题就成为计算每个任务的最早开始时间和最早结束时间的问题。由于有充分多的机器执行任务，所以制约任务执行的主要因素就是任务间的依赖关系。处理任务间的依赖关系，其原理和计算拓扑排序的原理本质上是类似的。基于拓扑排序的思想，可以递归地定义每个任务的 est_i 和 eft_i:

定义 8.3（**最早开始时间、最早结束时间的递归定义**）

- 如果一个任务 a_i 不依赖任何其他任务，则 $est_i = 0$。
- 如果一个任务 a_i 的 est_i 已经被确定，则 $eft_i = est_i + l_i$。
- 如果一个任务 a_i 依赖若干其他任务，则 est_i 为它所依赖的所有任务的最早结束时间中的最大值：$est_i = \max\{eft_j | a_i \to a_j\}$。

注意，当前的调度问题与拓扑排序问题有一个关键的不同：我们不仅仅关注任务能否完成调度/如何完成调度，还关注所有任务全部完成所需的最小时间。如果用有向无环图表示所有任务以及其间的依赖关系，则所有任务全部完成所需的最小时间，就是图中关键路径（critical path）的时长（这里路径的时长定义为路径上所有任务的执行时长的总和）。具体而言，定义关键路径的概念如下：

定义 8.4（**关键路径**） 任务调度中的关键路径是一组任务 $v_0, v_1, \cdots, v_k$，满足:

- 任务 v_0 不依赖任何其他任务。
- 对任意 $1 \leqslant i \leqslant k$: $v_i \to v_{i-1}$, $est_i = eft_{i-1}$。
- 任务 v_k 的最早结束时间是所有任务的最早结束时间中最大的。

关键路径决定了所有任务全部处理完毕所需的最少时间，它对优化任务的执行也具有指导意义：当可以投入额外的资源减少某些任务的执行时间时，只有减少关键路径上任务的执行时间，才能减少所有任务全部执行完的时间。

最早开始时间和最早结束时间的递归定义，决定了它们和有向图中（逻辑）尽头的概念紧密关联。可以基于深度优先遍历，计算每个任务的最早开始时间和最早结束时间。在计算每个任务最早开始/结束时间的基础上，可以计算图中关键路径的时长。具体而言：

- 尽头：对于“尽头”的任务，它不依赖任何其他任务，由于有充分多的机器来处理任何任务，所以尽头任务的最早开始时间为 0。
- 逻辑尽头：当一个任务所依赖的所有任务的最早结束时间已经确定以后，则该任务就成为“逻辑尽头”任务，它的最早开始时间是其依赖的任务的最早结束时间的最大值。根据每个任务的最早开始时间的逐步更新情况，可以相应地更新关键路径的信息。

为了完成上述计算，需要在深度优先遍历框架中嵌入相应的处理：

- 在开始遍历一个节点的时候（在“遍历前处理”的地方，算法 18 第 2 行），初始化该节点的最早开始时间，并初始化关键路径相关信息。
- 在结束邻居节点的处理返回的时候——包括处理完一条 TE 返回的时候（算法 18 第 7 行）和处理完一条非 TE 的边返回的时候（算法 18 第 9 行）——检查是否需要更新当前节点目前已知的最早开始时间，以及是否需要更新关键路径的相关信息。
- 在结束一个节点所有处理的时候（在“遍历后处理”的地方，算法 18 第 10 行），当前节点的最早开始时间已经完全确定，则可以计算出当前节点的最早结束时间。

上述处理的实现如算法 24 所示。注意，这里同样需要使用 DFS-WRAPPER 算法来调度算法 24 的执行。

算法 24: CRITICAL-PATH(v)

```
1 v.color := GRAY ;
2 v.est := 0 ;      v.CritDep := −1 ;
3 foreach neighbor w of v do
4     if w.color = WHITE then
5         CRITICAL-PATH(w) ;
6         if w.eft ⩾ v.est then
```

```
7          v.est := w.eft ;
8          v.CritDep := w ;
9     else
10        if w.eft ⩾ v.est then
11            v.est := w.eft ;
12            v.CritDep := w ;
13 v.eft := v.est + v.l ;
14 v.color := BLACK ;
```

8.3.3　有向图中的强连通片

由于在有向图中连通关系是不对称的，所以需要引入强连通（strongly connected）的概念来细化对连通性的讨论：

定义 8.5（强连通片、收缩图）　定义一个有向图中的两个节点是强连通的，如果它们互相可达。定义一个有向图是强连通的，如果其任意两个节点之间互相可达。有向图的强连通片是其极大强连通子图。如果把图 G 中的每个强连通片收缩成一个点，强连通片之间的边收缩成一条有向边，则得到 G 的收缩图（condensation graph）$G\downarrow$。

很容易验证，节点之间的强连通关系是一个等价关系。找出图 G 所有的强连通片，可以看成是在强连通这一等价关系下，对图中的顶点进行等价类划分。当确定图的每个强连通片后，两个不同的强连通片之间只能是单向可达的，也就是说对于强连通片 A 和 B，只可能 A 到 B 可达或者 B 到 A 可达，而不可能二者互相可达。这一性质保证了收缩图中的有向边的方向是良定义的（well-defined）。这一性质可以等价地表述为：一个有向图的收缩图必然是有向无环图。其证明留作习题。一个有向图的强连通片及其收缩图的例子如图 8.6 所示。强连通片的概念对于有向图非常重要。很多跟连通性相关的问题均依赖于找出图中的强连通片。为此本节研究如何高效地找出有向图中的所有强连通片。

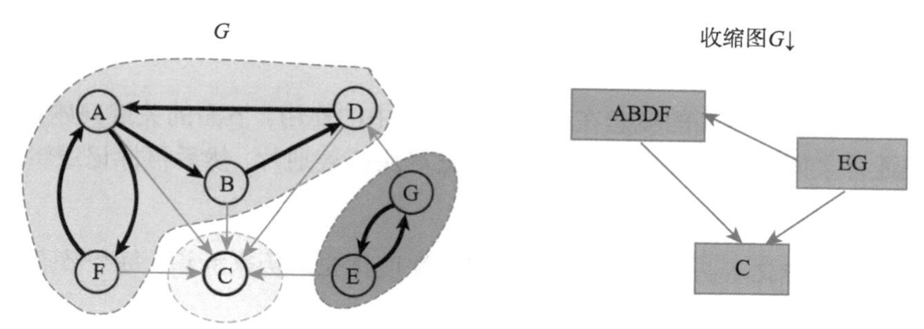

图 8.6　图 G 及其收缩图 $G\downarrow$

找出强连通片可以看成是对图中每个节点的染色，考虑基于遍历来解决这个问题。对于一个强连通片，从其中任意一个点出发，必然可以遍历到该强连通片中的每一个点。此时，准确染色一个强连通片的难度在于，由于不同强连通片之间是可以连通的，所以遍历可能覆盖多个强连通片中的点，而对它们无法做区分。例如在图 8.6 中，假设从点 A 开始遍历，虽然遍历能覆盖 A 所在的强连通片中的所有点，但是也会将点 C 一并覆盖。而基于简单的遍历无法区分点 C 和点 A 是否属于同一个强连通片。

根据前面的讨论，深度优先遍历天然地适合处理图中的尽头节点，而尽头的概念对于准确界定一个强连通片同样重要。作为准备，这里首先定义一个有向图的转置图的概念：

定义 8.6（有向图的转置） 将图 G 中的所有边同时调转方向（即边 $i \to j$ 变成 $j \to i$），则得到 G 的转置图 G^T。从邻接矩阵的角度来说，将图 G 的邻接矩阵转置（元素 $A[i,j]$ 和 $A[j,i]$ 互换位置），则得到 G^T 的邻接矩阵。

考虑图 G 的转置图 G^T 中的尽头节点对于强连通片的辨识有关键性的作用。例如图 8.7 中的强连通片 C_1，它在 $G\downarrow$ 中是源头节点（只有出度，没有入度），因而在 $G^T\downarrow$ 中，它就是尽头节点（只有入度，没有出度）。如果在 $G^T\downarrow$ 中，从 C_1 开始新一轮遍历，则尽头节点的特性使得这次遍历不多不少，正好覆盖且仅仅覆盖 C_1 中的所有点。所以只要能以合适的顺序，保证首先在 $G^T\downarrow$ 中遍历尽头节点中的点，则可以确保准确标记出这一位于尽头的强连通片。

对于非尽头的强连通片，与处理拓扑排序时类似，可以基于逻辑尽头的概念对它们进行处理。当一个（非尽头）强连通片的后继强连通片全部被标记后，它就成为一个逻辑上的尽头强连通片，对它的遍历同样可以准确标记这一强连通片。例如在图 8.7 中，C_2 在图 $G^T\downarrow$ 中虽然不是尽头，但是当算法已经完成 C_1 的标记后，C_2 则成为逻辑上的尽头。从 C_2 开始新一轮遍历，不仅将覆盖 C_2 中所有的点，还将覆盖 C_1 中所有的点。但是由于 C_1 中的点已经完成强连通片的标记，所以可以准确剔除 C_1 中的点，正确标记 C_2 中的点为一个强连通片。

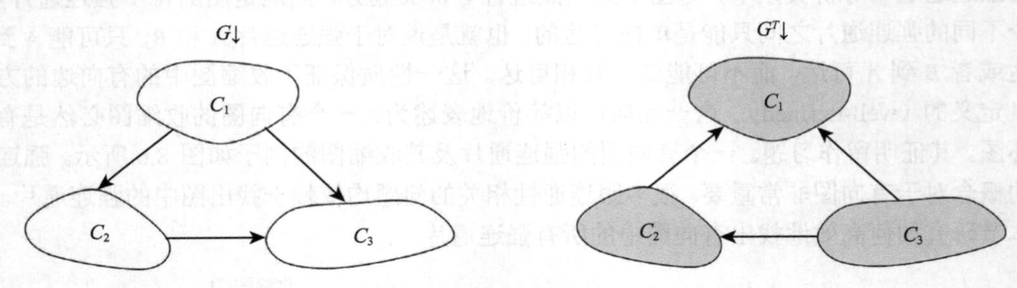

图 8.7 图 G 和 G^T 的收缩图

上面的分析表明了尽头的概念在标记强连通片中的作用。下面的关键问题在于：如何实现所有强连通片之间的拓扑排序，保证首先标记尽头强连通片，然后再标记逻辑尽头的强连通片。为此，算法做如下处理：

- **遍历结束时标记尽头**：尽头强连通片通过深度优先遍历来标识。每个节点在遍历结束前记录自己成为（逻辑）尽头。
- **先进后出的栈结构**：每个节点在完成处理时，进入一个节点栈。
- **图的转置**：经过第一轮遍历，节点按照先结束、先入栈的顺序完成了排序。在此基础上开始第二轮遍历。首先将图 G 转置得到 G^T，然后从节点栈中依次取出节点开始第二轮遍历，完成强连通片的标记。

上述过程的实现如算法 25 所示。这里通过一个例子展示了 SCC 算法的执行过程，如图 8.8 所示。

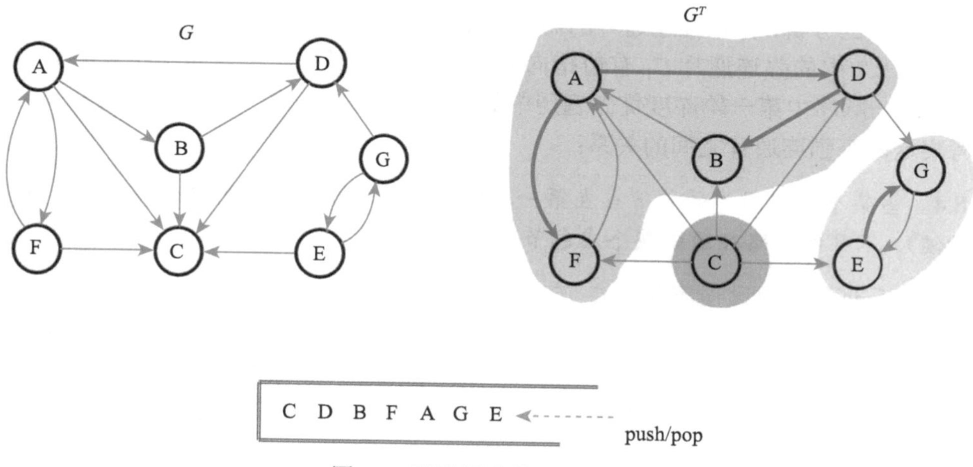

图 8.8 强连通片的计算过程

给出强连通片算法的基本原理与实现后，需要进一步严格证明它的正确性。在第二轮深度优先遍历时，图 G^T 中的尽头节点是第一轮深度优先遍历时图 G 中的源头节点。这一节点的性质对于论证 SCC 算法的正确性非常关键，我们将它定义为一个强连通片的首节点（leader）：

算法 25: SCC(G)

```
1 Initiate the empty stack nodeStack ;
2 Perform DFS on G. In the postorder processing of each vertex v, insert the statement
    "nodeStack.push(v)" ;    /* 第一轮深度优先遍历，标记尽头，并通过栈完成排序 */
3 Compute the transpose graph G^T of G ;
4 Color all nodes WHITE ;
5 while nodeStack ≠ empty do
6 |   v := nodeStack.pop() ;
7 |   Conduct DFS from v on G^T ;    /* 第二轮深度优先遍历，标记每个强连通片 */
```

定义 8.7（强连通片的首节点） 在第一轮深度优先遍历过程中，定义每个强连通片中第一个被发现的节点为该强连通片的首节点。

基于深度优先遍历的性质，容易证明首节点具有如下性质：

推论 8.1 考察一个强连通片中的所有节点，首节点是第一个被发现的，同时也是最后一个结束遍历的。这可以等价地表述为，首节点的活动区间包含同一个强连通片中其他所有节点的活动区间。

基于强连通性的特征，如下的引理是显然的：

引理 8.3 第一轮遍历的遍历树中，可能包括一个或多个强连通片的节点。也就是说，一个强连通片中的节点不可能一部分在某棵遍历树中，一部分不在。

根据前面的分析，标记强连通片的难点在于，一个强连通片可能有边连通到其他强连通片。例如图 8.7 中的强连通片 C_1 有边指向 C_2，因此才需要按照特定的顺序来遍历 C_1 和 C_2 中的点。这一顺序由第一轮深度优先遍历中的栈结构来决定。为了论证这一排序的正确性，首先考察这两个强连通片之间的关系：

引理 8.4 当某个强连通片的首节点在第一轮遍历中被发现时（刚刚被处理，即将被染为灰色的时候），不可能有路径通向某个灰色节点。

证明 采用反证法，假设强连通片 C_i 的首节点 l_i 刚被发现时，有一条路径通向某个灰色节点 x。由于 l_i 是首节点，所以 x 必然处于图中的另一个强连通片 C_j 中。由此可知存在一条 C_i 到 C_j 的路径。由于在 l_i 刚被发现时，点 x 为灰色，所以 x 为 l_i 在深度优先遍历树中的祖先节点。由此可知存在一条 C_j 到 C_i 的路径，所以 C_i 和 C_j 是强连通的。这和 C_i、C_j 为两个不同的强连通片矛盾。 ■

引理 8.5 假设 l 是某个强连通片的首节点，x 是另一个强连通片中的节点，并且存在 l 通向 x 的路径，则在第一轮遍历中 x 比 l 先结束遍历，即 $x.finishTime < l.finishTime$。

证明 基于引理 8.4，在首节点 l 刚刚被发现的时刻，x 只能为白色或者黑色。下面分别讨论这两种情况：

- 如果 x 为黑色：则在 l 被发现时，点 x 已经遍历结束，所以 $x.finishTime < l.discoverTime < l.finishTime$。
- 如果 x 为白色：则从 l 到 x 的路径上所有的点均为白色。这可以通过反证法来证明。反证假设从 l 到 x 的路径上有非白色节点，根据引理 8.4，该节点只能为黑色。但是根据深度优先遍历的规则，一个黑色节点（必然已经完成遍历）不可能有路径通向一个白色节点（尚未被遍历）。所以导致矛盾。根据白色路径定理（定理 8.2），x 为 l 在遍历树中的后继节点，所以 x 的活动区间被 l 的活动区间包含，所以 $x.finishTime < l.finishTime$。

综上可知，如果存在 l 到 x 的路径，则 $x.finishTime < l.finishTime$。 ■

引理 8.6 在第二轮深度优先遍历过程中，当一个白色节点从栈中被 POP 出来时，它一定是其所在强连通片的首节点。

证明 第二轮遍历时，一个出栈的节点 l 为白色，则它必然是其所在强连通片的第一个出栈节点。在第一轮遍历中，l 是最后一个入栈的节点，也就是最后结束的节点。根据深度优先遍历的性质（推论 8.1），一个强连通片的首节点的活动区间，必然包含其他所有节点的活动区间，因而必然是最后结束的节点。所以 l 必然是其所在强连通片的首节点。 ■

定理 8.4 SCC 算法是正确的。

证明 根据引理 8.6，一个强连通片的首节点 l 首先出栈。通过对首节点 l 的遍历，必然可以标记该强连通片中所有的节点。所以此时的关键在于证明这一遍历不会错误地标记该强连通片之外的节点。假设在第二轮深度优先遍历时，l 有路径通往另一个强连通片 S，记 S 的首节点为 x，则在 G^T 中存在 l 通往 x 的路径，所以在 G 中存在 x 通往 l 的路径。根据引理 8.5，在第一轮遍历过程中，$l.finishTime < x.finishTime$。

所以在第一轮遍历中，l 先入栈，x 后入栈。在第二轮遍历中，x 先出栈。则当 l 出栈时，x 所在的强连通片已经在前面处理完毕。所以从 l 开始的遍历不会错误地包含从 l 可达的其他强连通片中的点。由此证明了 SCC 算法的正确性。■

8.4　无向图上的深度优先遍历

在无向图的数学定义中，一条边表示两个顶点之间的某种对称关系。由于计算机（RAM 模型）表达能力的限制，我们无法直接表示这一对称关系，所以需要使用一对有向边 $u \to v$ 和 $v \to u$ 来表示无向边 uv。无向图这一特殊的表示方式，带来了无向图遍历中的“二次遍历”的问题。具体而言，对于无向边 uv，如果首先通过有向边 $u \to v$ 遍历了该边，则后续再通过有向边 $v \to u$ 遍历该无向边时，称这次遍历为二次遍历。在无向图遍历中，所有二次遍历应该被直接忽略。这是因为，当建模一个问题为无向图时，我们已经将顶点之间的关系建模成一种对称关系，因而通过第一次遍历就能够处理边 uv 相关的所有信息，无须再通过第二次遍历来处理。对比有向图的深度优先遍历，无向图遍历的主要差别就在于剔除遍历过程中的二次遍历。

8.4.1　无向图的深度优先遍历树

遍历过程中，节点的三种状态（染色）不变，每个节点同样是不可逆转地由白色变成灰色，最终变成黑色。但是由于边的无向特性，遍历过程中对于边的标记与有向图的情况相比有一些重要的变化：

- TE：当发现一个白色节点并递归地进行遍历时，算法就将连接该白色节点的边标记为 TE，遍历过程中的 TE 组成遍历树，这一情形与有向图是类似的。需要指出的是，对于一条原本无向的边，遍历的过程为它做了定向（orientation），即为遍历推进的方向。
- BE：当遍历点 u 并发现一条边指向灰色节点 v 时，此时有两种不同的情况。
    - 如果 vu 是 TE，即在遍历点 v 时，发现白色邻居 u，并递归地对 u 进行遍历。由于无向图采用对称的有向图来表示，所以 u 必然会遍历到它的（灰色）父节点 v。这是一次二次遍历，因而此时应该标识并剔除这一类型的遍历。
    - 如果 v 是 u 的某个不是父亲节点的祖先节点，则算法将 uv 标记为 BE。
- DE：当遍历点 u 时，发现一条边指向节点 v，并且 v 是 u 在遍历树中的后继节点，此时边 uv 为 DE，但是这次遍历必然是二次遍历，应该被剔除。

  这是因为根据 DE 的定义，此时节点 v 不能是白色（否则 uv 应该是 TE），不能是灰色（否则 uv 应该是 BE），因而只能是黑色，这意味着点 v 已经完成了遍历。由于点 u 和 v 之间存在无向边 uv，所以在点 v 结束遍历前，它必然已经完成了边 vu 的遍历，并且

根据点 u、v 之间的祖先后继关系，边 vu 首次被遍历时被标记为 BE。

- CE：在遍历无向图时，CE 不可能存在，因而在分析遍历过程时可以直接剔除这一情况。这是因为，在遍历点 u 的时候，发现一条边指向节点 v。根据 CE 的定义，u、v 之间没有祖先后继关系，所以与上面的分析类似，点 v 只能是黑色，它已经完成了遍历。由于有无向边 uv 存在，所以点 v 在结束遍历前必然已经访问过边 vu。在我们从点 v 出发遍历边 vu 时，点 u 尚未被遍历，为白色，所以边 vu 为 TE，这和点 u、v 之间没有祖先后继关系相矛盾。

一个无向图深度优先遍历的例子如图 8.9 所示。在该例子中，假设节点遍历的顺序按字母序进行。

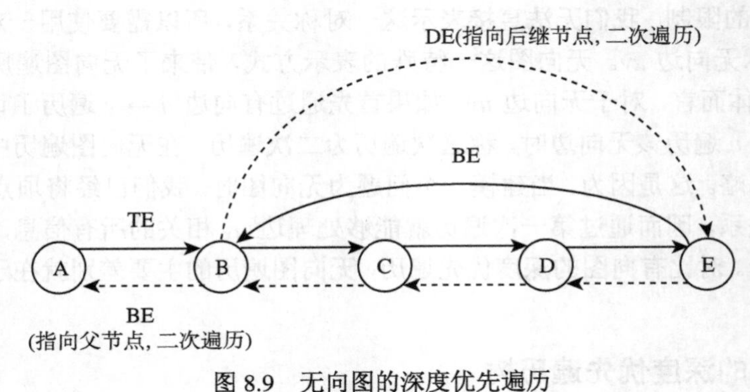

图 8.9　无向图的深度优先遍历

8.4.2　无向图的深度优先遍历框架

无向图的深度优先遍历框架与有向图的情况总体上是类似的，主要区别在于对二次遍历的情况予以剔除，并对不可能出现的情况予以剔除，如算法 26 所示。遍历的主体过程在算法框架的第 4~10 行，遍历的各种情况由一组条件分支语句来处理。对于 TE 的处理（算法框架第 4~7 行）与有向图的情况是一致的，关键在于非 TE 边的处理。算法框架第 9~10 行处理了 BE 的情况，根据上面对 BE 的讨论，算法必须去除指向父节点的 BE。为此，算法记录了每个点的父节点，并且在递归进行深度优先遍历的时候，将父节点信息传递给即将遍历的节点。算法框架直接将上述两种情况之外的其他情况忽略，这是因为其他剩余的情况均不需要处理。下面通过枚举所有可能的情况来证明这一做法的正确性。一个邻居节点只可能有三种颜色：

- 白色：这一情况已经在算法框架（第 4~7 行）中进行了处理。
- 灰色：灰色邻居节点又分为两种情况。
  - 灰色且不是父节点：这一情况已经在算法框架（第 9~10 行）中进行了处理。
  - 灰色且是父节点：这一情况算法框架中没有处理。根据上面的分析，此时是二次遍历，无须进行处理。
- 黑色：对黑色的邻居节点的遍历只可能对应两种边。

◇ DE：根据前面的分析，无向图中的这类遍历都是二次遍历，应该予以剔除。

◇ CE：根据前面的分析，无向图中这样的遍历不可能出现。

上述对所有情况的排查证明了无向图的深度优先遍历框架正确处理了遍历中的所有情况。

算法 26: $\text{DFS}^{\text{UG}}(v, parent)$

```
1  v.color := GRAY ;
2  ⟨ Preorder processing of node v ⟩ ;
3  foreach neighbor w of v do
4      if w.color = WHITE then
5          ⟨ Exploratory processing of TE vw ⟩ ;
6          DFS^UG(w, v) ;
7          ⟨ Backtrack processing for TE vw ⟩ ;
8      else
9          if w.color = GRAY and w ≠ parent then
10             ⟨ Check BE vw ⟩ ;
11 ⟨ Postorder processing of node v ⟩ ;
12 v.color := BLACK ;
```

8.5 无向图上深度优先遍历的应用

本节通过寻找“割点”和寻找“桥”这两个典型问题，来展示深度优先遍历在无向图上的应用。为了理解这两个问题，需要先讨论无向图的容错连通的概念。

8.5.1 容错连通

连通性是图中一个非常重要的概念。在无向图中，最“经济”的一种连通性是无环连通，即任意去掉图中的一条边或者一个非叶节点，图都会变得不连通。这就是无向图中重要的“树”的概念。但是，在实际生活中常常需要研究具有一定容错能力的连通性的概念。例如我们希望一个由公路连接城市而组成的交通网络中，即使某一段公路被大水淹没，或者某个城市被地震破坏，整个交通网络还是连通的。为此引入 k-连通的概念，k-连通分为 k-点连通和 k-边连通两种形式：

定义 8.8（***k*-点连通，*k*-边连通**）　对于连通的无向图 G，如果其中任意去掉 $k-1$ 个点，图 G 仍然连通，则称图 G 是 k- 点连通的。类似地，如果图中任意去掉 $k-1$ 条边，图 G 仍然连通，则称图 G 是 k- 边连通的。

很容易验证，当 $k=1$ 时，k- 连通就退化为传统的连通性的概念。另外，我们更多地关注 $k=2$ 的特殊情况。当一个图是 2- 点连通时，任意去掉图中的某一个点，剩下的图仍然保持连通。这可以等价地表述为，如果一个图不是 2- 点连通的，则图中必然存在某个点，去掉它之后，剩下的图就不再连通。类似地，如果一个图不是 2- 边连通的，则图中必然存在某条边，去掉它之后，剩下的图不再连通。由此，基于 2- 连通的概念可以进一步引入割点（articulation point）和桥（bridge）的概念：

定义 8.9（割点和桥）　对于一个连通的无向图 G，称节点 v 为割点，如果去掉点 v 之后，图 G 不再连通；称边 uv 为桥，如果去掉边 uv 之后，图 G 不再连通。

本节所关注的算法问题就是如何在给定的无向连通图中找出所有的割点和桥。下面分别进行讨论。

8.5.2　寻找割点

基于割点的定义，可以检查图中的每个顶点是否为割点。为此，只需要将每个节点分别去掉，再检查剩下的图是否连通，总共需要 $O(n(m+n))$ 的代价。这一简单遍历每个点的方法，源自于割点的定义，在检查每个点是否为割点的过程中，存在较多的冗余。此时一个自然的想法是，能否通过简单地遍历图中所有的点和边，高效地找出所有的割点，进而将代价改进到线性时间。为此，需要将割点的定义做等价变换，以支持更高效的寻找割点的算法。

割点的定义依赖一个全局的性质（整个图是否连通），这一性质难以高效地进行检测。为此需要先将割点的定义等价地变换为一个局部的性质，利用部分节点之间的关系来完成割点的检测：

引理 8.7（割点的基于路径的定义）　点 v 为割点，当且仅当存在点对 w 和 x 满足如下性质：点 v 出现在 w 到 x 的所有路径上。

割点这一定义的等价性证明留作习题。

当前我们设计寻找割点算法的目标是基于图遍历在线性时间内完成割点的搜索，所以还需要进一步将割点的基于路径的定义变换成一个基于深度优先遍历的定义。下面的引理讨论了对于遍历树中的非根节点，如何判断它是否是割点。对于遍历树的根节点，有更简单的方法来判断它是否是割点，这一问题留作习题。

引理 8.8（割点的基于深度优先遍历的定义）　假设在一次深度优先遍历中，点 v 不是遍历树的根节点，则点 v 为割点，当且仅当在遍历树中，存在点 v 的某个子树，没有任何 BE 指向 v 的祖先节点。

证明　“$\Leftarrow$”：容易验证如果点 v 的某个子树没有 BE 指向 v 的祖先节点，则删掉 v 后，该子树将与图的其他部分断连，所以 v 是割点。

“$\Rightarrow$”：假设点 v 是割点，则根据引理 8.7，存在不同于 v 的两个节点 x 和 y 满足 v 在从 x 到 y 的每一条路径上。首先容易证明点 x 和 y 中至少有一个是点 v 在遍历树中的后继节点。使用反证法，反证假设点 x 和 y 都不是 v 的后继节点，则它们可以通过一条“$x \rightsquigarrow root \rightsquigarrow y$”的路径互相连通，如图 8.10 中的左图所示。这和“点 v 在从 x 到 y 的每一条路径上”相矛盾。所以必然有某个点是 v 在遍历树中的后继节点，而 v 必然不是叶节点。

下面同样使用反证法证明存在点 v 的某个子树没有 BE 指向 v 的祖先节点。反证假设这样的子树不存在，也就是说，v 的任意子树均有 BE 指向 v 的祖先节点。此时不论点 x 和 y 中的某一个是 v 的后继节点，还是 x 和 y 都是 v 的后继节点，我们均可以构造一条从 x 到 y 且

不经过点 v 的路径，如图 8.10 中的中图和右图所示。这与点 v 在从 x 到 y 的每条路径上相矛盾。这就证明了如果点 v 是割点，则存在 v 的某个子树没有 BE 指向 v 的祖先节点。■

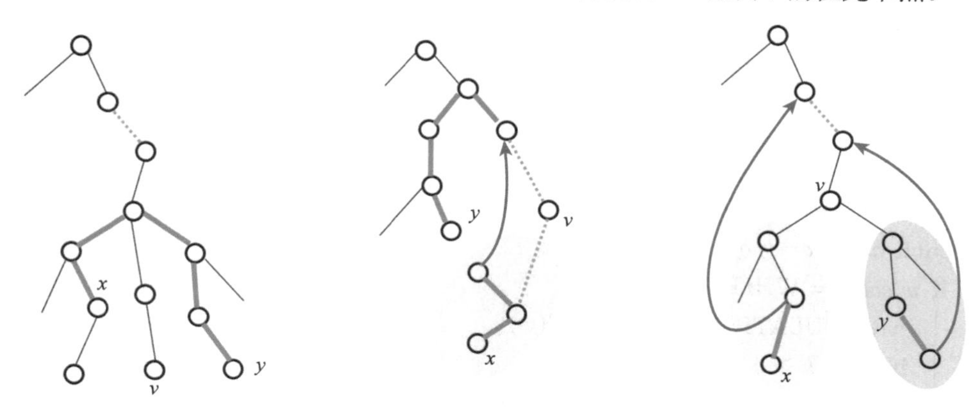

图 8.10　割点基于 DFS 定义的证明

将引理 8.8 中的性质落实成具体的算法操作，则可以发现图中所有的割点。具体而言，算法为每一个顶点维护一个变量 *back* 来判定它是否是割点。变量 *back* 的维护方式如下：

- 当 v 被首次发现时：$v.back := v.discoverTime$。
- 遍历过程中遇到一条从点 v 指向点 w 的 BE vw：$v.back := min\{v.back, w.discoverTime\}$。
- 遍历点 w 结束，从 w 回退到 v 时：$v.back := min\{v.back, w.back\}$。

注意，变量 $v.back$ 的初始值是 $v.discoverTime$，且 $v.back$ 的值只会减少，不会增加。$v.back$ 的减少有两种情况：

- 遍历过程中遇到一条 BE，记为边 vw。处理完 BE 并回退时，$v.back$ 被减少为 $w.discover-Time$。由于 BE 指向的点 w 是祖先节点，$w.discoverTime$ 更小，所以这一更新使得 $v.back$ 的值减少。
- 处理完 TE vw，回退时，如果点 w 的 *back* 值有更新（只可能减少），这一更新随着遍历的回退，被传递到回退节点 v。

根据 *back* 值的更新方式，可以采用下面的方式来判断点 v 是否是割点：当从 TE vw 回退时，如果 $w.back \geqslant v.discoverTime$，则点 v 是割点。将上述判断嵌入到深度优先遍历框架中，得到割点算法，如算法 27 所示。对于该算法可以证明：

定理 8.5　ARTICULATION-POINT-DFS *算法是正确的。*

证明　要证明算法的正确性，根据引理 8.8，也就是要证明当遍历从 TE vw 回退时，如果 $w.back \geqslant v.discoverTime$，则以 w 为根的子树没有 BE 指向 v 祖先节点。根据 *back* 值的更新方法，如果以 w 为根的子树中存在 BE 指向 v 的祖先，则 v 的祖先的 *discoverTime* 会被赋值给以 w 为根的子树中某个节点的 *back* 值，并且随着遍历结束的回退过程，这一 *discoverTime* 会以 *back* 变量的方式传递到 $w.back$。由于祖先节点具有更小的 *discoverTime*，所以如果这样一条 BE 存在，则 $w.back$ 一定小于 $v.discoverTime$。反之，如果 $w.back \geqslant v.discoverTime$，则说明这样的 BE 不存在。 ■

算法 27: ARTICULATION-POINT-DFS(v)

```
1  v.color := GRAY ;
2  time := time + 1 ;
3  v.discoverTime := time ;
4  v.back := v.discoverTime ;
5  foreach neighbor w of v do
6  |  if w.color = WHITE then
7  |  |  ARTICULATION-POINT-DFS(w) ;
8  |  |  if w.back ≥ v.discoverTime then
9  |  |  |_ Output v as an articulation point ;
10 |  |  v.back := min{v.back, w.back} ;
11 |  else
12 |  |  if vw is BE then                    /* w是v非父节点的祖先节点 */
13 |_ |_ |_ v.back := min{v.back, w.discoverTime} ;
```

8.5.3 寻找桥

对于桥的判断和割点的判断基本原理是类似的，但是由于割点和桥的定义有细节上的差别，所以具体的算法设计上同样有一些细节的不同[11]。基于无向图的深度优先遍历框架，遍历过程中只会出现 TE 和 BE（指向非父节点的祖先节点）。如果边 uv 是 BE，则点 v 是点 u 在遍历树中的祖先，且不是 u 的父节点，所以删掉 uv 后，整个图仍然是连通的。所以要寻找桥，只需要集中关注 TE。现在寻找桥的问题变成：在所有 TE 中分辨出哪些是桥、哪些不是桥。与割点的情况类似，我们期望在遍历整个图的过程中找出所有是桥的 TE，为此同样需要找到基于深度优先遍历的桥的判断条件。考察遍历树中的 TE uv，如图 8.11 所示。

引理 8.9（桥的基于深度优先遍历的定义） *给定遍历树中的 TE 边 uv（u 是 v 的父节点），uv 是桥，当且仅当以 v 为根的所有遍历树子树中没有 BE 指向 v 的祖先（不包括 v，包括 u）。*

为了基于引理 8.9 来搜索桥，算法同样为每个节点 v 维护一个变量 $v.back$，这一变量的维护方式如下：

- 在 v 刚被发现的时候，$v.back$ 初始化为 $v.discoverTime$。
- 当遍历 BE vw 的时候，$v.back := min\{v.back, w.discoverTime\}$。
- 当遍历点 w 结束，回退到 v 的时候，$v.back := min\{v.back, w.back\}$。

对于 TE uv，当算法遍历完节点 v，向节点 u 回退时，如果 $v.back > u.discoverTime$，则 uv 是桥。将上述处理嵌入到深度优先遍历框架中，相应的算法实现如算法 28 所示。对于算法 28，我们有：

定理 8.6 BRIDGE-DFS 算法是正确的。

引理 8.9 和定理 8.6 的证明与割点相关的引理/定理证明是类似的，留作习题。

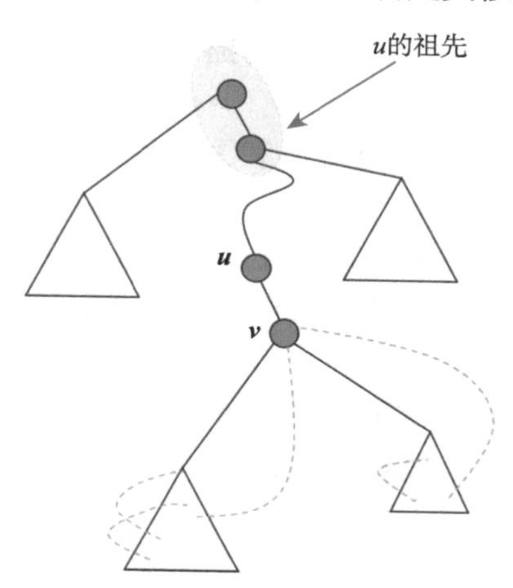

图 8.11 DFS 过程中的桥

算法 28: BRIDGE-DFS(u)

```
1  u.color := GRAY ;
2  time := time + 1 ;
3  u.discoverTime := time ;
4  u.back := u.discoverTime ;
5  foreach neighbor v of u do
6      if v.color = WHITE then
7          BRIDGE-DFS(v) ;
8          u.back := min{u.back, v.back} ;
9          if v.back > u.discoverTime then
10             Output uv as a bridge ;
11     else
12         if uv is BE then                          /* v是u非父节点的祖先节点 */
13             u.back := min{u.back, v.discoverTime} ;
```

8.6 习题

8.1 对于有向图的深度优先遍历，考虑遍历边 uv 并刚刚访问到点 v 的时候，点 v 的颜色和边 uv 的类型之间的关系：

1）当边 uv 分别为 TE、BE、DE 和 CE 时，点 v 分别可能是哪些颜色？

2）当点 v 分别为白色、灰色、黑色时，边 uv 分别可能是哪些类型的边？

3）是否存在某些情况，点 v 为某种颜色和边 uv 为某种类型具有“当且仅当”关系？

8.2　请给出 DFS 算法基于栈的非递归实现。

8.3　请证明活动区间等价地刻画了深度优先遍历的过程（定理 8.1）。

8.4　请构造一个反例表明：两个节点间有路径相连，但是它们在深度优先遍历树中并没有祖先后继关系。

8.5　点 v 为割点，当且仅当存在点对 w 和 x 满足点 v 出现在 w 到 x 的所有路径上（引理 8.7）。

8.6　在有向图 G 上运行DFS算法，并且记录发现节点和离开节点的时间。对于有些边 (uv)，可以观察到 $v.finishTime < u.discoverTime$。满足这样条件的边可能是哪种类型的边（TE/BE/DE/CE）？请给出简要说明。

8.7　请证明：一个有向图的收缩图是无环的。

8.8　强连通片算法中的两次深度优先遍历，分别是否可以替换为广度优先遍历（参见第 9 章）？请说明原因。

8.9　对于无向连通图的深度优先遍历树的根节点 v，请找出点 v 是割点的充要条件，并证明你的结论。

8.10　对于寻找割点算法，如果 $back$ 被初始化为 $+\infty$（或者 $2(n+1)$）而不是 $v.dicoverTime$ 时，算法是否仍然正确？请说明你的理由。

8.11　请证明桥的基于深度优先遍历的定义的正确性（引理 8.9）和BRIDGE-DFS算法的正确性（定理 8.6）。

8.12　无向图和有向图的连通性：

1）请证明在任意的连通无向图 G 中，存在这样一个顶点 v，删除 v 后 G 仍然连通。

2）请给出一个满足如下要求的强连通有向图 G：对于图中的任意点 v，将 v 从 G 中删除后，新产生的图不再强连通。

3）在一个包含两个连通片的无向图中，通常可以通过添加一条边使得该无向图连通。给出一个满足如下要求的有向图：它包含两个强连通片，而只添加一条边不可以使该图强连通。

8.13　有人提出这样一种思路，计算无向图中最小环的大小（环的大小定义为环中边的条数）：当在深度优先搜索中遇到一条 BE (vw) 时，则由该 BE 与遍历中的一些 TE 组成一个从 w 到 v 的环。环的大小是 $level[v] - level[w] + 1$，其中一个节点的 $level$ 值是指在 DFS 树中，从根节点到该节点的路径长度。上述思想可以表述成下面的算法：

- 执行一次深度优先搜索，记录每个顶点的 $level$ 值。
- 每当遇到一条BE，计算此时得到的环的长度，如果它比当前最小的环的长度还要小，则更新当前最小环长度为该长度。

通过给出一个反例来证明上述算法并不能保证总是正确的，并给出简要说明。

8.14　给定无向图 $G = (V, E)$，请设计一个线性时间的算法，判定是否可以为 G 中的边添加方向，使得图中每个顶点的入度至少为 1。若可以，算法需给出每条边的方向。

8.15　给定一个无向连通图 G，其顶点数为 n，边数为 m。定义图 G 的“SCC 定向”如下：如果能对 G 的每条边确定一个方向，使得定向后的有向图是强连通的，则称无向图 G 存在一个 SCC 定向。下面的问题将引导你证明：G 存在 SCC 定向的充分必要条件是 G 中没有桥。

1）请证明如果 G 中存在桥，则 G 不存在 SCC 定向。

2）请证明如果 G 中没有桥，则 G 存在一个 SCC 定向。为此，你需要设计一个 $O(n+m)$ 的算法，给出 G 的一种 SCC 定向。

8.16　请针对以下任务，设计一个线性时间算法：

- 输入：一个有向无环图 G。
- 问题：G 中是否存在一条有向路径，它恰好访问每个顶点一次？

8.17　假设 v 和 w 是同一个有向树中的两个不同节点，并且它们之间没有祖先/后续关系。请证明存在第三个节点 c 是它们的最小公共祖先，存在从 c 到 v 和 w 的路径，并且到这两个节点的路径没有公共边（提示：可以利用树的一个特性，即从根节点出发，有且只有唯一一条路径能到达树中的每一个节点）。

8.18　给定一个无向图 G 和它的一条边 e。请设计一个算法，在线性时间内判断 G 中是否存在包含 e 的环。

8.19　在一个有向无环图 G 中进行拓扑排序的另一种方法是：重复地寻找一个入度为 0 的节点，将该节点输出，并将该节点及其所关联的出边从图中删除。请解释如何实现这一想法，并保证它的运行时间为线性时间。如果 G 中包含回路的话，这一算法在运行时会发生什么？

8.20（顶点间的“one-to-all”可达性问题）　给定一个有向图 G，它有 n 个节点、m 条边。

1）请设计一个 $O(m+n)$ 的算法来判断一个给定的节点 s 能否到达图中其他所有节点。

2）请设计一个 $O(m+n)$ 的算法来判断图 G 中是否存在一个节点，它可以到达图中其他所有节点。

8.21　给定一个 n 个节点、m 条边的有向无环图，图中每个节点 u 都有一个权重 $w(u)$。定义一个节点 u 的代价 $c(u)$ 为：u 所能到达节点的权重的最小值（包含该顶点自身）。例如图 8.12 中标出了每个节点的权重值，进而可以算出节点 A、B、⋯、F 的代价值分别为 2、1、4、1、4、5。请设计一个线性时间的算法，计算图中每个节点的代价值，并分析算法的时间复杂度。

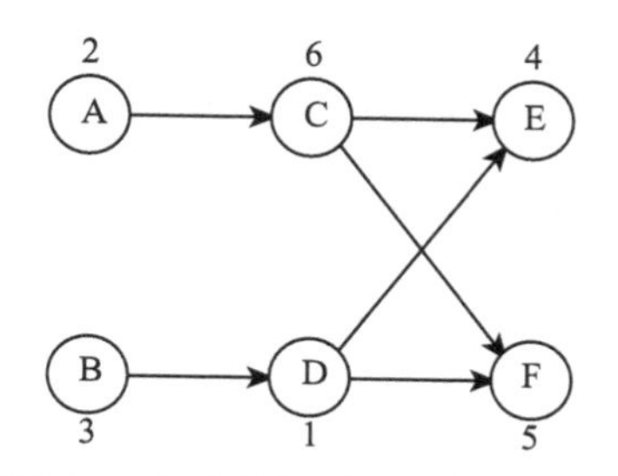

图 8.12　节点的权重 $w(\cdot)$ 与代价 $c(\cdot)$

8.22　给定一个有向图 G，我们定义一个节点 v 的影响力值 $impact(v)$ 为图中从 v 可达的顶点个数（不包含 v 自身）。

1）请设计一个算法，找出图中影响力值最小的点。

2）请设计一个算法，找出图中影响力值最大的点。

8.23　请设计一个线性时间算法，找出有向图中一个包含奇数条边的环。

8.24　现有一套计算机科学的课程体系，包含 n 门必修课。这些必修课之间有依赖关系，可用有向图 G 来表示：G 有 n 个顶点，分别对应 n 门必修课；G 有 m 条边，若顶点 v 和 w 之间存在一条从 v 指向 w 的边，当且仅当 v 是 w 的先修课程。一门必修课的持续时间为一个学期。假设学生一个学期可以修任意数目的课程。请设计一个线性时间复杂度的算法来计算修完所有 n 门课程所需的最少学期数。

8.25　某市警察局为该市制定的交通规则规定所有的街道都是单行线。市长认为从市内的任一十字路口出发都要有一条合法的路线能够到达任一其他的十字路口，不过该主张还未得到反对派的支持。因此需要设计一个计算机算法，以确定市长的主张是否正确。然而，市内选举在即，所剩时间无几，只能允许设计一个线性时间算法。

1）请从图论的观点描述该问题，并说明为什么该问题能够在线性时间内解决。

2）假定现在事实证明市长最初的观点是错误的。他随后又提出了一个妥协方案：如果你驱车从市政厅出发，沿着单行街道前进，那么不管你到哪里，总会有一条路线让你合法地驶回市政厅。请将该妥协方案描述成一个图论问题，并设计一个线性时间的算法来验证该方案的可行性。

8.26（小孩排队问题）　现在需要将 n 个捣蛋的小孩排成某种队列。已知某些小孩之间存在憎恨关系：如果 i 恨 j，则 i 不能排在 j 的后面某个位置，否则 i 会向 j 扔东西。

1）请设计一个算法，在 $O(m+n)$ 时间内将小孩排成一列，或者判定不存在符合条件的排队方法。

2）将 n 个捣蛋的小孩排成多行。如果 i 恨 j，则 i 所在的行号要小于 j 所在的行号。请设计一个算法，找出所需要的最少行数，或者判断不存在满足要求的排法。

8.27（神秘文字的字母排序问题）　考古发掘中发现了一种神秘的文字，它所使用的字母为 $l_1, l_2, \cdots l_n$。已知这些字母在这种文字中是有一个全序的，现在需要重新建立字母间的全序。已知的信息是，这是一本残缺的字典，字典中有根据字典序排列的单词 $w_1, w_2, \cdots, w_m$。请设计一个算法，从残缺的字典中重新建立这门语言中字母之间的顺序。

8.28（2-SAT 问题）　给定一个子句集合，其中每个子句是两个文字（一个文字是一个布尔变量或是一个布尔变量的取反）间的或（∨）操作。请设计一个算法，为每个变量赋值TRUE或者FALSE，使得所有的子句都被满足，也就是说使得在每个子句中至少存在一个取值为TRUE的文字。例如，对于下面的例子：

$$(x_1 \vee \overline{x_2}) \wedge (\overline{x_1} \vee \overline{x_3}) \wedge (x_1 \vee x_2) \wedge (\overline{x_3} \vee x_4) \wedge (\overline{x_1} \vee x_4)$$

如下赋值能使所有子句都满足：分别将 x_1、x_2、x_3 和 x_4 赋值为 TRUE、FALSE、FALSE 和 TRUE。

1）该 2-SAT 问题实例是否存在其他使所有子句都满足的赋值？如果存在，请找到它们。

2）请给出一个含有 4 个变量的 2-SAT 问题实例，使得该实例不存在满足赋值。

本题的意图在于引导我们找到一种求解 2-SAT问题的有效方法，该方法将原问题归约成一个在有向图中寻找强连通片的图论问题。给定一个含有 n 个变量和 m 个子句的 2-SAT 问题实例 I，并按如下要求构建一个有向图 $G_I = (V, E)$：

- G_I 含有 $2n$ 个顶点，每个顶点对应一个变量或变量的取反。
- G_I 含有 $2m$ 条边，对于实例 I 的每一个子句 $(\alpha \vee \beta)$（其中 α 和 β 是文字），G_I 中都含有一条边从 α 的取反指向 β，以及一条边从 β 的取反指向 α。

注意，子句 $(\alpha \vee \beta)$ 等价于蕴涵关系 $\overline{\alpha} \rightarrow \beta$ 或 $\overline{\beta} \rightarrow \alpha$。从这个意义上讲，$G_I$ 记录了实例 I 中的所有蕴涵关系。

3）请构建本题给出的上述 2-SAT 问题实例对应的有向图，并构建问题 2）中构建的 2-SAT 实例对应的有向图。

4）请证明如下结论：如果对于某个变量 x，G_I 中有一个同时包含 x 和 $\overline{x}$ 的强连通片，那么实例 I 不存在使所有子句都满足的赋值。

5）证明问题 4）的逆命题：如果 G_I 中不存在一个强连通片，该强连通片中含有一个文字及该文字的取反，则该实例 I 一定是可满足的。

6）请设计一个求解 2-SAT 问题的线性时间算法。

第9章 图的广度优先遍历

本章讨论广度优先遍历。首先给出广度优先遍历框架，并围绕遍历框架讨论遍历的详细过程，然后通过两个典型问题来展示广度优先遍历的应用。

9.1 广度优先遍历

广度优先遍历是与深度优先遍历对偶的遍历方法。它的基本思路是，当遍历一个节点时，首先处理该节点指向其邻居的所有边，发现每个未被访问的邻居，但是不处理它们，然后该节点自身的处理结束。下一个被遍历的点从所有被发现但是尚未处理的点中选出，选择的标准是，先被发现的节点先被遍历。通过一个例子可以形象地看到广度优先遍历推进的过程，如图 9.1 所示。从节点 A 开始广度优先遍历，先处理完 A 指向所有邻居的边，依次发现 B、G、F 三个邻居，然后结束对点 A 的遍历。接下来按照节点被发现的顺序对节点 B 进行类似的处理。节点 B 又会发现新的节点 C（节点 G 也是点 B 的邻居，但是 G 已经在前面的遍历中由节点 A 发现了），节点 C 排在前面已经发现的节点后面，等待被处理。广度优先遍历的推进过程，可以形象地看成以“地平线”（horizon）的方式层层扩散出去，如图 9.1 中的虚线所示。

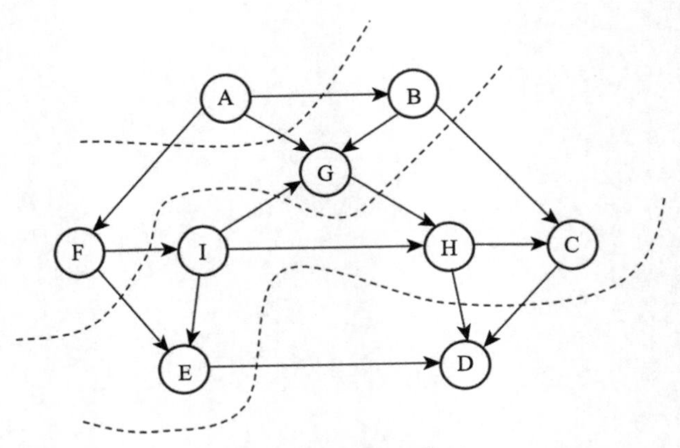

图 9.1 广度优先遍历

上述广度优先遍历策略，基于队列（queue）这一数据结构可以很容易地实现。队列就是整个遍历活动的“调度器”。在遍历当前节点的过程中，每当发现新的节点时，只需要将它们交给调度器（依次进入队列）；而当算法需要对下一个节点进行遍历时，只需要从调度器中选出一个节点（依次出队列）进行遍历。基于调度器的图遍历有着广泛的应用。广度优先遍历只是其应用的一个相对简单的例子，调度器被实例化为一个具体的数据结构——队列。我们将在 10.2.2 节和 10.5.1 节进一步讨论这一方法在 Prim 算法和 Dijkstra 算法设计中的应用。

9.1.1　广度优先遍历框架

上述广度优先遍历的过程实现为广度优先遍历框架，如算法 29 和算法 30 所示。从节点状态变化的情况来看，广度优先遍历的过程比深度优先遍历的过程要简单。节点未被访问时，为白色；遍历完成后为黑色，这与深度优先遍历是一致的。在被发现到完成处理之间，节点首先被放置到队尾，然后等前面的节点依次被取出之后，它最终被处理。在这一过程中，节点的状态为灰色。与深度优先遍历类似，如果对节点和边的处理至多包含常数个简单操作，则广度优先遍历的代价同样为 $O(n + m)$。同时注意两种图遍历方法有一点重要的不同，即在广度优先遍历中，当一个节点开始被处理后，就会一直处理完，后续遍历中不会再处理该节点，而在深度优先遍历中，算法可能多次回到一个（灰色）节点进行处理。

算法 29: BFS-WRAPPER(G)

```
1 foreach node v in G do
2 |   v.color := WHITE;  v.parent := NULL;  v.dis := +∞ ;
3 foreach node v in G do
4 |   if v.color = WHITE then
5 |   |   BFS(v) ;
6 return;
```

算法 30: BFS(v)

```
1  Initialize an empty queue queNode ;
2  v.color := GRAY ;
3  v.dis := 0 ;
4  queNode.ENQUE(v) ;
5  while queNode ≠ empty do
6  |   w := queNode.DEQUE();
7  |   foreach neighbor x of w do
8  |   |   if x.color = WHITE then
9  |   |   |   x.color := GRAY ;
10 |   |   |   x.parent := w ;
11 |   |   |   x.dis := w.dis + 1 ;
12 |   |   |   queNode.ENQUEUE(x) ;
13 |   ⟨ processing of node w ⟩ ;
14 |   w.color := BLACK ;
```

在上面的广度优先遍历框架中，算法维护了每个节点的 *parent* 信息，父子关系体现了广度优先遍历从起始节点向外围节点的推进过程。更重要的是，父子关系的维护还包含了从遍历起始节点到其他每个节点最短路径的信息。结合图 9.1，广度优先遍历的推进过程可以被类比为地平线层层向外扩散的过程，同一层内的节点就是到源点距离相同的节点。变量 $v.dis$ 记录了源点到点 v 最短路径的长度，对所有节点依据到源点距离的不同进行了等价类划分。下面我们严格证明 BFS 框架中的 $v.dis$ 所维护的的确是源点 s 到节点 v 的最短路径长度。记源点 s 到节点 v 的最短路径长度为 $\delta(s,v)$。首先不难发现距离值 $\delta(s,v)$ 有如下性质：

引理 9.1　*对于有向或者无向图 G，对任意边 uv，有 $\delta(s,v) \leqslant \delta(s,u)+1$。*

证明　如果点 s 到点 u 可达，则由于边 uv 的存在，s 到 v 同样可达。所以 s 到 v 的最短路径长度必然不超过任意一条 s 到 v 的路径长度。所以 $\delta(s,v) \leqslant \delta(s,u)+1$。如果 s 到 u 不可达，则 $\delta(s,u)$ 为 ∞，不等式同样成立。■

对于 BFS 算法所计算的 $v.dis$ 值和 $\delta(s,v)$ 的关系，首先证明它的"一半"：

引理 9.2　*从节点 s 开始广度优先遍历，则在遍历结束时，对每个节点 v 有 $v.dis \geqslant \delta(s,v)$。*

证明　采用数学归纳法来证明，对队列上的操作个数做归纳，也就是要证明，无论队列上执行了多少操作，下面的不变式总是成立：对于任意 v，$v.dis \geqslant \delta(s,v)$。

初始情况是队列执行第一个操作，即将源点 s 放入队列中。此时，$s.dis=\delta(s,s)=0$。对于其他任意节点 v，$v.dis=+\infty \geqslant \delta(s,v)$。所以初始情况下结论成立。

队列只可能进行入队和出队操作。出队操作对结论没有影响，所以只需要关注入队操作。假设在处理节点 u 时，发现白色邻居 v。根据归纳假设有 $u.dis \geqslant \delta(s,u)$。对于 v 有：

$$
\begin{aligned}
v.dis &= u.dis+1 && \text{（BFS 框架的实现）}\\
&\geqslant \delta(s,u)+1 && \text{（归纳假设）}\\
&\geqslant \delta(s,v) && \text{（引理 9.1）}
\end{aligned}
$$

注意到 $v.dis$ 的值一经赋值后是不再变化的，所以这就通过归纳法证明了对每个节点 v 有 $v.dis \geqslant \delta(s,v)$。■

为了证明相等关系的另一半 $v.dis \leqslant \delta(s,v)$，首先要对广度优先遍历过程中队列的情况做更细致的刻画：

引理 9.3　*假设在广度优先遍历过程中，队列中的元素为 $\langle v_1,v_2,\cdots,v_r\rangle$（$v_1$ 是队头，v_r 是队尾）。队列中节点的距离值 dis 满足：*

$$
v_i.dis \leqslant v_{i+1}.dis \ (1 \leqslant i \leqslant r-1), \quad v_r.dis \leqslant v_1.dis+1
$$

证明　同样采用数学归纳法，对队列的操作进行归纳。初始情况下，队列中只有源点 s，结论显然成立。下面要证明队列任意执行一个操作（出队或者入队），上述结论总保持成立。

假设队头元素 v_1 出队，则 v_2 成为新的队头元素。根据归纳假设有 $v_r.dis \leqslant v_1.dis+1 \leqslant v_2.dis+1$，从 v_2 到 v_r 所有元素之间的小于等于关系依然保持成立。所以执行一个出队操作后，要证明的结论保持成立。

假设有一个新元素 v_{r+1} 入队，此时需要结合 BFS 算法框架详细分析新节点入队时的情况。每次有新节点入队，必然是算法首先从队首取出一个节点进行处理，记这个节点为 u。算法在处理节点 u 时，发现了白色邻居 v_{r+1} 并将它放到队列的尾部。此时，$v_{r+1}.dis=u.dis+1$。

在 u 出队前的时刻，u 是队头，v_1 是队列中的第二个元素，所以 $u.dis \leqslant v_1.dis$。根据上面的分析可知 $v_{r+1}.dis = u.dis + 1 \leqslant v_1.dis + 1$。

在 u 出队之前，u 是队头，v_r 是队尾。同样根据归纳假设可知 $v_r.dis \leqslant u.dis + 1 = v_{r+1}.dis$。对于队列中的其他元素而言，不等关系未受影响。

综上，基于归纳法我们证明了对于广度优先遍历过程中的任意时刻，$v_i.dis \leqslant v_{i+1}.dis\ (1 \leqslant i \leqslant r-1)$ 和 $v_r.dis \leqslant v_1.dis + 1$ 均成立。 ■

定理 9.1 假设我们从图 G 中的源点 s 开始对整个图完成广度优先搜索，则对任意节点 v，$v.dis = \delta(s, v)$，且从 s 到 v 由 TE 组成的路径就是 s 到 v 的最短路径（不一定是唯一的最短路径）。

证明 采用反证法，假设存在一些点，它们的 dis 值不等于源点到它们的最短路径值。在这些点中，取源点到其距离最短的点，记为 v（显然 v 不可能为 s）。根据引理 9.2 有 $v.dis > \delta(s, v)$。注意 s 到 v 必然可达，否则 $\delta(s, v) = +\infty \geqslant v.dis$。

考察 s 到 v 的最短路径。记 u 为该路径上在 v 前面的点，则 $\delta(s, v) = \delta(s, u) + 1$，即 $\delta(s, u) < \delta(s, v)$。根据点 v 特定的选取方式，可知 $u.dis = \delta(s, u)$。根据上述分析的数量关系可以推出：

$$v.dis > \delta(s, v) = \delta(s, u) + 1 = u.dis + 1$$

下面考察节点 u 刚刚从队头出队的时刻。此时点 v 可能有三种不同的颜色，下面分别进行讨论：

- 如果 v 为白色，则根据 BFS 算法框架，算法将赋值 $v.dis = u.dis+1$，这与 $v.dis > u.dis+1$ 矛盾。
- 如果 v 为灰色，则将它作为节点 w 的白色邻居放入队尾，并且 $v.dis = w.dis + 1$。由于 w 比 u 更早离开队列，所以根据引理 9.3 可知 $v.dis = w.dis + 1 \leqslant u.dis + 1$，这与 $v.dis > u.dis + 1$ 矛盾。
- 如果 v 为黑色，则在 u 之前它已经离开队列，所以 $v.dis \leqslant u.dis$。这同样与 $v.dis > u.dis + 1$ 矛盾。

综上，我们证明了对于图中任意点 v，$v.dis = \delta(s, v)$。根据 BFS 框架，从 s 到 v 的 TE 组成的路径长度就是 $v.dis$，所以 TE 组成的路径就是最短路径（之一）。 ■

9.1.2 有向图的广度优先遍历树

对于广度优先遍历，我们同样根据遍历的进行，把图中的边分为 TE、BE、DE 和 CE。

- TE：当遍历点 u 时，发现其白色邻居 v，则 uv 为 TE。TE 表示发现新节点的过程，同时也表示最短路径推进的过程。与深度优先遍历的情况类似，在图的某个连通片内部进行遍历时，所有 TE 组成的子图是连通的、无环的，且包含该连通片中所有的点。如果忽略所有边的方向，则这些 TE 组成当前连通片的一棵生成树，我们称之为“广度优先遍历树”。

- BE：当遍历点 u 时，发现其黑色邻居 v，且 v 是 u 在 BFS 树中的祖先节点，则 uv 为 BE。对于 BE (u,v)，有 $0 \leqslant v.dis < u.dis$。
- DE：广度优先的特性决定了不可能出现 DE。反证假设 uv 为 DE，那么考察在点 u 刚刚出队列，即将处理它的所有邻居的时刻，点 v 的情况：
  - ◇ 点 v 不可能是白色，否则 uv 只能是 TE。
  - ◇ 点 v 不可能是灰色。这是因为在这个时刻，点 u 刚刚出队列，假设点 v 为灰色（正在队列中），这和 u 是 v 在遍历树中的祖先节点矛盾。
  - ◇ 点 v 不可能是黑色。在点 u 刚被发现的时刻，如果点 v 已经结束遍历，这同样和 u 是 v 在遍历树中的祖先节点矛盾。

  上述分析表明广度优先遍历中不可能出现 DE。
- CE：当遍历点 u 时，发现其灰色或者黑色邻居 v，且 v 不是 u 的祖先节点（前面关于 DE 的讨论证明了必然不可能是子孙节点），则 uv 为 CE。对于 CE uv，有 $v.dis \leqslant u.dis + 1$。我们将结合无向图的情况，对照着讨论这一性质（参见 9.1.3 节的推论 9.1）。

  另外需要注意的是，与深度优先遍历的情况类似，CE 同样可能存在于两个不同的广度优先遍历树之间。

9.1.3 无向图的广度优先遍历树

对于无向图的广度优先遍历，同样考察 4 种类型的边是否可能出现。

- TE：与有向图的情况类似，当遍历点 u 时，发现其白色邻居 v，则 uv 为 TE。对于 TE (u,v)，有 $v.dis = u.dis + 1$。所有 TE 组成广度优先遍历树，遍历的过程为每条 TE 进行了定向，其方向就是遍历推进的方向。
- BE：不存在。这一情况的证明留作习题。
- DE：不存在。证明与有向图的情况是类似的，留作习题。
- CE：当遍历点 u 时，发现其灰色的邻居 v（前面关于 BE 与 DE 的讨论证明了 v 不可能是 u 的祖先或者子孙节点），则 uv 为 CE。对于 CE (u,v)，有 $v.dis = u.dis$ 或者 $v.dis = u.dis + 1$。

  注意，此时节点 v 显然不是白色，否则 uv 是 TE。节点 v 也不可能是黑色，因为若 v 为黑色，则它已经完成遍历。由于无向边 uv 的存在，算法在处理 v 时，必然已经处理过边 vu，此时的边 uv 是同一条无向边的二次遍历，直接被剔除，不作处理。

对于广度优先遍历过程中的 CE，其两个端点的 dis 值满足特定的数量关系。无向图与有向图的情况类似的同时又有差别。

推论 9.1 对于广度优先遍历过程中的 CE：

- 无向图中的 CE 边 uv 满足：$v.dis = u.dis$ 或者 $v.dis = u.dis + 1$。

- 有向图中的 CE 边 uv 满足：$v.dis \leqslant u.dis + 1$。

证明 对于有向图的情况，对 CE 边 uv，考察 $v.dis$ 最大可以比 $u.dis$ 大多少。注意点 v 发现得越晚，$v.dis$ 的值越大，但是又受到点 v 必然是灰色或者黑色的限制（否则 uv 是 TE 而不是 CE），所以当点 u 出队列时，点 v 最晚也只能是队列中尾部的节点。此时 $v.dis = u.dis + 1$（引理 9.3），其他情况下，若 v 在前面的遍历中已经被发现，$v.dis$ 的取值只会更小。所以我们有 $v.dis \leqslant u.dis + 1$。

对于无向图的情况，对 CE uv，当算法处理 u 时，根据定义 CE 时的讨论，点 v 只能是灰色，这表明 v 在队列中。根据引理 9.3 有 $u.dis \leqslant v.dis \leqslant u.dis + 1$。所以 $v.dis = u.dis$ 或者 $v.dis = u.dis + 1$。

■

可以通过两个例子来展示有向图和无向图中 CE 的顶点的 dis 不同取值的情况，如图 9.2 和图 9.3 所示。

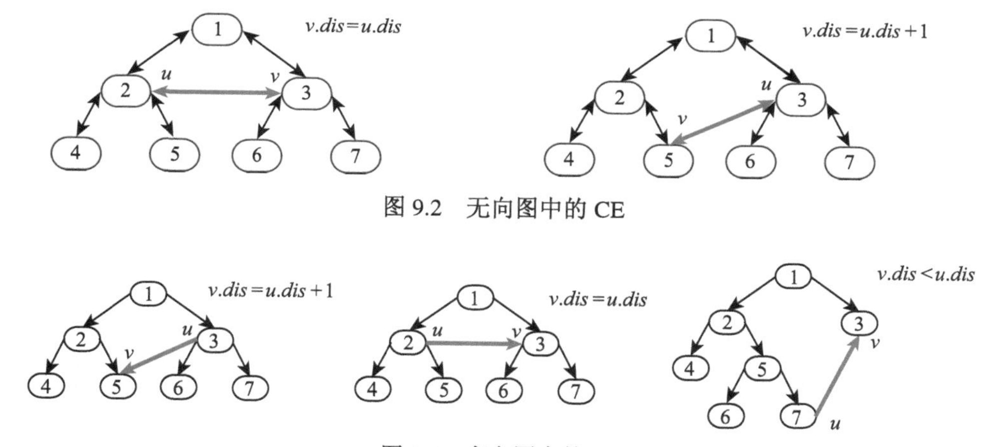

图 9.2 无向图中的 CE

图 9.3 有向图中的 CE

9.2 广度优先遍历的应用

本节通过判断二分图和寻找 k 度子图这两个典型的例子来展示广度优先遍历的应用。

9.2.1 判断二分图

匹配问题是一类重要的算法问题，在计算机领域有广泛的应用，例如将一堆任务分配到一组机器、将一组物品标记为不同的类别都需要用到匹配算法。二分图（bipartite graph）[⊖]是解决匹配问题的重要工具之一，它是这样一种图：

定义 9.1（二分图） 无向图 $G = (V, E)$ 被称为二分图，如果存在顶点 V 的划分 V_1、$V_2(V_1 \cap V_2 = \varnothing, V_1 \cup V_2 = V)$，使得图中任意的边均满足它的一个顶点在 V_1，另一个顶点在 V_2（也就是说在 V_1 和 V_2 内部，任意一对节点之间没有边相连）。

很容易验证，一个图是二分图等价于它是可以二着色的，即可以将任意一个顶点染为红色或者蓝色，使得任意一条边的两个顶点颜色不同。

⊖ 二分图又被称为二部图。

二分图基于二着色的定义不仅易于想象，而且易于用图遍历来验证。假设图 G 为二分图，则可以从任意一个点 v 开始对其进行二着色。算法在对每个点进行着色的过程中，寻找图 G 不是二分图的证据：如果找到则可以立即返回 G 不是二分图；如果始终未能找到，则图 G 为二分图。不失一般性，算法将 v 染为红色，则对于 v 的每个邻居 w，可以确定它只能染为蓝色。而对于 w 的每个邻居的邻居，可以确定其只能染为红色，如此往复，随着图遍历的推进，算法不断地发现新的边和点，进而确定所有点的正确着色。在红蓝着色过程中，如果算法发现一个顶点既应该被染成红色，又应该被染成蓝色，则可以证明该图一定不是二分图。上述着色的过程可以基于广度优先遍历来实现，如算法 31 所示（这里假设图 G 是连通的，对于 G 不连通的情况，对其每个连通片做类似的处理即可）。算法 31 基于广度优先遍历，其代价为 $O(m+n)$。

算法 31: bool BFS-BIRPARTIE(G)

```
1  Pick any node v ;
2  v.color := GRAY ;
3  v.bipartieColor := RED ;                               /* 初始化起始点的着色 */
4  queNode.ENQUEUE(v) ;
5  while queNode ≠ empty do
6      w := queNode.DEQUEUE() ;
7      foreach neighbor x of w do
8          if x.color = WHITE then
9              x.color := GRAY ;
10             x.bipartiteColor := ¬ w.bipartiteColor ;   /* ¬BLUE = RED */
11             queNode.ENQUEUE(x) ;
12         else
13             if x.bipartiteColor = w.bipartiteColor then
14                 return FALSE           /* 同一条边两端着色相同，则不是二分图 */
15     w.color := BLACK ;
16 return TRUE ;
```

9.2.2 寻找 k 度子图

给定无向图 G，定义图 G 的子图 H 为 k 度子图，如果 H 中每个节点的度均不低于 k。现在任给图 G 和参数 k，需要找出图 G 中的一个 k 度子图，或者返回不存在这样的子图。这里讨论图 G 连通的情况，图 G 不连通的情况本质上是类似的，只需对图的每个连通片分别进行处理。

针对 k 度子图的定义而言，其反例是比较容易寻找的。如果一个顶点在图 G 中的度数小于 k，则它必然不属于任意 k 度子图。更重要的是，如果一个节点 v 不属于任何 k 度子图，则跟它相连的任何一条边必然不能属于任何一个 k 度子图。因此算法首先扫描图中所有的点，

检查是否有度小于 k 的节点，如果没有这样的节点，则图 G 自身就是一个 k 度子图。否则如果找到某个节点的度小于 k，则需要将该点及其所有的边均删除。注意，这一删除过程必须是迭代地向外进行扩散，即如果边的删除导致了新一批节点的度小于 k，则需要对所有这些节点迭代地执行这一删除过程。

可以基于广度优先遍历实现上述过程。当一个节点 v 的度小于 k 时，算法就可以确定它不在任何 k 度子图中，同时算法确定需要为它的每一个邻居节点 w 删掉与 v 关联的边。删除后，算法还要判断 w 是否变成度小于 k 的点，如果是，算法就将它交给调度器，有待未来执行同样的删除过程。上述思路的实现如算法 32 所示。该算法基于广度优先遍历，其代价为 $O(m+n)$。

算法 32: K-DEGREE-SUBGRAPH(G, k)

```
1  Initialize queNode to empty ;
2  foreach node v in G do
3      if v.degree < k then
4          queNode.ENQUEUE(v) ;
5  while queNode ≠ empty do
6      v := queNode.DEQUEUE() ;
7      foreach neighbor w of v do
8          delete edge wv on node w ;
9          if (w.degree < k) ∧ (w is not in queNode) then
10             queNode.ENQUEUE(w) ;
11     delete node v from graph G ;
```

9.3　习题

9.1　请证明无向图的广度优先遍历过程中，不存在 BE 和 DE。

9.2　白色路径定理（定理 8.2）对于 BFS 是否成立？请证明它成立，或者举一个反例证明它不成立。

9.3　给定无向图 G，能否使用深度优先遍历判断其是否为二分图？如果可以的话，你如何看待深度优先遍历和广度优先遍历（在不同情况下）的优劣关系？

9.4　请分别使用 DFS 和 BFS 两类图遍历框架，解决有向图和无向图上检测是否存在环的问题。

9.5　请为如下问题设计一个线性时间算法：

- 输入：一个连通的无向图 G。
- 问题：是否可以从 G 中移除一条边，使 G 仍然保持连通？

你能否将算法时间控制在 $O(n)$ 内？

9.6　给定一棵二叉树 $T=(V,E)$，其根节点为 $r \in V$。当在树 T 中从 r 到 v 的路径经过 u

时，u 被称为 v 的祖先。现在想要通过对树进行预处理操作，使得形如“u 是否是 v 的祖先”的查询可以在常数时间内得到答案，而预处理操作本身应该在线性时间内完成。请设计这样一个预处理算法。

9.7　给定一个连通图 $G = (V, E)$ 和一个顶点 $u \in V$。假设已经找到了一棵以 u 作为根节点的深度优先遍历树 T，假设又找到了一棵以 u 作为根节点的广度优先遍历树 T'，满足 $T' = T$。

1）如果 G 是一个无向图，请证明 $G = T$（也就是说，如果 T 既是 G 的深度优先搜索树又是 G 的广度优先搜索树，那么 G 中就不可能包含任何不在 T 中的边）。

2）如果 G 是一个有向图，上面的结论是否还成立？如果成立请给出证明，如果不成立请给出反例。

9.8　给定一个连通的无向图 G。

1）假设图中的边权值均为 1，请设计一个线性时间的算法，计算 G 的最小生成树。

2）假设 $m = n + 10$，请设计一个线性时间的算法，计算 G 的最小生成树。

3）假设图中每条边的权值均为 1 或 2，请设计一个线性时间的算法，计算 G 的最小生成树。

9.9　设 n 个节点的无向图 G 包含两个节点 v 和 w，并且 v 和 w 的距离大于 $\frac{n}{2}$，即 v 到 w 的所有路径长度均大于 $\frac{n}{2}$（路径长度指从源节点到目的节点的跳数，即路径中边的数目）。

1）请证明：图中存在节点 t，删除 t 后，v 和 w 不连通（即从 v 到 w 没有路径）。

2）请给出一个复杂度为 $O(m + n)$ 的算法，找到上一小题中定义的节点 t。

9.10　给定一个图 $G = (V, E)$ 和一个起始点 s，BFS 算法为图中的每个顶点 u 计算了从 s 到 u 的最短路径长度 $d[u]$（路径上的边数）。在网络通信中通常还需要知道最短路径的数量。请修改 BFS 算法计算从 s 到图中每个顶点的最短路径的数量，要求算法的时间复杂度是 $O(m + n)$。这个问题的求解分为两个步骤：

1）首先在图 G 上运行标准的 BFS 算法。请说明如何利用 BFS 算法的执行结果产生一个新的图 $G' = (V', E')$，其中 $V' \subseteq V$ 且 $E' \subseteq E$，G' 中的每条路径是 G 中起始顶点为 s 的最短路径。同时，G 中起始顶点为 s 的最短路径都在 G' 中。

2）请说明怎样利用上面的结果来对 V' 中的每个顶点 u 求 G' 中从 s 到 u 的路径的数量，记为 $c[u]$。

（提示：在计算 $c[u]$ 的时候要特别注意，从一个节点到另一个节点的最短路径的数量可能达到节点数的指数级这个量级，这意味着你的算法不能逐条产生这样的路径。你需要考虑如何一次统计多条最短路径。）

9.11　假设你想要举办一场舞会，为此需要决定邀请什么人参加。目前共有 n 个人可供选择，你列出了所有人之间是否相识的关系表。你希望邀请尽可能多的人参加，但同时必须考虑以下两点：在舞会上，每个人至少可以各找到 5 个相识和 5 个不相识的人。请就此问题给出一个高效的算法，以 n 个人的列表及其相识关系表为输入，输出最优的被邀请客人名单，并分析其运行时间。

第 10 章　图优化问题的贪心求解

本章考虑经典的图优化问题，包括最小生成树问题和给定源点最短路径问题。这两个问题都可以通过贪心策略来求解，进而引出经典的贪心（图）算法——Prim 算法、Kruskal 算法和 Dijkstra 算法。在给出上述经典算法的基础上，本章进一步从不同算法之间抽象其共性，引出最小生成树搜索框架 MCE 和贪心搜索框架 BestFS。

10.1　最小生成树问题与给定源点最短路径问题

在图遍历的基础上，本章研究更复杂的图优化问题。首先考虑无向有权图的最小生成树（minimum spanning tree）问题。为了定义最小生成树，先来定义图的生成树和生成树的权。无向图连通 G 的生成树 T 是其子图，满足：

- T 包含图 G 中的所有顶点。
- T 是连通无环图，即是一棵树。

对于不连通的图 G，其每个连通片的最小生成树组成 G 的最小生成森林（minimum spanning forest）。定义一棵生成树的权为其所有边权的和。由此，可以定义图 G 的最小生成树为权重最小的生成树（可能有多个权重最小的生成树）。需要注意的是，不做特别说明时，在讨论最小生成树算法时均假设图 G 是连通图。这个假设是非限制性的，对于一个不连通图，只需要对其每个连通片分别求最小生成树即可。另外需要注意的是，图中的最小生成树不一定是唯一的。图 10.1 给出了一个示例图并标出了它的最小生成树。

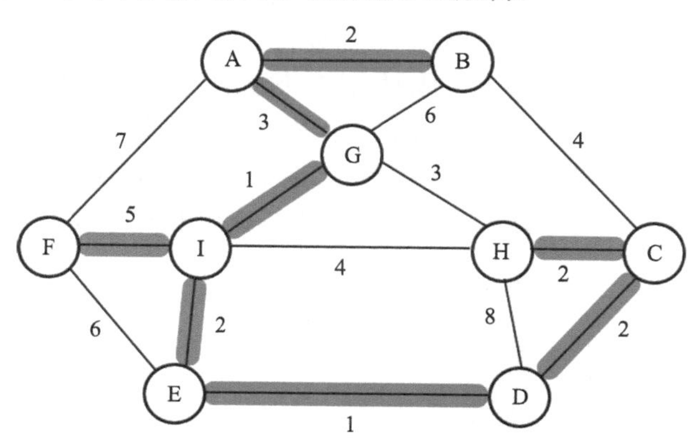

图 10.1　无向有权图的最小生成树

本章介绍两个经典的贪心算法来求解最小生成树问题：Prim 算法和 Kruskal 算法。在此基础上，我们通过深入分析最小生成树中边的特性，得出最小生成树的贪心构建框架 MCE，并从 MCE 框架的角度，从新的视角来审视 Prim 算法和 Kruskal 算法。

另一个可以通过贪心策略求解的图优化问题是给定源点的最短路径问题。考察一个有

权图 G（可以是有向的，也可以是无向的），图中有一个预先给定的源点 s，需要求出指定的源点 s 到图中其他所有节点的最短路径长度。这一问题在图 G 中所有边的权值非负的时候，可以通过 Dijkstra 算法贪心地求解。Dijkstra 算法和 Prim 算法在结构上有着本质的相似性，通过对这一相似性的归纳，我们引入图的贪心遍历框架 BestFS。

10.2 Prim 算法

Prim 算法的基本原理是将最小生成树问题分解成两个子问题。

- *构建一棵生成树*：Prim 算法直接借用了图遍历的做法。Prim 算法从（任意）某个节点出发，顺着图中的边进行探索，不断地发现新节点，将它们添加到当前发现的生成树中来。这与图遍历不断发现白色节点并将它们染成灰色的情形是类似的。从这一角度，可以将 Prim 算法的运作过程看成是图中的一棵局部生成树不断生长，直至包含图中所有节点的过程。
- *保证生成树的权值最小*：Prim 算法采用贪心的策略，如果当前的局部最小生成树有多条新的边均可以添加以得到新的生成树，Prim 算法贪心地选择权值最小的边加入到当前的局部生成树中来。

可以通过图 10.1 中的例子来解释 Prim 算法的运作过程。算法从节点 A 开始。此时 A 成为一棵（边界情况的）局部最小生成树，它可能的增长点对应于 A 的邻居。点 A 与 B、G、F 三个点相连，边权值分别为 2、3、7，如图 10.2a 所示。根据贪心策略，点 A 选择与其相连的边权最小的点 B。边 AB 被确定为最小生成树中的边。这一轮选择过后，局部生成树扩大成两个顶点的生成树。算法继续考察局部最小生成树 AB 和图中其他点之间的边相连的情况，如图 10.2b 所示。继续根据贪心策略，边权最小的边所连接的顶点 G 被选择为最小生成树中的边。局部最小生成树扩大为边 AB、AG 组成的生成树，如图 10.2c 所示。反复进行上述贪心选择，Prim 算法最终得到了图 G 的生成树。需要特别注意的是，随着局部生成树的逐渐扩大，一个点可能有多条边与局部最小生成树相连。例如图 10.1 中的 F 点，它与局部最小生成树中的点 A 相连，权值为 7。当 F 的邻居 I 被选入局部最小生成树时，点 F 有两条边 FA 和 FI 与局部最小生成树相连（图 10.2c、图 10.2d）。根据 Prim 算法贪心选择尽量小的权值边的策略，算法仅考虑边 FI，则点 F 连入当前局部最小生成树的权值为 5。

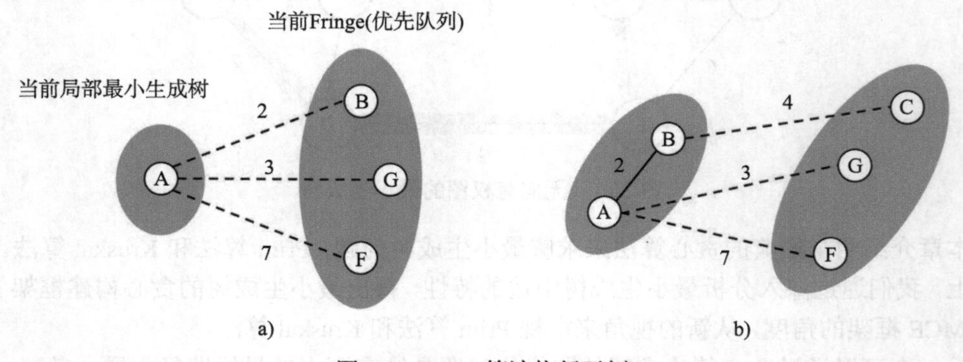

图 10.2　Prim 算法执行示例

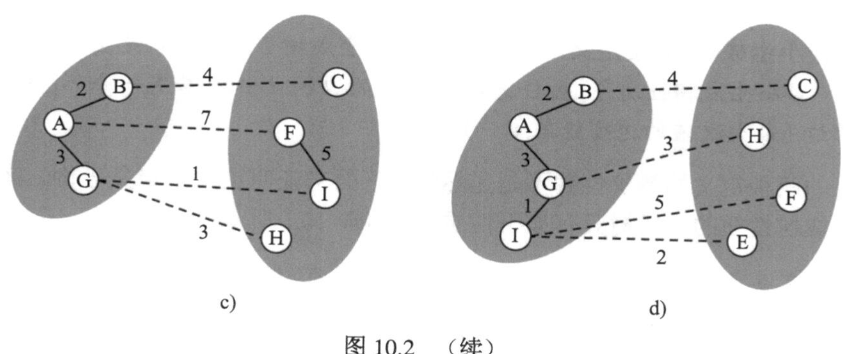

图 10.2 （续）

根据上面的解释以及示例，我们发现 Prim 算法的执行可以清晰地分为 n 个阶段。第 1 阶段（初始情况），局部生成树中只有一个节点，记为 $T^{(1)}$；第 2 阶段，一个新的节点被贪心地选进 $T^{(1)}$，得到有 2 个节点的局部生成树，记为 $T^{(2)}$；如此往复，局部生成树逐步生长为：

$$T^{(1)}, T^{(2)}, T^{(3)}, \cdots, T^{(k-1)}, T^{(k)}, \cdots, T^{(n)}$$

最终，局部生成树 $T^{(n)}$ 中有 n 个节点，即为整个图 G 的生成树。上面抽象地解释了 Prim 算法的执行过程。下面来证明 Prim 算法的正确性，并给出它的具体实现。

10.2.1 Prim 算法的正确性

Prim 算法所面临的图可以有不同的节点数，不同的边数，边在节点之间可以有不同的分布情况，边的权值也可以有不同的取值，这为证明其正确性带来难度。但是根据前面的讨论，Prim 算法的执行过程总可以“整理”为 n 个阶段，这为基于数学归纳法的正确性证明做好了准备，如图 10.3 所示。Prim 算法的执行过程可以看成是 $T^{(k-1)}$ 向 $T^{(k)}$ $(2 \leqslant k \leqslant n)$ 的转换，随着转换的进行，不变的性质是：“局部生成树总是局部最小生成树”。下面将对这一不变性做归纳证明。

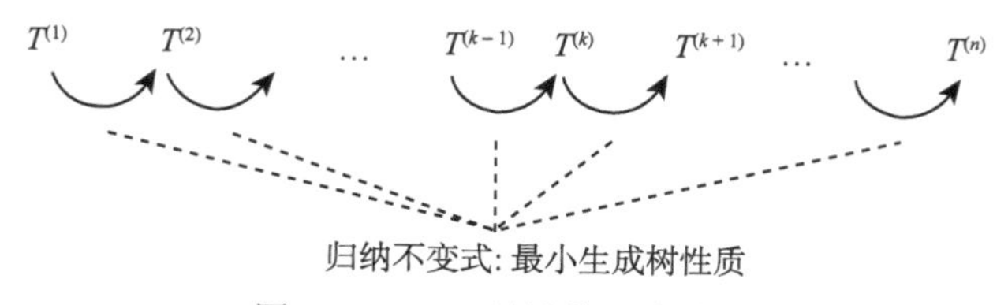

图 10.3 Prim 算法的 n 个阶段

前面给出了最小生成树的一个“数学化”的定义：

定义 10.1（最小生成树–直接定义） 如果 T 是图 G 的生成树，且图中不存在任何其他比 T 的权小的生成树，则称 T 为图 G 的最小生成树。

这一定义对于所有可能的生成树规定权值最小的那（若干）个为最小生成树。这一定义简单而清晰，但是难以“算法化”。正如 8.5 节在设计寻找割点和桥的算法时所讨论的，最小生成树算法设计需要将“全局最小权的生成树”这一性质等价地转换成一种更局部的性质，使得在遍历的过程中，算法可以更方便地通过当前已知的局部信息进行最小生成树的构建。为此我们基于最小生成树性质（MST property）给出最小生成树的间接定义。

定义 10.2（最小生成树–间接定义）　给定图 G 的生成树 T，定义 T 是图 G 的最小生成树，如果它满足“最小生成树性质”：对任意不在 T 中的边 e，$T\cup\{e\}$ 含有一个环，并且 e 是环中最大权值的边（最大权值的边可能不唯一）。

最小生成树的两种定义的等价性并不是显然的，下面来证明这两个定义等价。首先要注意，具有最小生成树性质的生成树具有如下性质，如引理 10.1 所示：

引理 10.1　所有满足最小生成树性质的生成树 T 都具有相同的权值。

证明　同样基于数学归纳法来证明这一性质。假设生成树 T_1 和 T_2 均满足最小生成树性质。对 T_1 和 T_2 之间边的差异数目 k 作归纳，即 T_1、T_2 均有 $n-1$ 条边，其中 k 条边是不同的。基础情况 $k=0$，则显然 T_1 和 T_2 具有相同的权值。对于 $k>0$ 的情况，归纳假设对于任意 $0\leqslant j<k$ 有：如果 T_1 和 T_2 的边的差异数为 j，则它们必然有相同的权值。

考察不同时在 T_1 和 T_2 中的边，取其中权值最小的，记为 uv，不失一般性，假设 uv 在 T_2 中但是不在 T_1 中，如图 10.4 所示。T_1 中必然存在一条连接点 u 和点 v 的路径，并且这条路径上必然存在一条边不在 T_2 中（否则 T_2 中将有环），将它记为 w_iw_{i+1}。下面从两个方向来证明 uv 和 w_iw_{i+1} 的权值必然相等。

- $uv.weight\leqslant w_iw_{i+1}.weight$：这两条边都是不同时存在于 T_1 和 T_2 中的边。根据边 uv 的定义，它的权值是所有这样的边中最小的。
- $uv.weight\geqslant w_iw_{i+1}.weight$：将 uv 加到 T_1 中时，T_1 中出现了环，且边 uv 和 w_iw_{i+1} 均在该环中。由于 T_1 具有最小生成树性质，所以边 uv 的权值大于等于环上其他任意边的权值，其中包含边 w_iw_{i+1}。

由于这两条边的权值相等，我们将 T_1 中的边 w_iw_{i+1} 去掉，将 uv 加进来，得到另一个生成树，记为 T_3。显然 T_1 和 T_3 的权值相等，因为加入/删除的两条边具有相等的权值。同时，T_2 和 T_3 的权值相等。这是因为 T_3 和 T_2 的边的差异数小于 k，由归纳假设可得。由此证明了 T_1 和 T_2 具有相同的权值。根据数学归纳法，我们证明了具有最小生成树性质的所有生成树必然具有相同的权值。■

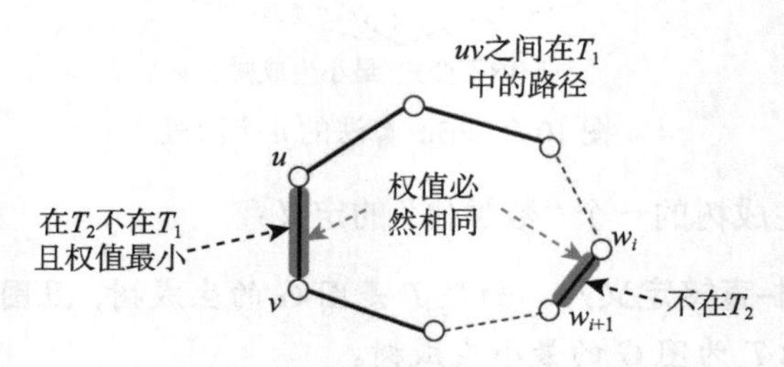

图 10.4　T_1 和 T_2 具有相同的权值

基于引理 10.1，我们可以证明最小生成树的两种定义等价：

定理 10.1　T 是最小生成树当且仅当 T 具有最小生成树性质。

证明　（⇒）已知 T 是最小生成树。反证假设它不满足最小生成树性质，则存在边 $e\notin T$，$T\cup\{e\}$ 中存在一个环，而环中存在边 e' 满足 $e'.weight>e.weight$。此时将环中的边 e' 去掉，则得到

了一个新的生成树 T' 满足 $T'.weight < T.weight$。这与 T 是最小生成树矛盾。所以所有最小生成树必然具有最小生成树性质。

（$\Leftarrow$）假设一棵生成树 T 满足最小生成树性质，另外假设 T_{min} 是一棵最小生成树。根据本定理前一部分的证明可知 T_{min} 必然具有最小生成树性质。由于 T 和 T_{min} 均具有最小生成树性质，根据引理 10.1，T 和 T_{min} 的权重必然相等。所以 T 同样也是最小生成树。 ∎

最小生成树性质是一种更易于检测的局部性质，下面基于它来证明归纳不变式：$T^{(k)}(1 \leqslant k \leqslant n)$ 总满足最小生成树性质：

定理 10.2 Prim 算法总能够得到图 G 的最小生成树。

证明 采用数学归纳法来证明 Prim 算法的正确性，对 Prim 算法执行的阶段值 k 做归纳，如图 10.3 所示。初始情况，$T^{(1)}$ 显然为最小生成树。归纳假设当 $1 \leqslant j < k$ 时，$T^{(j)}$ 都是最小生成树，下面需要证明 $T^{(k)}$ 也是最小生成树。根据最小生成树性质，此时需要证明的是当 $T^{(k)}$ 中任意加一条边形成环时，新加的边总是环中权值最大的边（之一）。$T^{(k)}$ 必然是由 $T^{(k-1)}$ 新增一个顶点和一条边形成的。我们记新增的顶点为 v，新增的边为 u_1v，如图 10.5 所示。下面考察在 $T^{(k)}$ 中另加一条边并形成一个环的情况。如果新加边的两个顶点都在 $T^{(k-1)}$ 中，则由归纳假设知，$T^{(k-1)}$ 满足最小生成树性质，新加的边一定是环上最大权值的边。所以下面只需要考虑新加的边不完全在 $T^{(k-1)}$ 的情况，即新加的边一个顶点为 v，另一个顶点为 $T^{(k-1)}$ 中的某个顶点 u_i。

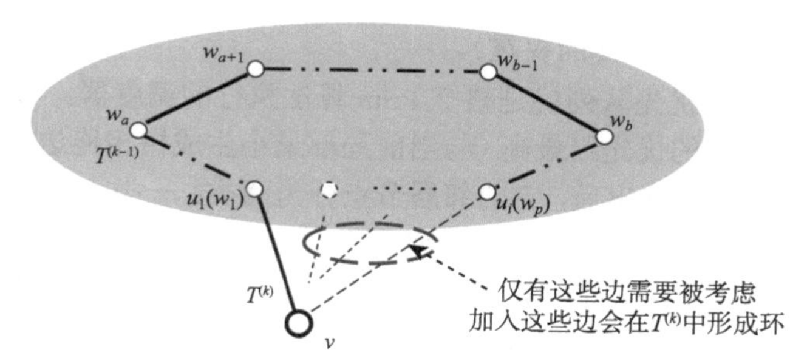

图 10.5 归纳证明 $T^{(k)}$ 必然也是最小生成树

根据 Prim 算法的贪心选择，在 $vu_1, vu_2, \cdots, vu_i$ 这些边中，u_1v 的权值最小。假设加入了边 u_iv 形成了环，需要证明 u_iv 是环上权值最大的边。采用反证法，反证假设 u_iv 不是环中权值最大的边，则环中至少存在一条边权值严格大于 u_iv 的权值。从点 v 出发，沿顺时针方向碰到第一条边权值大于 u_iv 的权值的边记为 w_aw_{a+1}；从点 v 出发，沿逆时针方向碰到第一条边权值大于 u_iv 的权值的边记为 $w_{b-1}w_b$。（如果仅有一条边的权值大于 u_iv 的权值，则 w_aw_{a+1} 和 $w_{b-1}w_b$ 是同一条边。这一情况的证明是类似的。）

假设点 w_a 比 w_b 先被 Prim 算法选中（w_b 先被选中的情况是类似的），进入某个局部生成树。根据 Prim 算法优先加权值更小的边的原则，点 v 一定先于点 w_b 被 Prim 算法选中。这是因为从 w_a 顺时针连到 w_b 则必须要经过边 $w_{b-1}w_b$，而边 $w_{b-1}w_b$ 的权重大于从 w_a 沿逆时针从环上走到 w_b 的所有边的权重（这是因为边 w_aw_{a+1} 和边 $w_{b-1}w_b$ 特殊的取法，它们是沿着环碰到的“第一条”比边 u_iv 权值大的边）。所以 Prim 算法一定会先选权值更小的边，这使得点 v 将先于 w_b 被选中。这就和 w_b 位于 $T^{(k-1)}$ 而 v 是 $T^{(k)}$ 中新增的节点相矛盾。所以我们用反证

法证明了 $T^{(k)}$ 一定满足最小生成树性质。由此，通过归纳法证明了 Prim 算法所计算的一定是图 G 的最小生成树。 ■

10.2.2 Prim 算法的实现

前面我们讨论过，Prim 算法基于图遍历的过程构建一棵生成树。更具体地说，Prim 算法是基于广度优先遍历的过程来构建图中的一棵生成树的。算法从一个调度器中取出一个节点 v 进行处理。在处理节点 v 的过程中，v 的所有不在调度器中的邻居节点被加入到调度器中，等待合适的时机被选择出来进行处理。这一过程保证了算法遍历整个图并得到一棵生成树。

Prim 算法的关键在于它的贪心选择的过程。在图中所有未被选入当前局部最小生成树的节点中，有一些跟当前最小生成树有边相连，我们称这些点为 Fringe 节点。算法要在所有 Fringe 节点之间进行贪心选择，这可以通过将 Fringe 节点维护成一个优先队列来实现。每个节点的优先级值就是它与当前的局部最小生成树中相连的边的权重，权重越小，优先级越高。如果一个点有多条边连到当前最小生成树，则最小的边权重为该节点的优先级。因而对于已经在优先队列中的点，算法需要随时检查是否需要更新它的优先级。例如，在图 10.1 和 10.2 的例子中，点 F 以边 FA 与当前局部最小生成树相连。F 的邻居 I 也进入优先级队列，并且先于 F 进入当前局部最小生成树。此时，点 F 有边 FA 和 FI 与当前局部最小生成树相连，由于后来的边 FI 的权重更小，所以当 I 进入局部最小生成树后，算法需要将优先队列中 F 的权值从 7（FA 的权重）更新为 5（FI 的权重）。

维护所有 Fringe 节点的优先队列就是整个 Prim 算法执行的调度器。当前需要处理的节点就是从 Fringe 中贪心选出的优先级最高（与当前局部最小生成树相连边的权重最小）的节点。当一个节点从 Fringe 中被选出后，它的邻居节点分为两类：一类不在 Fringe 中，则算法将它们加入到 Fringe 中来，并更新整个优先队列；另一类已经在 Fringe 中，因为它的邻居被选定为当前最小生成树的一个点，此时算法需要检查一下该节点的优先级是否需要更新。所有节点陆续通过调度器进入局部最小生成树，最终得到整个图的最小生成树。Prim 算法的实现如算法 33 所示。

算法 33: PRIM(G)

```
1  Initialize all nodes as UNSEEN ;
2  Initialize the priority queue queNode as empty ;
3  Initialize edge set MST as empty ;             /* 存放当前局部最小生成树中的边 */
4  Select an arbitrary vertex s to start building the minimum spanning tree ;
5  v.candidateEdge := NULL ;  /* 每个顶点的 candidateEdge 标记它是通过哪条边被连入
       最小生成树的；起始点没有 candidateEdge */
6  queNode.INSERT(s, −∞) ;          /* 起始点s的权重设为最低，必然先被调度执行 */
7  while queNode ≠ empty do
8  |   v := queNode.EXTRACT-MIN() ;
9  |   MST := MST ∪ { v.candidateEdge } ;
10 |   UPDATE-FRINGE(queNode, v) ;
```

```
11 subroutine UPDATE-FRINGE(queNode, v) begin
12     foreach neighbor w of v do
13         newWeight := vw.weight ;
14         if w is UNSEEN then
15             w.candidateEdge := vw ;
16             nodeQue.INSERT(w, newWeight) ;
17         else
18             if newWeight < w.priority then
19                 w.candidateEdge := vw ;
20                 nodeQue.DECREASE-KEY(w, newWeight) ;
```

10.2.3 Prim 算法的分析

注意，上述 Prim 算法的实现仍然具有一定的抽象性，我们并未指定优先队列的具体实现。所以首先针对抽象的优先队列分析它的抽象代价：

- 从节点的角度而言，每个顶点的状态转换过程均为：进入优先队列 $\Rightarrow$ 从优先队列中被选出。所以算法要执行 n 次 INSERT 以及 EXTRACT-MIN 操作（n 为图中的顶点数）。
- 从边的角度而言，每个点从优先队列离开的时候，它的所有邻居均要被检查。不在优先队列中的邻居要被加入优先队列（其代价已经从节点的角度被计算过）；已经在优先队列中的要检查优先级是否需要调整。所以算法要执行至多 m 次 DECREASE-KEY 操作（m 为图中的边数）。

总结上面的所有操作的代价，可知 Prim 算法的代价满足：

$$T(n,m) = O(n \cdot C_{\text{EXTRACT-MIN}} + n \cdot C_{\text{INSERT}} + m \cdot C_{\text{DECREASE-KEY}})$$

基于上述抽象代价分析，可以进一步对优先级队列的两种典型的实现分析 Prim 算法的具体代价：

- **基于数组实现优先队列**：数组的每一个位置对应于图中的一个顶点的优先级值。由于算法直接对数组存储的优先级值进行操作，所以 INSERT 和 DECREASE-KEY 的代价都是 $O(1)$。数组的缺点在于，算法只能通过遍历整个数组来选取优先级最高的元素，所以 EXTRACT-MIN 的代价为 $O(n)$，如表 10.1 所示。此时 Prim 算法的代价为 $T(m,n) = O(n^2 + m)$。
- **基于堆实现优先队列**：正如 14.4.2 节所讨论的，算法还可以用堆来实现优先队列。堆的鲜明特点保证了读取最小元素的代价为 $O(1)$，但是相应的“损失”是 INSERT、EXTRACT-MIN 和 DECREASE-KEY 的代价都变成了 $O(\log n)$，如表 10.1 所示。此时 Prim 算法的代价为 $T(m,n) = O((m+n)\log n)$。

表 10.1　Prim 算法中优先队列的不同实现代价

操作	数组	堆
INSERT	$O(1)$	$O(\log n)$
EXTRACT-MIN	$O(n)$	$O(\log n)$
DECREASE-KEY	$O(1)$	$O(\log n)$

根据上面的分析可知，Prim 算法的代价不仅取决于图中的顶点数，还取决于图中的边数，因而必须要对图的稠密程度有所了解，才能准确地比较优先级队列两种实现的好坏。这一问题的详细分析留作习题。

10.3　Kruskal 算法

Kruskal 算法基于一条非常简单的贪心原则：将所有边按权值从小到大排列，依次选择最小权值的边加入到当前局部最小生成树中。由于算法基于边权的大小来决定边的加入，所以当前已经选中的边形成的子图不一定连通，严格来说算法逐步得到的是图 G 的一个局部最小生成森林。在加边过程中，算法始终保证所选择的边不成环，直至最小生成森林中的所有子树全部连通，形成整个图 G 的最小生成树。与分析 Prim 算法类似，可以将 Kruskal 算法的执行过程清晰地分为 n 个阶段：

$$F^{(0)}, F^{(1)}, \cdots, F^{(k-1)}, F^{(k)}, \cdots, F^{(n-1)}$$

第 k 个阶段 $F^{(k)}$ 对应于当前局部最小生成森林已经选择了 k 条边的情形。由于图 G 的生成树必然有 $n-1$ 条边，所以算法执行到 $F^{(n-1)}$ 时终止。同样，通过图 10.1 中的例子来展示 Kruskal 算法的执行过程，如图 10.6 所示。Kruskal 算法的贪心策略引出了两个关键问题：

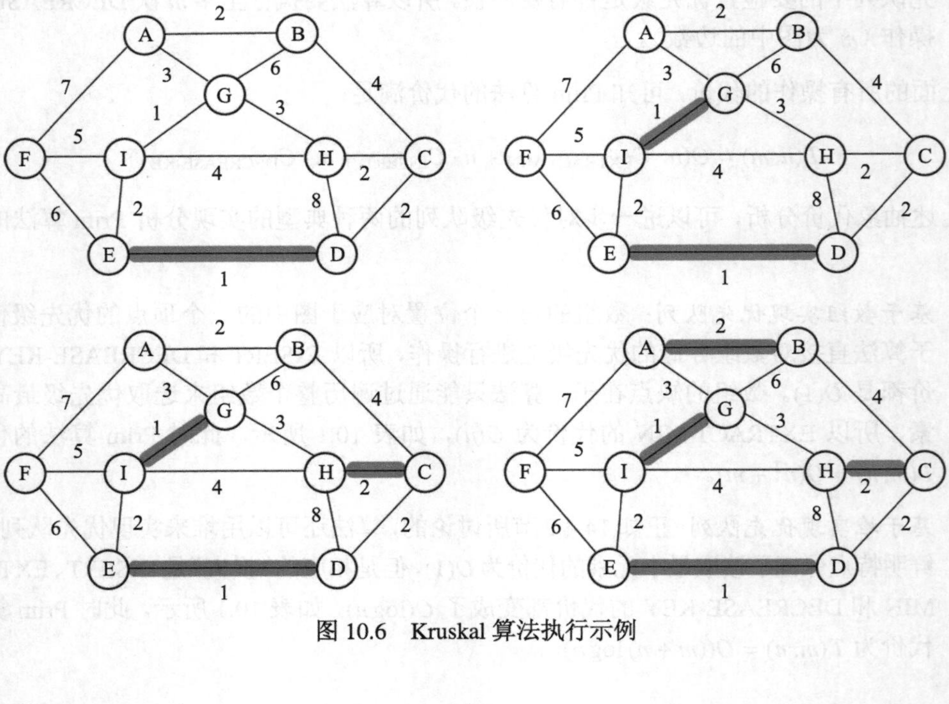

图 10.6　Kruskal 算法执行示例

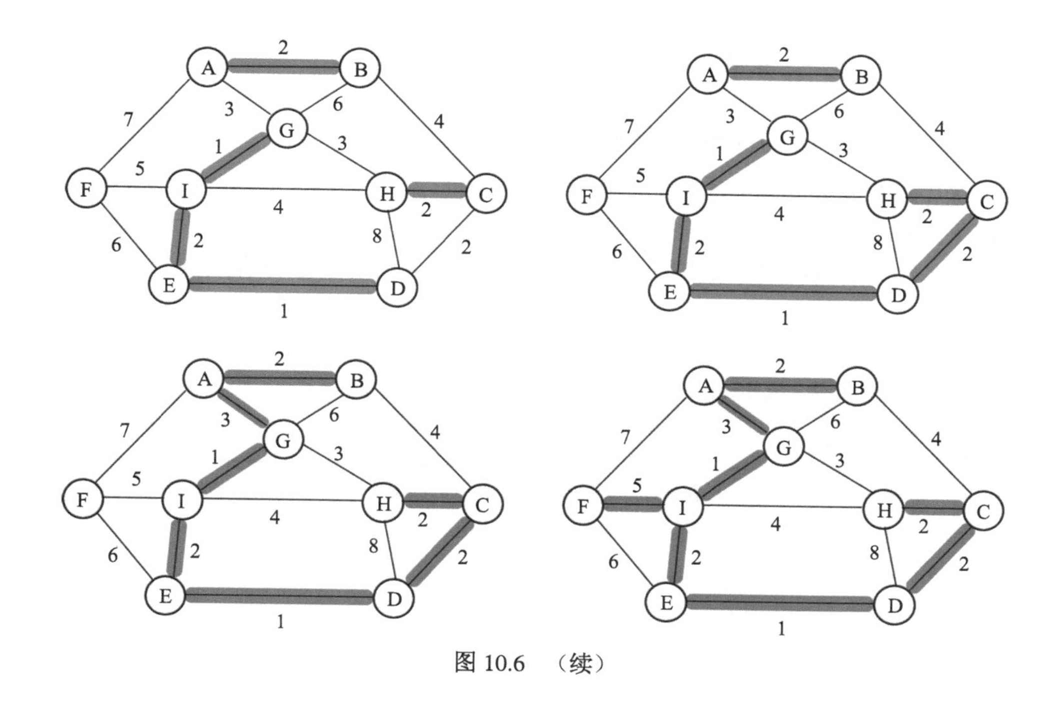

图 10.6　（续）

- 为什么这一贪心选择的过程所得到的必然是最小生成森林（树）？
- 如何高效地判断当前局部最小生成森林中新加入一条边是否会形成环？

下面分别讨论这两个问题。

10.3.1　Kruskal 算法的正确性

同样，采用数学归纳法来证明 Kruskal 算法的正确性。需要证明的归纳不变式是：Kruskal 算法得到的局部生成森林 $F^{(k)}$ 总是最小生成森林，这等价于证明 $F^{(k)}$ 总是被包含在某个最小生成树 T 中。显然任何最小生成树都包含 $F^{(0)} = \varnothing$。归纳假设 $F^{(k-1)}$ 包含在某个最小生成树 T 中。下面要证 $F^{(k)}$ 也包含在某个最小生成树中。

假设 $F^{(k)} = F^{(k-1)} \cup \{e\}$，这里 e 是 Kruskal 算法所选择的边。如果 $e \in T$，则 $F^{(k)} \subseteq T$，得证。下面假设 $e \notin T$，则 $T \cup \{e\}$ 中有环。下面从两个方向证明环上必然存在边 e'，它与 e 的权值相等：

- 由于 T 是最小生成树，根据最小生成树性质，e 是环上权最大的边之一。所以对于环上的任意边 e'，$e'.weight \leqslant e.weight$。
- 根据 Kruskal 算法选择边的贪心原则，$T \backslash F^{(k-1)}$ 中的每一条边的权值均不小于 e 的权值。所以 $T \cup \{e\}$ 所形成的环上必然存在一条边 e' 满足 $e'.weight \geqslant e.weight$。

通过调换这两条边可以得到新的生成树 $T' = (T \backslash \{e'\}) \cup \{e\}$。由于 $T'.weight = T.weight$，所以 T' 也是最小生成树。这就证明了 $F^{(k)}$ 必然包含在某个最小生成树 T' 中。基于数学归纳法，这就证明了 Kruskal 算法的正确性：

定理 10.3　Kruskal 算法总能够正确计算图中的最小生成树。

10.3.2　Kruskal 算法的实现与分析

基于优先队列与并查集（有关并查集的详细讨论参见第 15 章）这两种抽象数据类型，很容易实现 Kruskal 算法。算法将所有边组织成一个优先队列，按权值从小到大依次从优先队列中取出。在加边的过程中，节点间的连通关系是算法关注的动态等价关系。新加一条边是否会成环，可以等价地表述为：对于新加的边，它的两个顶点在加边之前是否已经在同一个等价类中。如果新边的两个顶点不在同一个等价类中，则将这条边加入到最小生成森林中，否则继续考察下一条边。Kruskal 算法的实现如算法 34 所示。

算法 34: KRUSKAL(G)

```
1  Build a priority queue queEdge of edges in G, prioritized by the edge weights ;
2  Initialize a disjoint set of nodes of G, with each node in its own set ;
3  Initialize the minimum spanning tree MST to ∅ ;
4  while queEdge ≠ empty do
5      vw := queEdge.EXTRACT-MIN() ;
6      if FIND(v) ≠ FIND(w) then
7          MST := MST ∪ {vw} ;
8          if MST.size = n − 1 then
9              return;
10         UNION(v, w) ;
```

Kruskal 算法的代价同样包含两个部分：将所有边组织成优先队列，以及基于并查集判断新加一条边是否成环。基于堆来实现优先队列，或者采用常见的比较排序来将所有边按权值排序，其代价为 $O(m\log m)$。Kruskal 算法执行过程中，会产生 $O(m)$ 条 FIND 和 UNION 指令。如果基于 WEIGHTED-UNION 和 FIND 来实现并查集，代价为 $O(n+m\log n) = O(m\log m)$。所以只要并查集实现较为高效，Kruskal 算法的总代价就由边权值排序的代价主导，为 $O(m\log m) = O(m\log n)$。

10.4　最小生成树贪心构建框架 MCE

Prim 算法和 Kruskal 算法都可以看成是一个更抽象的框架的实例化。我们将这一框架称为 MCE（Minimum-weight Cut-crossing Edge）框架。正如它的名字所示，这一框架基于“切”（cut）和“跨越切的边”两个核心概念。首先来定义这两个概念。

定义 10.3（切）　顶点集合的一个划分构成图的一个切。也就是说，给定连通无向图 $G = (V, E)$，如果非空点集 V_1 和 V_2 满足 $V_1 \cup V_2 = V$、$V_1 \cap V_2 = \varnothing$，则 V_1 和 V_2 构成图 G 的一个切。

定义 10.4（MCE——跨越切的最小权值边）　针对图 G 的任意某个切，可以将图中的边分为两类：一类是跨越切的边，即边的两个顶点分属 V_1、V_2 两个集合；另一类是切内部的边，即边的顶点同属切的某一个点集。由于图 G 是连通的，所以必然存在跨越切的边，进而必然存在（不一定是唯一的）最小权值的跨越切的边，简称为 MCE。

引入 MCE 的概念是因为其与最小生成树的本质关联：

定理 10.4　对某条边 e，如果存在一个切使得 e 成为该切的 MCE，则 e 必然属于某一棵最小生成树。

证明　假设边 e 为一条 MCE，其对应的切为 V_1、V_2，如图 10.7 所示。采用反证法，假设 e 不属于任何最小生成树。考察图中某个最小生成树 T。由于 T 连通了图中所有的点，所以 T 中必然存在一条跨越切的边，记为 e'。下面从两个方向来考察 e 和 e' 的权重的关系：

- 现在将边 e 加入到最小生成树 T 中，则得到一个环。根据最小生成树性质可知 e 必然是环中权重最大的边之一，所以 $e.weight \geqslant e'.weight$。
- 由于 e 和 e' 都是跨越切的边，且 e 是跨越切的最小权重的边之一，所以 $e.weight \leqslant e'.weight$。

所以有 $e.weight = e'.weight$。现在将 e' 从 T 中去掉，再加入 e，则得到了另一个生成树 T' 满足 $T.weight = T'.weight$。所以 T' 也是最小生成树。这就和 e 不属于任何最小生成树相矛盾。由此证明了任意 MCE 必然属于某个最小生成树。■

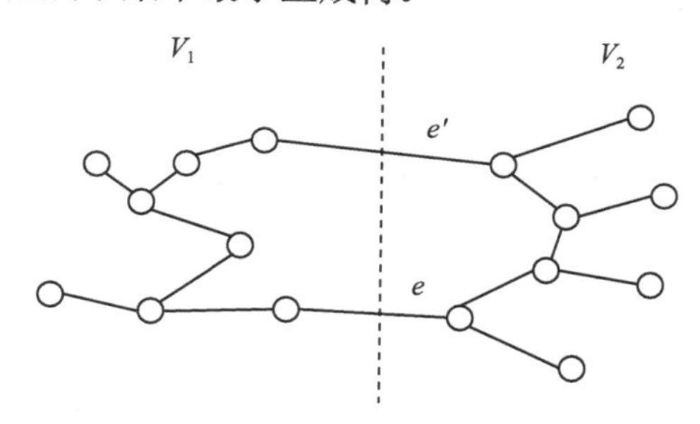

图 10.7　MCE 必然属于某个最小生成树

由于 MCE 必然是最小生成树中的边，所以可以围绕 MCE 的概念得到一个通用的最小生成树构建算法框架，如算法 35 所示。基于 MCE 框架，可以从新的角度来阐述 Prim 算法和 Kruskal 算法的原理和正确性。

算法 35: MCE(G)

```
1 MST := ∅ ;
2 while |MST| < n − 1 do
3 |   Construct a cut and find the MCE e ; /* 对于加上e是否成环的判断蕴含在寻找e的
  |     过程中 */
4 |   MST := MST ∪ {e} ;
```

10.4.1　从 MCE 框架的角度分析 Prim 算法

根据 10.2 节的定义，Prim 算法的执行过程可以分成 $T^{(1)}, T^{(2)}, \cdots, T^{(n)}$ 这 n 个阶段。从

MCE 的角度来看，在任意一个阶段 $T^{(k-1)}$，将 $T^{(k-1)}$ 的节点记为 V_1，剩余的点 $V\backslash V_1$ 记为 V_2，则 (V_1, V_2) 形成一个切。V_2 中的点又可以划分成两类，一类是跨越切的边在 V_2 中的端点，它们就是 Fringe 节点。V_2 中除去 Fringe 节点之外的所有节点就是所有状态为 UNSEEN 的节点。Prim 算法贪心选择 Fringe 中优先级最高的点，就是选择了一条 MCE。由于 Prim 算法所选择的 MCE 总是一端在 $T^{(k-1)}$、一端在 Fringe 中，所以 Prim 算法所选的 MCE 必然不会形成环。因此 Prim 算法最终所选的所有 MCE 必然组成图 G 的最小生成树。

图 10.8 中左图给出了从 MCE 框架的角度看待 Prim 算法的一个例子。当 Prim 算法执行完 $T^{(3)}$ 阶段时，从 MCE 的角度看，算法构建一个切：

$$V_1 = T^{(3)} = \{A, B, G\}, \ V_2 = G\backslash V_1 = \{C, D, E, F, I, H\}$$

并且 Fringe $= \{C, F, H, I\}$, UNSEEN $= \{E, D\}$, $V_2 =$ Fringe $\cup$ UNSEEN。此时边 GI 是 MCE，所以算法选择 $T^{(4)} = T^{(3)} \cup \{GI\}$。

10.4.2 从 MCE 框架的角度分析 Kruskal 算法

根据 10.3 节的讨论，Kruskal 算法可以分成 n 个阶段 $F^{(0)}, F^{(1)}, \cdots, F^{(n-1)}$。假设 Kruskal 算法已经完成 $F^{(k-1)}$ 阶段，假设算法选择出的下一条边(剩下的边中权值最小且不成环的边)为 uv。从 MCE 的角度来看，边 uv 必然为 MCE，也就是说总能够针对 Kruskal 算法所选择的边 uv 构造一个切 (V_1, V_2) 使得边 uv 是该切的 MCE。

下面给出 MCE 的构造过程。不失一般性，将点 u 分配到 V_1，将点 v 分配到 V_2。在 $F^{(k-1)}$ 中，所有和 u 相连通的点全部被分配到 V_1，所有和 v 相连通的点全部被分配到 V_2。此时，剩下尚未分配的点均不和 u 或者 v 连通，可以将它们任意分配到 V_1 或者 V_2。注意这些剩下的点之间有可能是互相连通的，此时需要保证一个连通片中的所有点被统一分配到 V_1 或者 V_2。

根据这一构造过程可以发现，如果在加入边 uv 之前，这两个点已经连通（也就是说加入 uv 会形成环），则上述构造过程是不能完成的。这是因为，如果在加入边 uv 之前，点 u 和点 v 已经由权重更小的若干条边连通（这是由 Kruskal 算法贪心选择的过程决定的），则加入边 uv 后图中形成了环，无论如何划分顶点，都不可能避开比 uv 权重小的边，所以 uv 不可能成为任何切中的 MCE。这就从 MCE 的角度同样说明了“不成环”这一性质对于 Kruskal 算法的意义。

从 MCE 的角度来看，上述节点分配的过程背后的思路是避开所有权值更小的边（也就是 $F^{(k-1)}$ 中的边），使它们位于切的某个点集的内部，而避免跨越切。由于比 uv 权值小的边均被放到了 V_1 或 V_2 的内部，所以 uv 自然成为 MCE。由于 Kruskal 算法采用并查集显式地确保所选的边不会成环，所以 Kruskal 算法所选的所有的 MCE 最终形成了一棵最小生成树。

例如对于图 10.8 中右图的例子，图中除边 IE 外的 4 条阴影边组成 $F^{(4)}$。现在剩下的边中，权值最小的边是 IE，算法需要构造一个切来证明 IE 是一个正确的选择。点 I 和点 I 连通的点 G 被分配到 V_1，点 E 和点 E 连通的点 D 被分配到 V_2。点 H 和 C 有边相连，所以它们必须被分配到一个集合，但不限于具体是哪个集合，例如将它们分配到 V_2。类似地，点 A 和 B 有边相连，所以它们必须被分配到一个集合，例如 V_1。点 F 不和任何点相连，任意分配到某个集合即可，例如分配到 V_1。容易验证边 IE 是所构造的切的 MCE，它加入到 $F^{(4)}$ 中不会成

环。所以算法选择 $F^{(5)} = F^{(4)} \cup \{IE\}$。

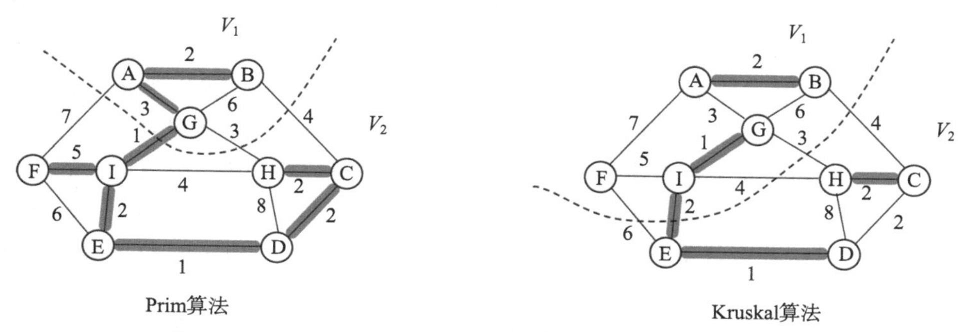

图 10.8　从 MCE 框架的角度解读 Prim 算法和 Kruskal 算法

10.5　Dijkstra 算法

贪心策略还可以高效地解决给定源点的最短路径问题，不过贪心选择的前提是图中的边权值不能为负。在解释 Dijkstra 算法设计原理的过程中，我们将自然地发现这一前提是必需的。

10.5.1　Dijkstra 算法的设计

受 Prim 算法的启发，Dijkstra 算法同样贪心地找权值更小的边，希望它们能够组成最短路径。但是最短路径问题与最小生成树问题有所不同，使得算法不能直接贪心地选择权值最小的边。以图 10.9 为例，图中以 A 点为指定的源点。考察点 A 的三个邻居 B、G 和 F。虽然点 A 与 B、G 和 F 直接有边相连，但是这些边却并不一定是 A 到它们的最短路径，因为 A 有可能通过多条边的路径到达它的直接邻居，而路径的权值反而更小。例如，路径 $A \to G \to I \to F$ 的权值就小于边 AF 的权值。这一现象为算法计算最短路径带来了困难。

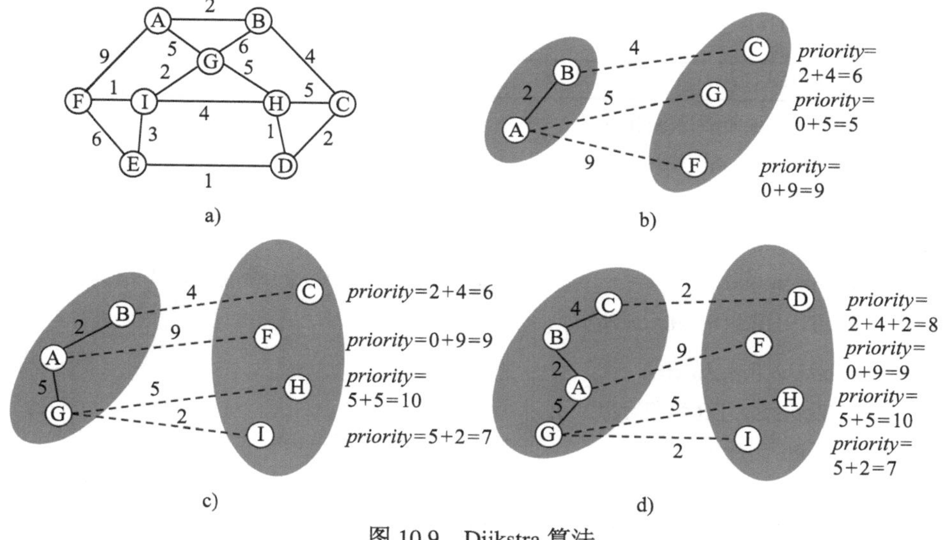

图 10.9　Dijkstra 算法

但是最短路径的构成有其必然性，这为算法寻找最短路径带来线索。同样是上面的例子，对于点 A 而言，图的拓扑结构决定了不论如何选择，点 A 到其他点的最短路径必然经过它的三个邻居 B、G 或者 F。所以最短路径不是完全自由地选择，而是在 A 可达的节点中选择。将当前可达的节点称为候选节点。开始时，A 可达的点就是它的邻居。此时一个直觉的贪心原则是，A 到当前所有可达节点的（目前已知的）最短路径中，权值最小的那条路径就是起点（即点 A）和终点（该权值最小的路径的终点）在整个图中的最短路径。例如，初始情况时，点 A 可达的点就是它的三个邻居 B、G、F。在这三个点中，A 到 B 的路径权值最小，AB 即为点 A 到点 B 在整个图中的最短路径。

后续的计算就是反复地做同样的贪心选择。继续结合图 10.9 中的例子，当算法确定 A 到 B 的最短路径后，A 经由 B 可达的点，也就是 B 的邻居同样加入到候选节点中来。算法对更新过后的候选节点（包括上一轮选择时已经可达的 G 和 F，以及刚刚通过 B 可达的点 C）继续做贪心选择，贪心选择的指标就是源点 A 到该点当前已知的最短路径的权重。注意，对于新加入的点 C，算法目前已知的最短路径权值是 A 到 B 的最短路径值，加上边 BC 的权值。将 A 到 C、G、F 这三个点的已知最短路径的权值放在一起进行比较，我们发现 A 到 G 的目前已知的最短路径值在所有候选节点中最短，所以 A 到 G 的在整个图中最短路径就是路径 $A \to G$，其权值为 5。经过这一轮选择，算法确定了源点 A 到点 G 的最短路径。重复这一过程，每轮算法贪心地确定一个点的最短路径，最终源点到所有点的最短路径被确定。

这一选择的过程与 Prim 算法是类似的。当前候选节点（当前已知从源点可达的节点）称为 Fringe 节点。由于要在所有 Fringe 节点之间做贪心选择，所以算法将 Fringe 中的节点维护为一个优先队列。Fringe 中每个点的权值是当前已知的源点到它的最短路径的权值。每次算法贪心地选择一个点，确定源点到它的最短路径。所有节点均通过 Fringe，逐一确定源点到它的最短路径。随着 Fringe 中的节点被确定好最短路径，已确定的点在 Fringe 中的邻居节点均要被检查权重（当前已知源点到该邻居节点的最短路径权值）是否有所降低。Dijkstra 算法的实现如算法 36 所示。

算法 36: DIJKSTRA(G, s)

```
1  Initialize all vertices as UNSEEN ;
2  Initialize queNode as empty ;
3  s.dis := 0 ;                          /* 源点到自身的最短路径被定义为0 */
4  foreach neighbor w of s do
5  |   w.pathEdge := sw ;                /* 当前已知的源点到w的最短路径中指向w的边 */
6  |   queNode.INSERT(w, sw.weight) ;
7  while queNode ≠ empty do
8  |   x := queNode.EXTRACT-MIN();
9  |   x.dis := x.priority ;
10 |   Classify x.pathEdge as SHORTEST-PATH-EDGE ; /* 根据贪心策略，确定当前已
   |       知最短路径中的边就是整个图中最短路径的边 */
11 |   UPDATE-FRINGE(x, queNode) ;
```

```
12 subroutine UPDATE-FRINGE(v, queNode) begin
13     foreach neighbor w of v do
14         newPriority := v.priority + vw.weight ;
15         if w is UNSEEN then
16             w.pathEdge := vw ;              /* vw被设定为当前已知最短路径中的边 */
17             nodeQue.INSERT(w, newPriority) ;
18         else
19             if newPriority < w.priority then
20                 w.pathEdge := vw ;  /* 发现了更短的路径，更新当前已知最短路径中的
                    边 */
21                 nodeQue.decreaseKey(w, newPriority) ;
```

10.5.2 Dijkstra 算法的正确性证明与性能分析

Dijkstra 算法的正确性同样基于数学归纳法来证明。Dijkstra 算法的执行可以被分为 n 个阶段：

$$D^{(1)}, D^{(2)}, \cdots, D^{(k)}, \cdots, D^{(n)}$$

其中，第 k 个阶段 $D^{(k)}$ 表示从源点到图中 k 个节点（包括源点自身）的最短路径已经确定。要证明的归纳不变式是：对于第 k 个阶段 $D^{(k)}$ 新选择的节点 z 而言，Dijkstra 算法所计算的最短路径就是整个图中源点 s 到 z 的最短路径。

如图 10.10 所示，假设阴影部分的节点已经完成最短路径的计算。Dijkstra 算法新选定节点 z。此时需要证明路径 $p_1 = s \rightsquigarrow y \rightarrow z$ 就是 s 到 z 的最短路径（不一定是唯一最短路径）。采用反证法，反证假设有另一条 s 到 z 的路径 p_2 满足 $p_2.weight < p_1.weight$。由于 p_2 是 s 到 z 的路径，所以它必定在某个点处离开阴影部分，再经过阴影部分之外的若干条边到达 z。假设 p_2 从点 z_{a-1} 处离开阴影部分，到达阴影之外的第一个点 z_a，再经过若干条边到达 z[⊖]。

由于 Dijkstra 算法是在 Fringe 中选择权重最小的点，所以 $(s \rightsquigarrow z_{a-1} \rightarrow z_a).weight \geqslant (s \rightsquigarrow y \rightarrow z).weight$。由于图中的边权都是非负的，所以 $(z_a \rightsquigarrow z).weight \geqslant 0$。所以 $p_2.weight \geqslant p_1.weight$，这和前面假设的 p_2 的权值严格小于 p_1 的权值矛盾。这就证明了：

定理 10.5　对于有权图 G（有向或无向），每条边的权都是非负的。Dijkstra 算法总能计算出指定的源点到其他所有点的最短路径。

注意，上述证明中，论述 $(z_a \rightsquigarrow z).weight \geqslant 0$ 时，用到了图中边权均非负的条件。这一条件对于 Dijkstra 算法的正确性是必不可少的。不难举出反例，证明当图中的边权可以是负值时，Dijkstra 算法可能错误地计算最短路径，这一问题留作习题。

Dijkstra 算法的代价跟 Prim 算法本质上是一样的。所有 Fringe 节点维护成一个优先队列，所有节点均进入并最终离开 Fringe，当一个节点从 Fringe 中离开时，与它相连的每一条边均

⊖ 点 z_{a-1} 和点 y 可以重合，这对证明没有实质影响。

需要被检查，以确保 Fringe 中节点的优先级始终反映当前已知的最短路径的权值。所以对于一个有 n 个顶点、m 条边的图，Dijkstra 算法的代价满足：

$$T(n,m) = O(n \cdot C_{\text{EXTRACT-MIN}} + n \cdot C_{\text{INSERT}} + m \cdot C_{\text{DECREASE-KEY}})$$

使用数组实现优先级队列时，算法的代价为 $O(n^2 + m)$。使用堆实现优先级队列时，算法的代价为 $O((m+n)\log n)$。

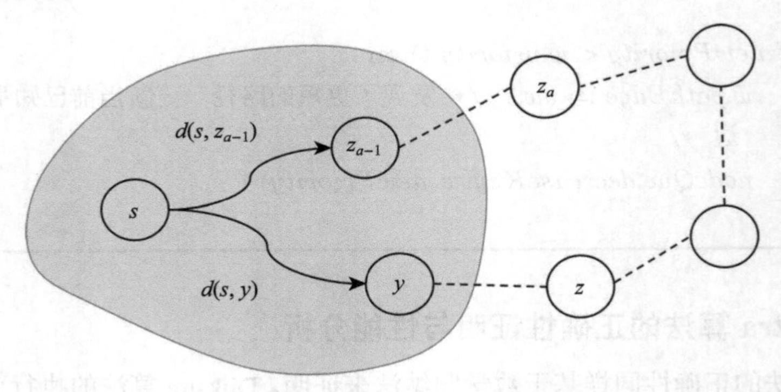

图 10.10　Dijkstra 算法

10.6　贪心遍历框架 BestFS

有一类算法在图中贪心地去搜索某种最优结构（例如，最小生成树、最短路径等）时，其做法有某种共性特征，我们将这一共性特征总结为贪心搜索（Best-First Search，BestFS）框架。BestFS 框架源自广度优先遍历的启发，在 Prim 算法和 Dijkstra 算法中得到了有效的应用。基于 BestFS 框架，贪心搜索的基本过程如图 10.11 所示。与图遍历中每个点的颜色不可逆地在白、灰、黑三种颜色中转换类似，在 BestFS 搜索中，每个节点也不可逆地依次经历下面三种状态：

- Fresh：贪心搜索尚未涉及的节点。
- Fringe：进行贪心选择的所有候选节点。
- Finished：已完成贪心搜索，无须后续处理的节点。

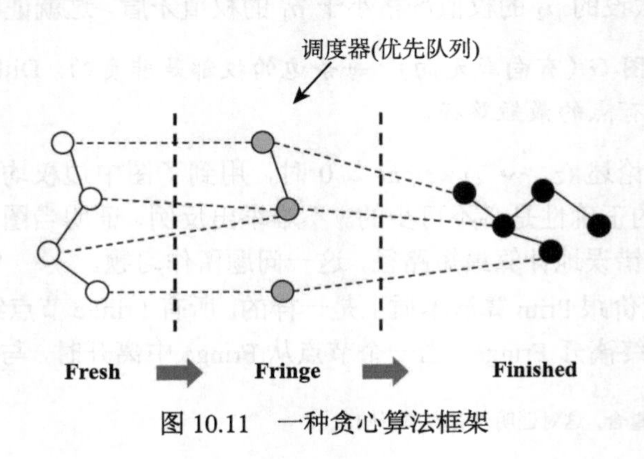

图 10.11　一种贪心算法框架

基于上述三种状态，BestFS 搜索的过程如下。首先，从某个节点 s 开始搜索，处理完该节点本身的信息后，与广度优先遍历类似，算法通过该点相连的所有边，搜索到它所有的邻居节点。这些邻居节点被添加到当前已经发现的候选节点集合中，进入 Fringe 状态。随着贪心选择的进行，Fringe 中会不断地有某个最优节点 x 被选出来，并完成处理进入 Finished 状态。当点 x 完成从 Fringe 向 Finished 的转换时，它所有的邻居一一被更新。根据邻居节点 y 状态的不同，此时的更新有两类：

- 邻居节点为 Fresh：这些 Fresh 节点进入 Fringe 状态，加入到当前已发现的候选节点集合。这与图遍历中发现新的白色节点是类似的。
- 邻居节点为 Finge：当邻居节点 y 已经在 Fringe 中时，y 的邻居 x 被选中进入 Finished 状态。此时算法需要检查节点 x 的状态变化是否导致节点 y 的贪心指标的更新。这一情况是图遍历中不曾出现的。

重复上述过程，所有节点从未被处理的状态（Fresh）进入贪心搜索的候选状态（Fringe），再最终完成处理（Finished）。

上述推进过程的算法实现与广度优先遍历类似。算法的推进由一个调度器来完成。每次调度器找出一个当前应该处理的节点。处理该节点时，往往会带来调度器的更新。如此往复，直到调度器无节点再需要调度为止。广度优先遍历用的是队列这一简单的数据结构来调度遍历的过程。对于贪心搜索 BestFS，我们采用的调度器是优先队列。所有贪心搜索的候选节点维护在一个优先队列中。问题所定义的贪心指标被设定为优先队列中节点的优先级。此时从候选节点中进行贪心选择的过程通过优先队列的 EXTRACT-MIN 操作实现。BestFS 框架的实现如算法 37 所示。我们可以将 BestFS 框架实例化成具体的 Prim 算法和 Dijkstra 算法。

算法 37: BEST-FIRST-SEARCH()

```
1  Initialize the priority queue Fringe as empty ;
2  Insert some node v to Fringe ;                    /* 选择某个初始点开始搜索 */
3  while Fringe not empty do
4  |   v := Fringe.EXTRACT-MIN() ;
5  |   ⟨process v⟩ ;
6  |   UPDATE-FRINGE(v, Fringe) ;
7  subroutine UPDATE-FRINGE(v, Fringe) begin
8  |   foreach neighbor w of v which are Fresh do
9  |   |   Set the priority of w, insert w to Fringe ;
10 |   foreach neighbor w of v which are Fringe do
11 |   |   update the priority of w in Fringe, if necessary ;
```

根据 BestFS 的过程，每个节点均经历进入优先队列并离开的过程。为了确保不遗漏更新 Fringe 节点的权重，每个点离开 Fringe 时，算法要遍历它的所有邻居。所以 BestFS 的代价为：

$$T(n,m) = O(n \cdot C_{\text{EXTRACT-MIN}} + n \cdot C_{\text{INSERT}} + m \cdot C_{\text{DECREASE-KEY}})$$

根据优先队列的具体实现，可以进一步得出 BestFS 的具体代价。

10.7　习题

10.1　给定图 $G = (V, E, W)$，其中：

$$V = \{v_1, v_2, \cdots, v_n\},\ E = \{v_1 v_i | i = 2, \cdots, n\},\ weight(v_1 v_i) = 1\ (2 \leqslant i \leqslant n)$$

如果将图 G 作为 Prim 算法的输入，并以 v_1 为起始点，请问总共要进行多少次边的权重的比较，来找到与点 v_1 相关联的最小权值的候选边（candidate edge）？

10.2　考虑 Prim 算法的执行过程：

1）如果 Prim 算法的输入为一个有 n 个顶点的完全图，所有边的权重相同，那么算法总共会进行多少次边权重比较？

2）假设顶点为 $v_1, \cdots, v_n$，对于任意的 i、$j\ (1 \leqslant i < j \leqslant n)$，边权值 $weight(v_i v_j) = n + 1 - i$。在算法的执行过程中，优先队列中最多可能存在多少个节点？

10.3　给定一个无向连通图 G，其每条边的权值各不相同。假设权值最小、第 2 小和第 3 小的边分别为 e_1、e_2 和 e_3，问：

1）e_1 是否一定在 G 的（某一个）最小生成树中？

2）e_2 是否一定在 G 的最小生成树中？

3）e_3 是否一定在 G 的最小生成树中？

请从 Kruskal 算法和 MCE 框架的角度，分别论证上述各个问题的结论。

10.4　给定一个连通的无向图 G，如果对于 G 中任意具有共同节点的边，它们的权值都互不相同，那么 Prim 算法是否总会给出相同的输出（即算法的执行结果是唯一的）？Kruskal 算法呢？请证明你的结论。

10.5　假设用堆来实现优先队列，下面对于特定类别的图来分析 Prim 算法，假设 $|V| = n$，$|E| = m$：

1）度有界图（bounded degree graph）是指一个图中所有的顶点的度最大是 k（k 是常数）。请对度有界图分析 Prim 算法。

2）平面图（planar graph）是指可以以某种方式绘制在一个平面上而没有任何的交叉边的一种连通图。对于平面图，有欧拉公式 $|V| - |E| + |F| = 2$，其中 $|F|$ 是当图画在平面上时面的数量（被边包围的区域，以及一个从最外层边到无限远的开放区域）。例如对于一个简单的三角形，它有两个面：一个在三角形里面，一个在外面。外面的面会从各个方向延展到无限远。请对平面图分析 Prim 算法的时间复杂度。

10.6　请比较 Prim 算法和 Kruskal 算法的好坏。为此需要对优先队列、并查集的不同实现和图的稠密程度进行详细讨论（注：图的稠密程度可以简单考虑两种情况。如果 $m = O(n)$，我们说图是稀疏的；如果 $m = O(n^2)$，我们说图是稠密的）。

10.7　考虑最小生成树问题的各种变体：

1）请设计一个算法，计算给定有权图的最大（权重）生成树。

2）定义图 G 的反馈边集（feedback edge set）F：F 是图中边集的一个子集，并且 G 的任意环中至少有一条边来自 F。换言之，从 G 中删除 F 中的所有边，则 G 成为一个无环图。请设计一个算法得到给定带权图的最小反馈边集（这里最小反馈边集的含义是集合中所有边的权重和最小）。

10.8　给定一个带权图 $G = (V, E)$，所有边的权重都为正数，请问对于任一顶点 s，下面的情况是否可能：s 的一条最短路径树与 G 的某个最小生成树不共用任何一条边。如果可能，请给出一个例子，否则请证明你的结论。

10.9　假设某个图 G 中有一棵已经计算出来的最小生成树。如果一个新的节点及其相关联的边被加入到了 G 中，该最小生成树最快可以在多少时间内被更新？

10.10　给定一个具有正边权重的图 $G = (V, E)$，以及与之对应的一个最小生成树 $T = (V, E')$，假定 G 和 T 都用邻接表给出。此时若将某条边 $e \in E$ 的权重由 $w(e)$ 修改为 $\hat{w}(e)$。在不重新计算整个最小生成树的前提下，通过更新 T 得到新的最小生成树。请针对以下 4 种情况，分别给出线性时间的更新算法：

1）$e \notin E'$ 且 $\hat{w}(e) > w(e)$。

2）$e \notin E'$ 且 $\hat{w}(e) < w(e)$。

3）$e \in E'$ 且 $\hat{w}(e) < w(e)$。

4）$e \in E'$ 且 $\hat{w}(e) > w(e)$。

10.11　某些实际场景需要计算具有特别性质的“轻”的生成树。以下是一个例子：

- 输入：无向图 $G = (V, E)$，边权重 w_e，顶点子集 $U \subset V$。
- 输出：以 U 中的节点为叶节点的最轻的（权重最小的）生成树。

　（注：可能还有其他叶节点不是 U 中节点；所求的最轻生成树不一定存在；所得到的最轻生成树也不一定是最小生成树。）

请针对该问题设计时间为 $O((m + n)\log n)$ 的算法。

10.12　假设图 G 中的一条边 e 存在于某个最小生成树中，删除边 e 得到图 G'，且 G' 仍然是连通的。如果图 G 的最小生成树的权值小于图 G' 的最小生成树的权值，则称边 e 为临界边（critical edge）。请设计一个算法，在 $O(m \log m)$ 的时间内找到图 G 中所有的临界边。

10.13　给定一个有权连通图 G 和一个特定的边集 S（S 中没有环）。请设计一个算法，计算 G 中包含 S 中所有边的最小生成树。

10.14　给定一个连通图 G，其每条边的权重都不相同。G 有 n 个顶点和 m 条边。假设 e 是 G 中某条边，请设计一个时间复杂度为 $O(m + n)$ 的算法，确定 e 是否在 G 的某个最小生成树中。

10.15　请判断以下叙述的对错。对于每种情况，请证明你的结论（如果正确）或给出反例（如果错误）。假设图 $G = (V, E)$ 是一个无向图。如未做特别说明，则图中两条边的权值可能相同。

1）若 G 有超过 $n - 1$ 条边，且有唯一一条最重边，则这条边必不属于 G 的任意最小生成树。

2）若 G 中存在一个环，且其上包含了 G 的唯一最重边 e，则 e 不属于任何最小生成树。

3）设 e 是 G 中的一条权重最小的边，则 e 必属于某个最小生成树。

4）如果图中权重最小的边唯一，则该边必属于每个最小生成树。

5）若 G 中存在一个环，且该环中的最轻边 e 唯一，则 e 必属于每个最小生成树。

6）两个节点间的最短路径必定是某个最小生成树的一部分。

7）当存在负权重的边时，Prim 算法仍然有效。

10.16　给定无向连通图 $G=(V,E)$，每条边的权重均为正数且各不相同。构建一个图 G'，其节点和边与 G 相同，所不同的是，G' 中每条边的权重是图 G 中对应边的权重的平方。请判断下面的命题是否正确并证明你的结论：T 是 G 的最小生成树当且仅当 T 是 G' 的最小生成树。

10.17　设 T 为图 G 的一个最小生成树。给定 G 的一个连通子图 H，证明 $T\cap H$ 是 H 的某个最小生成树的一部分。

10.18　本题主要考查最小生成树的唯一性。

1）设 $G=(V,E)$ 是一个无向图。证明如果 G 所有边的权重都各不相同，则其最小生成树唯一。

事实上，一个更弱的边的权重条件隐含了最小生成树的独特性。

2）请给出一个带权重的图，它的最小生成树是唯一的，但是它有两条边的权重是相同的。

3）关于最小生成树的唯一性，我们有如下猜测，即最小生成树是唯一的等价于以下两个条件均成立：

- 将图 G 的顶点划分为任意两个集合，端点分别位于两个集合中的最小权重边是唯一的。
- 图 G 的任何圈中的最大权重边是唯一的。

请证明该猜测的正确性，或者举一个反例否定它。

4) 请设计一个算法，用来判断图中的最小生成树是否唯一。

10.19　大部分经典的最小生成树算法都会用到安全边（safe edge）和无用边（useless edge）的概念及其派生概念。令 G 是一个带权重的无向图，每条边的权重都不相同。如果边 e 是 G 的某个圈中权重最大的边，我们称之为危险（dangerous）的。如果边 e 不属于 G 中的任意圈，则称其为有用的（useful）。

1）请证明有用边在 G 的最小生成树中。

2）请证明 G 的最小生成树中一定没有危险边。

3）“anti-Kruskal” 算法是按照权重递减的顺序检测 G 中的每条边，如果边是危险的，则将其从 G 中删除。请给出 “anti-Kruska” 算法的实现，分析算法的复杂度，并考虑是否可以改进算法以降低其时间复杂度。

10.20　无向图 G 的一棵瓶颈生成树 T 是这样的一棵生成树：它最大的边权值在 G 的所有的生成树中是最小的。瓶颈生成树 T 的权值定义值为 T 中最大权值边的权。

1）请证明最小生成树也是瓶颈生成树。

2）请设计一个线性时间的算法，它在给定图 G 和一个整数 b 的情形下，确定瓶颈生成树的权值是否最大不超过 b。

3）请基于上一小题中的算法，设计一个线性时间求解瓶颈生成树的算法。

10.21　现在有一种新的分治算法来计算最小生成树：给定一个图 $G=(V,E)$，将顶点集合 V 划分为两个集合 V_1 和 V_2，使得 $|V_1|$ 和 $|V_2|$ 至多差 1，设 E_1 为一个边集，其中的边都与 V_1 中的顶点相关联，E_2 为另一个边集，其中的边都与 V_2 中的顶点相关联。在两个子图 $G_1=(V_1,E_1)$ 和 $G_2=(V_2,E_2)$ 上，分别递归地解决最小生成树的问题。最后，从 E 中选择一条通过切 (V_1,V_2) 的最小权边，并利用该边，将所得的两棵最小生成树合并为一棵完整的生成树。请分析该算法能否正确计算出 G 的最小生成树，并证明你的结论。

10.22　本题讨论图中次小的生成树：

1）图 G 的第 2 小生成树是指在 G 的所有生成树中，除最小生成树以外它的权重和最小。请设计一个算法来计算图 G 的第 2 小生成树。

2）请设计一个算法来计算图 G 的第 k 小生成树。

10.23　某城市有 N 处房子，在第 i 个房子处挖一口井的代价为 W_i，在第 i 个和第 j 个房子之间铺设水管代价为 C_{ij}。对任意房子 i，如果在房子 i 处挖了一口井，或者房子 i 可以通过水管组成的路径连接到其他有井的房子，则称“房子 i 可以获取到水”。现在的目标是让所有 N 处房子均获取到水。

1）假设你只能选 1 处房子打 1 口井（其他房子则必须依靠管道供水），请设计一个算法决定打井和铺设管道的方案，使总体造价最小。

2）假设你可以任意打井和铺设管道，请设计一个算法来找到最小造价的方案。

10.24　给定三维空间中的 n 个点 $p_1,p_2,\cdots,p_n$。现在需要将这 n 个点分成 k 组，使得不同组的点之间的最短距离值最大。具体而言，需要将 n 个节点分成 k 个分组 $P_1,P_2,\cdots,P_k$，使得 $\min\limits_{p_i\in P_i,p_j\in P_j,i\neq j}\|p_i-p_j\|$ 的值最大。请设计一个 $O(n^2\log n)$ 的算法解决该问题。

10.25　当图中的边权可以为负值时，Dijkstra 算法是可能出错的。请构造一个反例说明这一情况。

10.26　Dijkstra 算法所得到的最短路径树是否必然是一棵最小生成树，请证明你的结论。

10.27　假设图 G 中只有一条边的权值为负，其余边的权值均为正，并且图中没有负权的环。任意指定源点 s，请计算从 s 到其他所有节点的最短路径长度。你的算法应该与 Dijkstra 算法具有相同的时间复杂度。

10.28　在一个有权的有向图中，存在这样的一条边：删除这条边会使给定的两个顶点之间的最短路径增加得最多。请设计一个算法找到满足要求的边。

10.29　最短路径常常不是唯一的。请设计一个时间复杂度为 $O((n+m)\log n)$ 的算法，解决以下问题：

- 输入：无向图 $G=(V,E)$，其边权值为正；起始顶点 $s\in V$。
- 输出：一个布尔变量数组 $U[1..n]$。对于每个顶点 v，数组元素 $U[v]$ 取值为 TRUE 当且仅当从 s 到 u 存在唯一的最短路径（注意，$U[s]=\text{TRUE}$）。

10.30　假定在这样的一个图上运行 Dijkstra 算法：图中边的权重都是区间 $[0..W]$ 中的整数，这里 W 是一个相对较小的正整数。

1）请证明 Dijkstra 算法的运行时间可以达到 $O(W(n+m))$。

2）请给出另一种算法实现，其运行时间为 $O((n+m)\log W)$。

10.31　考虑无向图 $G=(V,E)$，其边的权重非负。假设已有 G 的一个最小生成树，以及由某个节点 $s\in V$ 到其他所有节点的最短路径。现将所有边的权重加 1：

1）最小生成树会发生变化吗？如果会变化，请给出一个例子，否则请证明其不变。

2）最短路径会发生变化吗？如果会变化，请给出一个例子，否则请证明其不变。

10.32　给定一个有向图，考察点 s 和 t 之间的路径。如果路径中有一个中间节点 v 使得：存在一条从 s 到 v 的路径且路径上的边的权重是严格递增的；同时，存在一条从 v 到 t 的路径且路径上的边的权重是严格递减的，则称从 s 到 t 的路径为双调的（bitonic）。请设计一个算法找到从节点 s 到其他节点的双调（简单）路径。

10.33（推广的最短路径问题）　在 Internet 路由问题中，不仅在链路上存在延迟，在路由器上也存在延迟。这一背景引出对最短路径问题的一个推广：假定一个图除它的边具有权重 $\{l_e : e\in E\}$ 之外，其顶点同样具有权重 $\{c_v : v\in V\}$。现在定义一条路径的权重为其上所有边的权重加上其上所有节点（包含路径的端点）的权重。请设计一个针对以下问题的高效算法：

- 输入：有向图 $G=(V,E)$，边权重 $l_e>0$，顶点权重 $c_v>0$，起始顶点 $s\in V$。
- 输出：一个数组 $Cost[1..n]$，针对每个顶点 u，$Cost[u]$ 是从 s 到 u 的最短路径的权值（注：$Cost[s]=c_s$）。

10.34　考虑这样的一个有向图：其所有负权边都是从 s 发出的边，除此之外的其他边权值都为正。以顶点 s 作为起始点，Dijkstra 算法能否对这样的图正确计算 s 到其他所有点的最短路径？请证明你的结论。

10.35　竞赛图是指有向图 $G=(V,E)$ 中每个点对 u,v 间有边 (u,v) 或者 (v,u)（两条边不能同时存在），如图 10.12 所示。一条有向哈密顿路径是指路径访问有向图中的每个顶点有且仅有一次。

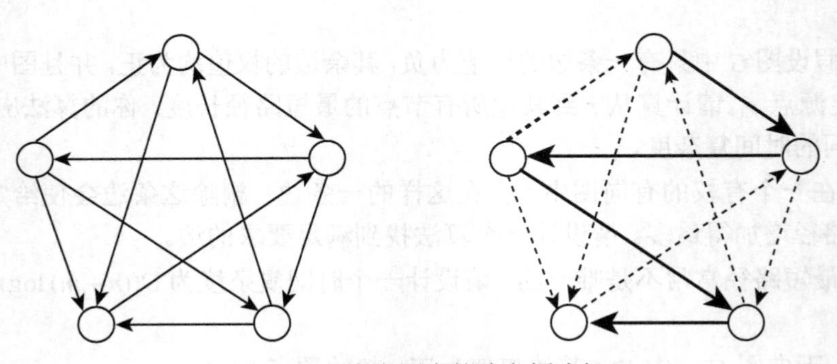

图 10.12　竞赛图中的哈密顿路径

1）请证明对所有的 $n\geqslant 1$，每个有 n 个节点的竞赛图有一条哈密顿路径（提示：对节点个数进行归纳证明）。

2）请给出在给定的竞赛图上找出哈密顿路径的时间复杂度为 $O(n^2)$ 的算法。

10.36　当两个顶点间存在多条不同的最短路径，而需要在其中做出抉择时，最简便的一种方法就是选择一条边数最少的最短路径。例如，如果用顶点代表城市，边的权重表示在城市间飞行的成本，从城市 s 到城市 t 往往存在多条不同的飞行成本最低的路径。从多条最短路径中进行选择的最简便方式就是选择一条中转最少的最短路径。因此，对于给定的起始顶点 s，定义以下指标：

$$\text{best}[u] = \text{从 } s \text{ 到 } u \text{ 含边最少的最短路径的边的数目}$$

在图 10.13 所示的例子中，每个顶点下方的数字就是该顶点的 best 值。

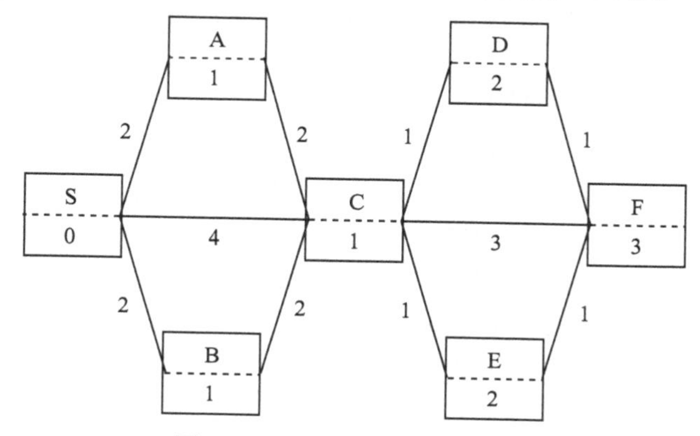

图 10.13　含边最少的最短路径

请针对下面的问题设计一个高效的算法：

- 输入：图 $G = (V, E)$；边 e 的权重 $l_e > 0$；起始顶点 $s \in V$。
- 输出：给出所有顶点 u 的 best[u] 值。

10.37　一组城市（城市构成顶点集合 V）之间由一个公路网 $G = (V, E)$ 互相连通。集合 E 中的每条边对应于一条公路，公路 e 有一个相应的长度 l_e。现在需要在该公路网中建设一条新的公路，而新的公路建于两个不同的城市之间。所有可以修建新公路的两个城市的组合构成一个列表 E'。列表 E' 中（可能会修建的）每条公路 $e' \in E'$ 具有一个相应的长度。作为公共事业部门的一个设计者，你被要求决定建设哪一条公路 $e' \in E'$，使得在公路网 G 中新建了这条公路之后，两个给定的城市 s 和 t 之间的距离得到最大的缩短。请设计一个高效算法以解决上述问题。

10.38　给定一组城市，它们之间以高速公路相连，以无向图 $G = (V, E)$ 的形式表示。每条高速公路 $e \in E$ 连接两个城市，公路的长度记为 l_e。你想要从城市 s 到城市 t，但是你的汽车油箱容量有限，在加满的情况下只能行驶 L 公里。每个城市都有加油站，但城市之间的高速公路上没有加油站。因此，您选择的路径中的每条边（两个城市间的高速公路）e 的长度应该满足 $l_e \leqslant L$。

1）在给定汽车油箱容量限制的情况下，怎样在线性时间内判断从 s 到 t 之间是否存在一条可行路径？

2）您现在打算买一辆新车，需要知道从 s 旅行至 t 所需的油箱最小容量。给出一个时间复杂度为 $O((n + m)\log n)$ 的算法，计算从 s 旅行至 t 所需的油箱最小容量。

第11章　贪心算法设计要素

前面章节通过最小生成树和给定源点最短路径这两个典型的图优化问题讨论了贪心算法的设计与分析。本章首先一般性地讨论贪心算法设计的基本原理，其次讨论相容任务调度和可变长度编码这两个典型优化问题的贪心求解，以展示贪心策略的应用。

11.1　贪心算法的基本结构

对于优化问题，我们有时可以采用贪心算法来找出它的最优解。很难给贪心算法下一个准确、严格的定义，但是它的基本结构却又是鲜明的。一个贪心算法逐步地、增量式地构建一个优化问题的解。算法只能处理问题的局部信息，它依靠当前获取的局部信息，依据某种指标做出贪心的、"短视的"、局部的选择。做出选择之后，算法可以处理更多的问题信息，进而继续上述贪心选择的过程，直至得到整个问题的解。贪心算法背后的设计理念是，这一贪心选择的解"应该"就是最终要求的解，所以贪心算法后续不会撤销前面所做的选择而进行反复的寻找，这一做法保证了贪心算法的高效性。

结合前面讨论的最小生成树算法，我们可以更具体地体会贪心算法的这一特征。Prim 算法像图遍历一样，逐步访问图中的每一个节点。在访问的过程中，它根据当前已经访问到的子图的信息，挑选出了子图的最小生成树。Prim 算法执行的过程，可以看成是随着遍历的推进，它所构建的最小生成树逐渐长大，直至成为整个图的最小生成树的过程。

贪心算法特殊的结构决定了它往往设计较为简单，性能也较好，并且我们常常可以挑选不同的贪心指标，为同一个问题设计不同的贪心算法。贪心算法设计的难点和关键在于，如何证明贪心策略所的得到的解必然是最优解。当一个贪心的选择总能保证得到最优解时，所解决的问题本身必然有某种特定的结构特征，对于这一结构特征的提炼与思考是学习一个贪心算法和自己尝试设计新的贪心算法的关键。

11.2　相容任务调度问题

任务调度问题是计算机科学中的重要问题，它有各种变体。8.3 节主要讨论了针对依赖关系的任务调度。本节讨论围绕任务间冲突关系的调度。假设有一组任务需要解决，每个任务有指定的起始、终止时间，同时，由于任务的完成需要互斥地使用一些资源（例如打印机等），多个任务不能同时进行。如果两个任务的时间区间不重叠，则称这两个任务是相容的（compatible）。如果一个任务集合中的任意两个任务是相容的，则称这个集合中的任务是相容的。记输入的任务集合为 $A = \{a_1, a_2, \cdots, a_n\}$，每个任务定义为区间 $a_i = [s_i, f_i)$，s_i 和 f_i 分别为任务的开始和结束时间。我们的问题就是找出 A 中最大（包含任务个数最多）的相容任务集。

11.2.1 直觉的尝试

寻找最大相容任务集是一个典型的优化问题，对于该问题可以很直观地想到一些贪心策略。关键问题在于这些贪心策略能否保证得到最优解：

- **最早开始任务**：一个直觉的想法是，挑选最早开始的任务，希望它更早结束使得算法能继续选择更多的任务。但正是由于早开始的任务并不能保证早结束，所以根据这一观察很容易构造反例表明该策略并不能保证得到最优解，如图 11.1a 所示。
- **最短任务**：另一个直觉的想法是，挑选最短的任务，因为越短的任务与别的任务冲突的可能性越小，越可能帮助算法选择更多的相容的任务。但是同样无法保证短任务的冲突就少，通过构造冲突更多的短任务，可以得到反例，如图 11.1b 所示。
- **最少冲突任务**：根据上一策略的不足，可以先统计出每个任务跟别的任务冲突的个数，然后优先选择冲突最少的任务。这一策略仍然没有抓住问题的本质，可以构造反例，如图 11.1c 所示。

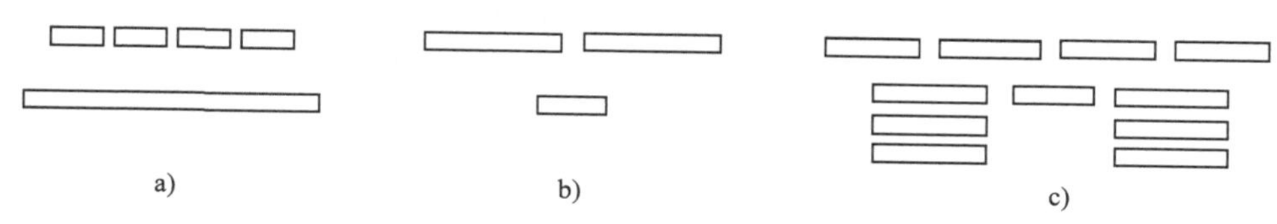

图 11.1 选择相容任务的三种贪心策略

11.2.2 基于任务结束时间的贪心算法

经过上面的尝试，我们发现贪心策略难以保证得到最优解。稍微有点意外的是，一个比“最少冲突”策略更简单、与“最早开始”策略很类似的方法却可以保证最优，这就是基于“最早结束任务”策略的贪心算法。这一算法的思路是将所有任务按照结束时间的先后进行排序，然后从前往后依次扫描所有任务。如果一个任务不和已选择的任务冲突，则选择它；否则就忽略它。对每个任务依次进行如此判断则完成了最优的相容任务集合构建。这一思路的实现如算法 38 所示，易知它的时间复杂度为 $O(n\log n)$。

算法 38: COMPATIBLE-TASKS(A)

```
1 Sort all tasks A = { a_i | 1 ⩽ i ⩽ n } according to f_i (1 ⩽ i ⩽ n) ;
2 Compatible := ∅ ;
3 while A ≠ empty do
4 |   Select the first task a in A ;
5 |   Delete a and all tasks which conflict with a from A ;
6 |   Compatible := Compatible ∪ { a } ;
7 return Compatible ;
```

贪心算法的实现往往是简单的，问题的关键在于证明算法的正确性。为了证明 COMPATIBLE-TASKS 算法的正确性，我们定义：

- 假定 COMPATIBLE-TASKS 算法选出的任务列表为 $C = \{i_1, i_2, \cdots, i_k\}$，其中任务的先后顺序即它们依次被算法选中的顺序，也就是时间顺序。
- 假定问题的最优算法获得的任务集合为 $O = \{j_1, j_2, \cdots, j_m\}$，其中任务的顺序同样是时间先后顺序。

现在需要证明 $k = m$，也就是说 COMPATIBLE-TASKS 算法总能够选出和最优解一样大的任务集合（并不一定是同样的任务集合，因为最大相容任务集不一定唯一）。证明的关键是发现 COMPATIBLE-TASKS 算法在执行过程中始终“先于”最优解，即证明：

引理 11.1　令 $f(a)$ 表示任务 a 的结束时间，对所有下标值 $r \leqslant k$ 有 $f(i_r) \leqslant f(j_r)$。

证明　使用数学归纳法，对下标值 r 做归纳。初始情况 $r = 1$，因为贪心算法选择全局结束时间最小的任务，所以 $f(i_1) \leqslant f(j_1)$。归纳假设要证明的结论对下标值为 $r-1$ 的情况成立。下面来证明该结论对下标值为 r 的情况同样成立。

根据归纳假设有 $f(i_{r-1}) \leqslant f(j_{r-1})$，如图 11.2 所示。显然任务 i_r 和 i_{r-1} 是相容的，任务 j_r 和 i_{r-1} 也是相容的。由于贪心算法会在所有剩下的相容任务中选择结束时间最早的，所以 $f(i_r) \leqslant f(j_r)$。由此证明了贪心算法所选择的任务总是“先于”最优解。 ■

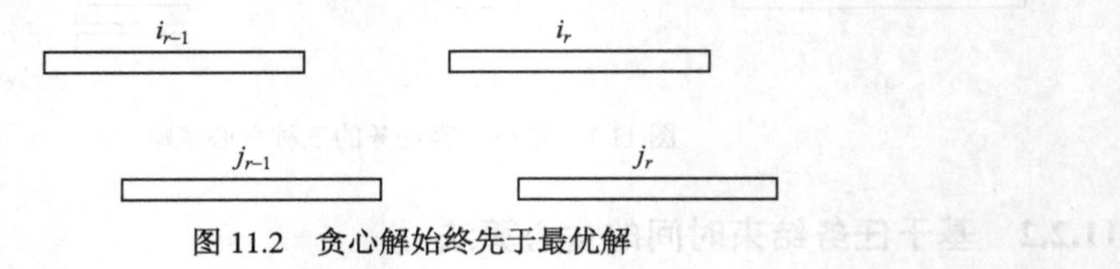

图 11.2　贪心解始终先于最优解

基于引理 11.1 有：

定理 11.1　COMPATIBLE-TASKS 算法总能选出最大相容任务集合。

证明　使用反证法证明，反证假设 $m > k$。所以至少有一个任务在 j_k 后面，记为 j_{k+1}。根据引理 11.1 有 $f(i_k) \leqslant f(j_k)$，所以任务 j_{k+1} 和任务 i_k 是相容的。这就和 COMPATIBLE-TASKS 算法并未选择任务 j_{k+1} 相矛盾。 ■

11.3　Huffman 编码

Huffman 编码是贪心策略的另一个典型应用。为此，本节首先介绍可变长度编码问题，然后给出 Huffman 编码的算法设计，其重点在于这一贪心编码方案最优性的证明。

11.3.1　可变长度编码

信息编码是计算机科学中的基本问题。计算机所能处理的各种各样的信息，最终都变成 0/1 编码进行处理；计算的输出同样是 0/1 编码的信息，再解码成各种形式的输出。考察一个简化版的编码问题，假设文字全部由字母 A ~ H 组成。此时一种直观的编码方式便是用 $000, 001, \cdots, 111$ 这 8 个比特串来编码所有字母。虽然这一编码方式的编解码简单，但是它在实际应用中有一个明显的不足。不同字母的使用频率是有很大不同的，一个很直观的可改进之处是，对使用频率高的字母，我们应该使用更少比特的编码；反之对于使用频率低的字母，可以使用更多比特的编码。可以通过一个具体的例子来定量地说明这一问题。假设每个字母有不同的词频，在给定文档中假设各个字母出现的次数如表 11.1 所示。如果使用 3 个比特的定长编码，则整个文档的编码长度为 276 万比特。如果采用另一种变长的编码方式，使得词频更高的字母有更短的编码，如表 11.2 所示，则可以将编码的长度降低到 233 万比特。定长编码的文档比变长编码的文档长 18%

表 11.1 每个字母出现的次数

字母	A	B	C	D	E	F	G	H
次数 (万次)	1	2	4	7	11	16	22	29

使用可变长度编码的一个隐患是如果编码的设计不当可能会导致解码的歧义。例如，如果将前 4 个字母编码为 {0, 01, 11, 001}，则对于编码“001”就有两种可能的解码方式：AB 或者 D。为此在使用可变长度编码时，需要保证编码的非前缀（prefix-free）特性，即任何一个字符的编码都不为另一个字符编码的前缀。可以采用 2-tree 来实现非前缀编码，如图 11.3 所示。从 2-tree 的根节点开始，向左节点走一步，对应于编码为 0；向右节点走一步，对应于编码为 1。所有有待编码的字母均位于叶节点处，从根到叶节点的路径则对应于叶节点字母的编码。很容易验证基于 2-tree 的这一编码方式具有非前缀特性。

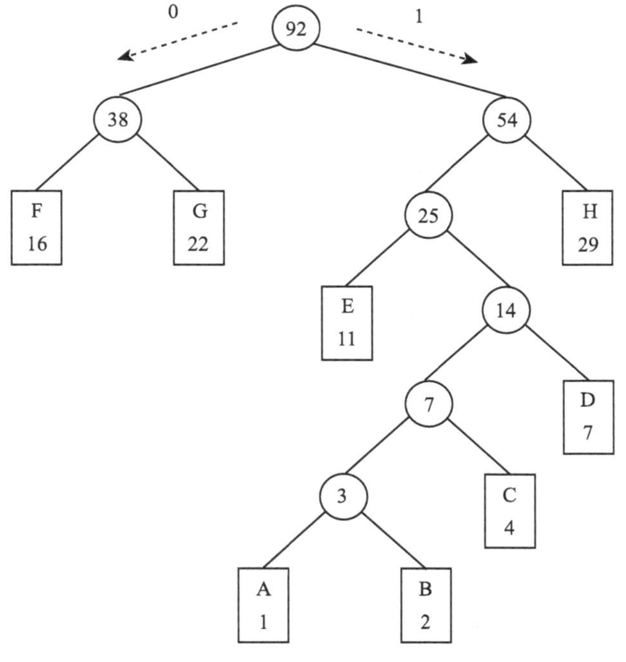

图 11.3 Huffman 编码

11.3.2 最优编码方案的性质

基于 2-tree 的编码方案使得可变长度编码易于实现，但是也带来一个优化问题：对于给定的字母表 $\Sigma = \{a_i|1 \leqslant i \leqslant n\}$，每个字母 a_i 的频率为 $f(a_i)$，如何对所有字母进行可变长度编

码使得编码代价 C 最小。对于某一种编码方案，由 2-tree T 表示，它的编码代价为：

$$C = \sum_{i=1}^{n} f(a_i) \cdot depth(a_i)$$

为了计算最优编码方案，我们将编码代价等价地表述为另一种形式 [5-6]。具体而言，定义树中除根节点之外每个节点的频率。叶节点的频率就是它自身的频率；一个非叶节点的频率定义为以它为根的子树中所有叶节点的频率之和，同时也是它的两个子节点频率之和。内部节点频率计算的例子如图 11.3 所示。基于内部节点频率的计算方式我们有：

引理 11.2　*基于 2-tree T 的编码代价为 $C = \sum_{b_i \neq root} f(b_i)$，也就是说编码树 T 对应的编码代价为树中所有非根节点的频率之和。*

证明　采用数学归纳法来证明，对编码树 T 中节点的数目做归纳。初始情况，T 为一棵高度为 1 的 2-tree，结论显然成立。归纳假设对于节点数小于 k 的所有编码树结论均成立，要证明结论对节点数为 k 的编码树 T 同样成立。

编码树 T 中必然有深度最大的叶节点，并且由于 T 是一棵 2-tree，所以它深度最大的叶节点必然至少有两个，并且这两个叶节点是同一个内部节点的左、右子节点。将这两个子节点记为 p 和 q，将它们的父节点记为 s。现将点 p 和 q 从 T 中去掉，得到一棵新的编码树 T'。根据归纳假设，T' 的编码代价等于其所有非根节点频率的和。假设已知 T' 的编码代价 $C_{T'}$，可以增量式地基于 $C_{T'}$ 来计算 T 的编码代价 C_T：

$$\begin{aligned} C_T &= \sum_{x\text{是叶节点}} f(x) \cdot depth(x) \\ &= C_{T'} + \underbrace{f(p) \cdot depth(p) + f(q) \cdot depth(q)}_{\text{新增两个叶节点}} - \underbrace{f(s) \cdot depth(s)}_{\text{减少一个内部节点}} \\ &= C_{T'} + f_p + f_q \end{aligned}$$

最后一步计算用到了点 s 和 p、q 的父子关系。基于这一关系我们有 $f(s) = f(p) + f(q)$，且 $depth(p) = depth(q) = depth(s) + 1$。根据归纳假设可知 T' 的编码代价为其所有非根节点频率之和，由于 $C_T = C_{T'} + f_p + f_q$，所以 T 的编码代价同样为其所有非根节点频率之和。■

引理 11.3　*假设 p 和 q 是两个频率最低的字母，则存在某个最优编码树满足 p 和 q 是同一个内部节点的左右子节点，并且是深度最大的两个叶节点。*

证明　对于一棵高度为 d 的最优编码树 T，由于 T 是一棵 2-tree，所以它必然有两个叶节点，它们为同一个内部节点的左右子节点，并且它们的深度为 d。如果这两个节点就是点 p 和 q，则结论已然成立。假设这两个节点不是 p 和 q，我们记它们为 a 和 b。现在交换点 p 和点 a，得到新的编码树 T'。假设这一交换使得点 p 的深度增加了 Δ，则：

$$C_{T'} = C_T + (f(p) - f(a)) \cdot \Delta$$

由于 p 是频率最低的字母而 a 不是，所以 $f(p) \leqslant f(a)$。而因为 T 是最优编码树，所以 $C_{T'} \geqslant C_T$，这意味着 $f(p) \geqslant f(a)$。根据上述分析，必然有 $f(p) = f(a)$。因此交换字母 p 和 a 所得的编码树 T' 同样是最优编码树。对于节点 q 和 b，可以做同样的论证。所以我们总能构造一棵最优编码树，使得频率最低的点 p、q 为树中深度最大的两个叶节点，且是兄弟节点。■

11.3.3　贪心的 Huffman 编码

基于引理 11.3，可以贪心地选择频率最低的两个字符进行编码。基于引理 11.2，我们用一种等价的方式重新表示编码代价。这一新的表述方式直接蕴含了贪心的 Huffman 编码算法：将频率最低的两个字符替换成它们编码的父节点，对新的字符集合递归地进行编码。Huffman 编码的实现如算法 39 所示。对于表 11.1 中的字符，它的 Huffman 编码树如图 11.3 所示，各个字符的编码如表 11.2 所示。

算法 39: HUFFMAN-ENCODING($a_1, a_2 \cdots, a_n$)

```
1 Build a priority queue queSymbol with a1, a2, ..., an ;   /* 以符号的频率为优先级 */
2 for k = n+1 to 2n-1 do
3     i := queSymbol.EXTRACT-MIN() ;
4     j := queSymbol.EXTRACT-MIN() ;
5     creat a node ak, with children ai, aj ;
6     f(ak) := f(ai) + f(aj) ;
7     queSymbol.INSERT(ak, f(ak)) ;
```

表 11.2　表 11.1 中字母的 Huffman 编码

字母	A	B	C	D	E	F	G	H
编码	101000	101001	10101	1011	100	00	01	11

引理 11.2 和引理 11.3 保证了 Huffman 编码的正确性，所以我们有：

定理 11.2　Huffman 编码得到的是最优的非前缀编码。

如果采用堆来实现优先队列，容易得到 Huffman 编码的代价为 $O(n\log n)$。

11.4　习题

11.1　对于任意正整数 $c \geqslant 2$，假设一组硬币的面值为 $D_n = \{1, c, c^2, \cdots, c^{n-1}\}$，现在要换金额为 S 的钱。请设计一个贪心算法，计算最少需要多少硬币，并证明你所设计的算法的正确性。

11.2　给定一个 n 位的正整数 N，在这个 n 位的数中，去掉任意 s 个数字之后，剩下的数字按原来的左右次序组成一个新的 $n-s$ 位的正整数。设计一个算法，使得剩下的数字组成的新数最大。例如 $N = 178543$，$s = 4$，结果为 85。

11.3　沿着一条笔直的公路稀疏地分散着一些房子。用 $x_1 < x_2 < \cdots < x_n$ 来表示这些房子的位置。现在想要沿着公路设置一些基站，使得每个房子距离其中一个基站不超过 t，如图 11.4 所示。请设计一个时间复杂度为 $O(n)$ 的算法实现这一目标，并证明算法得出的结果是最优的。

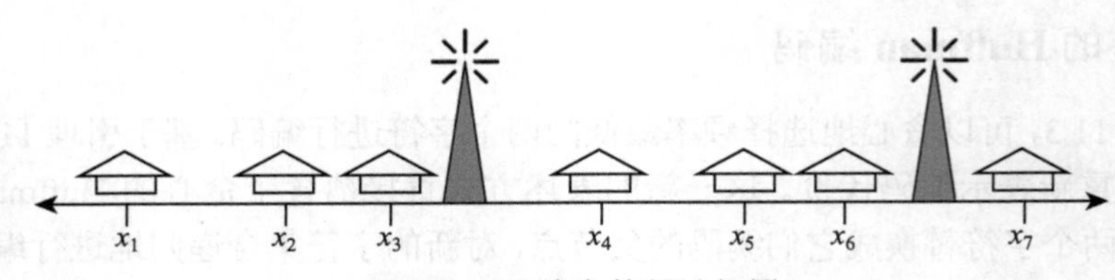

图 11.4　公路上的基站部署

11.4　在一条笔直的公路上分布着 $n+1$ 个电动汽车充电站，它们的位置为 $x_0 < x_1 < \cdots < x_n$。电动汽车充满电的最大行驶距离为 100 公里。现在我们需要从 x_0 出发行驶到 x_n。请设计一个算法，计算汽车最少需要在哪些充电站进行充电，并严格证明算法的正确性。

11.5　一台服务器当前有 n 个等待服务的顾客。假设事先已经掌握了每个顾客所需的服务时间，记顾客 i 所需的服务时间为 t_i 分钟。此时关注所有顾客的总等待时间。举例来说，顾客是按照 i 的数字升序接受服务的，则第 i 个顾客完成服务必须等待 $\sum_{j=1}^{i} t_j$ 分钟。我们希望能够使总等待时间 $T = \sum_{i=1}^{n} w_i$ 最小，其中 w_i 表示顾客 i 的总等待时间。请设计一个算法，计算顾客接受服务的最优顺序。

11.6　令 X 是实数轴上的一组区间组成的集合（假设用两个数组 $X_L\{1..n\}$、$X_R\{1..n\}$ 分别表示所有区间的左端点集合和右端点集合）。X 的子集 $Y(Y \subseteq X)$ 中的区间如果能够覆盖 X 中的所有区间，也就是 X 中任意区间上的任意实数值必属于 Y 中的某一个区间，那么就称 Y 是 X 的覆盖，如图 11.5 所示。覆盖的大小就是区间的个数。请设计一个算法找到 X 的最小覆盖。如果你设计的是贪心算法，请证明算法的正确性。

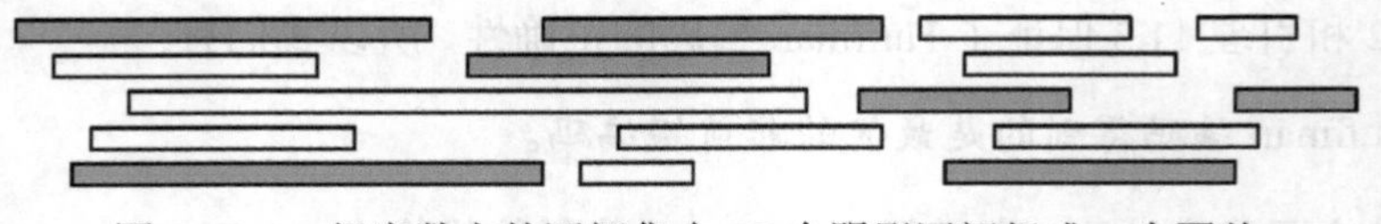

图 11.5　一组实数上的区间集合，7 个阴影区间组成一个覆盖

11.7　令 X 是实数轴上的一组区间组成的集合。称点集 P 是 X 的覆盖，如果 X 的每个区间至少包含一个 P 中的顶点。覆盖的大小是点集中点的个数。请设计一个算法，在尽可能短的时间以内找到 X 的最小覆盖。假设用两个数组 $X_L\{1..n\}$、$X_R\{1..n\}$ 分别表示所有区间的左端点集合和右端点集合。如果你设计的是贪心算法，那么请证明算法的正确性。

11.8　令 X 是实数轴上的一组区间组成的集合，如图 11.6 所示。X 的一个适当的着色是指给 X 中的每个区间着色，任意两个有重叠部分的区间着不同的颜色，如图 11.7 所示。请给出高效的算法能够找到 X 的最小着色数。假设算法的输入是 $L[1..n]$、$R[1..n]$，$L[i]$、$R[i]$ 分别代表第 i 个区间的左右两个端点。如果你使用的是贪心算法，请证明算法的正确性。

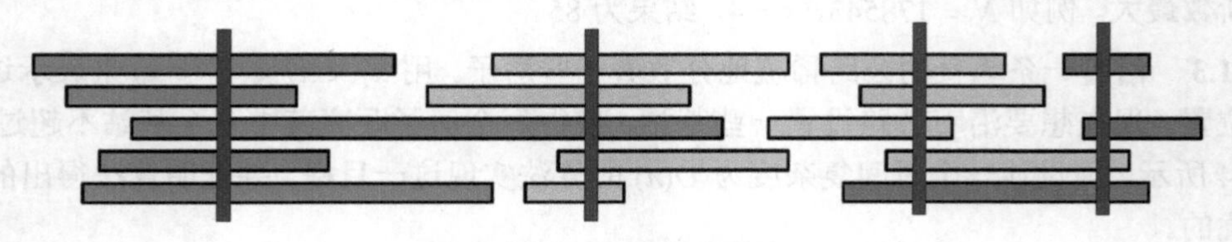

图 11.6　一组区间的集合

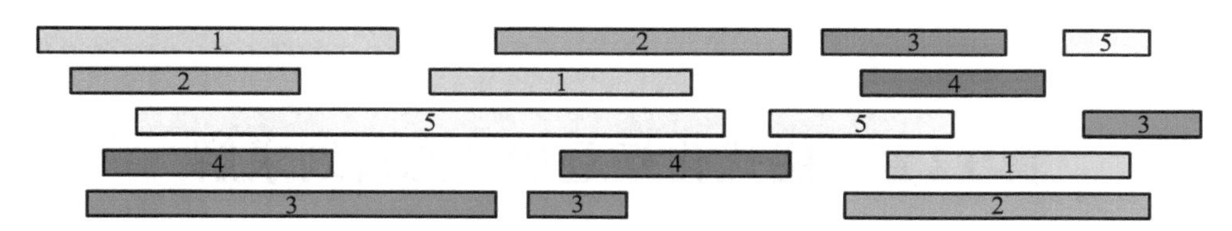

图 11.7　用 5 种颜色可以为区间集合着色

11.9　现有一个 n 天的会议需要安排会议室。一个 $m \times n$ 的矩阵 A，其中 $A[i, j] = 1$ 表示会议室 i 在第 j 天可用，而 $A[i, j] = 0$ 则表示会议室不可用。在矩阵 A 中每一列至少有一个 1，表示每天至少有一个会议室是可用的。现需要设计一个算法确定每一天应当使用哪个会议室，使得这个持续 n 天的会议变更会议室的次数最少。

表 11.3 给出了一个 $m = 3$、$n = 8$ 的例子。算法的输出应该为数组 $S[1..n]$：$S[i] = r$ 当且仅当会议室 r 在第 i 天被使用。在上面的例子中，$S[1..8] = [2, 2, 2, 3, 3, 1, 1, 1]$ 是一个最优解，它需要两次会议室变更。请注意最优解并不一定唯一。

1）一个可能的贪心策略是选择具有最多可用天数的会议室，并且在这些可使用的时间都用这个会议室。然后，找第二多可用天数的会议室，并尽可能安排剩余没有安排会议室的时间，以此类推。根据这样的策略，上述例子得到的解是 $S = [2, 2, 2, 3, 3, 2, 2, 2]$，一共两次会议室的变更。通过举出反例说明这样的策略不是每次都能得到最优解决方法，并解释为什么这个方法得不到最优解。

2）设计一个有效的贪心算法解决该问题，并证明该贪心算法总能够得到最优解。

表 11.3　会议室使用情况表

i \ j	**1**	**2**	**3**	**4**	**5**	**6**	**7**	**8**
1	0	0	0	1	0	1	1	1
2	1	1	1	0	0	1	1	1
3	1	1	0	1	1	1	0	0

第 12 章　图优化问题的动态规划求解

在第 10、11 章，我们讨论了图优化问题的贪心求解。虽然贪心算法实现简单、效率很高，但是它的适用场景有限。有大量优化问题无法用贪心策略找出最优解。此时，由于问题所固有的难度，我们只能寻求更有力的算法设计策略。我们的基本策略仍然是将原始问题解构成一系列的子问题，试图从子问题的解逐步构建原始问题的解。这与贪心策略是类似的。但是由于贪心策略无法奏效，此时采用更蛮力的策略：遍历所有可能的解，确保找出最优解。不过在讨论由子问题的解组成的大量可能解的过程中，通过子问题执行顺序的合理规划，减少冗余计算，保证了算法的效率。这一策略称为动态规划（dynamic programming）。

本章首先通过经典图优化问题的动态规划求解，来展示动态规划策略的应用。在第 13 章我们将讨论动态规划策略的一般特征，并通过图优化之外的优化问题求解来进一步展示动态规划策略的应用。

12.1　有向无环图上的给定源点最短路径问题

本节讨论第 10 章中定义的给定源点的最短路径问题，这里对输入的图进行了限定：考虑有向无环图，并且不对边权值有任何假设。虽然还可以采用 Dijkstra 算法来解决有向无环图上的给定源点最短路径问题（要求边权非负），但是图的有向无环特性对于求解最短路径有关键性的帮助，需要予以充分利用。下面通过一个具体的例子来讨论为什么有向无环特性对于最短路径的计算是关键的，如图 12.1 所示。

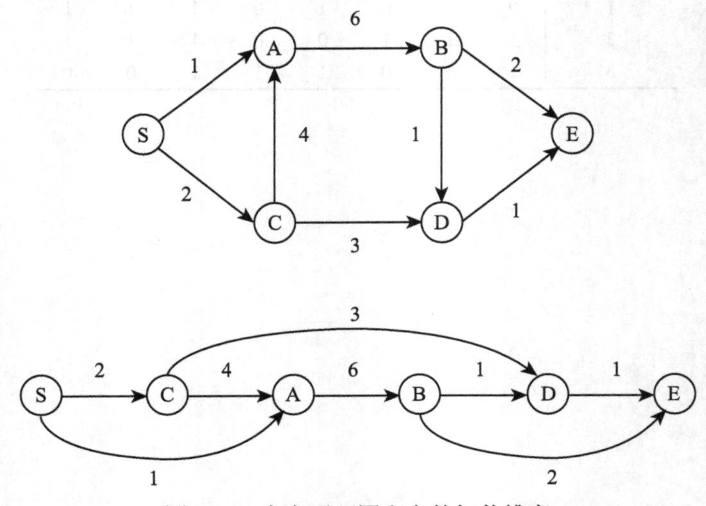

图 12.1　有向无环图和它的拓扑排序

有向无环图最关键的特征在于其中的节点可以拓扑排序。形象地说，可以将有向无环图的所有节点排成一条直线，并使所有边均从左边的点指向右边的点。这一性质对于计算最短路径有很大帮助。以图 12.1 中的节点 D 为例，只有通过点 B 和点 C 才能从源点 S 走到 D，所以如果已知 S 到 B 和 C 的最短路径，则可以进一步求出 S 到 D 的最短路径：

$$D.dis = min\{B.dis + 1, C.dis + 3\}$$

类似地，可以对每个节点用同样的方式计算最短路径。从递归的角度来说，$D.dis$ 的求解依赖于 $B.dis$ 和 $C.dis$ 的求解。这一依赖关系就是有向无环图中的边所对应的偏序关系。因为有向无环图必然可以拓扑排序，所以只需要按照拓扑排序的顺序依次计算节点的最短路径，当算法计算一个点的最短路径时，它所依赖的点的最短路径已经计算完毕，只需直接读取结果即可。根据这一思路，可以得出有向无环图中给定源点的最短路径算法，如算法 40 所示。

算法 40: DAG-SSSP($G = (V, E)$)

```
1 foreach node v in G do
2 │ v.dis := +∞ ;
3 S.dis := 0 ;
4 Get the topological order of every node ;                /* 调用算法23 */
5 foreach v ≠ S in topological order do
6 │ v.dis := min_{u→v∈E} { u.dis + uv.weight } ;
```

需要特别指出的是，有向无环的特性不仅降低了求解最短路径的代价，还带来了算法的更多特性。具体而言，在讨论 Dijkstra 算法时，我们特别强调该算法的正确性依赖于边权非负的特性，而图的有向无环特性使得算法不再依赖边权非负的特性，更进一步，算法不仅可以计算最短路径，而且可以计算其他函数，例如最长路径、路径上所有边权值乘积的最小值等。这背后的原因在于，算法将每个点的最短路径（或其他某种函数）的计算看成一个子问题，并递归地求解所有子问题。这一递归关系的建立并不依赖边权的特定性质，也不依赖所计算的函数的特定性质，它只依赖于所求解问题的最优子结构（参见 13.3 节的讨论）。而有向无环这一特性的意义在于它使得子问题间的依赖关系可以通过拓扑排序完全厘清，这极大地提升了子问题求解的效率。我们将在 13.3 节从动态规划策略的角度进一步讨论这一问题。

12.2　所有点对最短路径问题

本节讨论所有点对最短路径问题，该问题的“内核”是计算二元关系的传递闭包问题。本节首先讨论传递闭包的计算，给出蛮力的 Shortcut 算法，进而引出基于路径长度递归的最短路径算法。通过分析上述算法中的冗余，最终引入基于动态规划策略的 Floyd-Warshall 算法。

12.2.1　传递闭包问题和 Shortcut 算法

对于给定的二元关系，本节讨论如何求该二元关系的传递闭包（transitive closure）。一个二元关系的传递闭包是包含这个二元关系的最小传递关系。结合本章的背景，我们可以在图上形象地定义传递闭包。给定一个集合 V 和集合 V 上的二元关系 E，这一二元关系可以表示为图 $G = (V, E)$。这里的二元关系可以是对称的，也可以是非对称的，所以对应的图 G 可以是有向图，也可以是无向图。二元关系 E 的传递闭包 R 定义为：$v_i R v_j$ 当且仅当在图 G 中存在从 v_i 到 v_j 的路径。初始的二元关系 E 就是图 G 中的邻居关系，将点 a 到点 b 有边相连记为 $a \to b$。传递闭包 R 就是图中的可达关系，将点 a 到点 b 可达记为 $a \rightsquigarrow b$。可达关系对应的图为 $G^* = (V, R)$。

计算传递闭包的关键是把所有不同长度的路径所对应的可达关系准确无遗漏地计算出来。可达关系必然由邻接关系组合而成，考虑邻接关系组合成可达关系的最基本的情况，对于三个点 i、j、k，如果 $i \to j$ 且 $j \to k$，则 $i \rightsquigarrow k$。此时，需要在 G^* 中添加一条 i 指向 k 的边。这条边称为 shortcut。这一过程可以持续地进行下去。不断地在图 G^* 中添加 shortcut 的过程，就是原始图 G 中的边逐渐组合成长度越来越长的路径，得到传递关系的过程。例如对于图 12.2 中的例子，对所有可能的点对反复尝试添加 shortcut，最终得到的传递闭包图如图 12.2 右图所示。

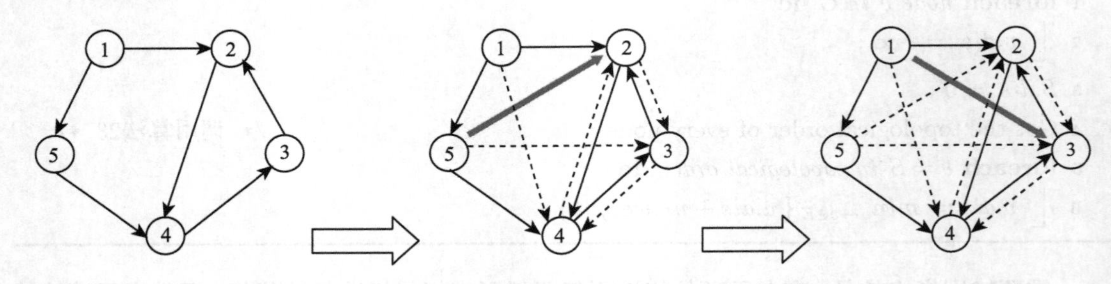

图 12.2　添加 shortcut

根据上面的思路，可以得到一个朴素的添加 shortcut 算法来计算二元关系的传递闭包：遍历所有点对 i 和 j，再遍历所有可能的中间节点 k，判断是否能添加 shortcut $i \rightsquigarrow j = i \to k \to j$。由于新加入的 shortcut 可能可以和图中已有的边或者 shortcut 再次组合成新的 shortcut，所以只要有新的 shortcut 加入，我们就要持续遍历所有添加 shortcut 的可能，直至不再有新的 shortcut 产生为止。这一思路的实现如算法 41 所示。SHORTCUT 算法要进行四重循环，其最坏情况时间复杂度为 $O(n^4)$。

算法 41: SHORTCUT(A)

```
1 R := A ;                                      /* 初始情况下，可达关系就是邻居关系 */
2 for i := 1 to n do
3 └ R_ii := TRUE ;                              /* 我们定义可达关系是自反的 */
4 while R changed in the previous round of loop do
5     for i := 1 to n do
6         for j := 1 to n do
7             for k := 1 to n do
8             └ R_ij := R_ij ∨ (R_ik ∧ R_kj) ;
```

12.2.2 所有点对最短路径：基于路径长度的递归

传递闭包的计算，也就是所有点对之间是否有可达关系的计算，包含计算所有点对之间最短路径的核心要素。SHORTCUT 算法本质是一种递归算法，两条 shortcut 可以拼接出一条新的 shortcut，每条 shortcut 实质上是图中的一条路径。递归的规模是 shorcut 对应于图中的路径的长度。基础情况下，两点之间的边是长度为 1 的 shortcut。已有的 shortcut 可以拼接成更长的 shortcut。图中的简单路径至多走遍图中的所有点，所以 shorcut 的添加一定会在有限步后终止。

基于 SHORTCUT 算法的思路，可以得到类似的递归计算最短路径的算法。在基础情况下，如果两个点之间有边，则它们之间的（当前已知的）最短路径长度就是这条边的权值。没有边的点对之间的最短路径长度初始化为 $+\infty$。对于所有的点对 i 和 j，取遍所有可能的中间节点 k，判断路径 $i \to k \to j$ 的长度是否比当前已知的点对间最短路径 $d(i, j)$ 短，如果是则更新 $d(i, j)$。这一更新最短路径的过程和添加 shortcut 的过程是类似的。此时算法考察的是长度为 2 的最短路径。随着上述过程的推进，算法考察的路径长度不断增加。为了更清晰地标识递归过程的推进，我们在定义点 u、v 之间的最短路径时，显式地写出了当前所考察的路径的长度：$d(u, v, k)$ 表示点 u 到 v 的所有长度不超过 k 的路径中最短路径的长度。具体而言：

$$d(u,v,k) = \begin{cases} 0 & \text{如果 } u = v \\ +\infty & \text{如果 } k = 0,\ u \neq v \\ min_x(d(u,x,k-1) + xv.weight) & \text{其他情况} \end{cases}$$

注意，这里令 $vv.weight = 0$，上述对 min 的计算，当取 $x = v$ 时，包含了对 $d(u, v, k) = d(u, v, k-1)$ 的情况的计算。基于上述思路的实现如算法 42 所示。

算法 42: APSP-PATH-LENGTH()

```
1 Set all diagonal entries D_ii^(0) to 0 and all other entries to +∞;
2 for k := 1 to n − 1 do
3     foreach node u do
4         foreach node v do
5             D_uv^(k) := +∞ ;
6             foreach node x do
7                 if D_uv^(k) > D_ux^(k−1) + (x → v).weight then
8                     D_uv^(k) := D_ux^(k−1) + (x → v).weight ;
```

算法 42 的实现可以稍做改进。注意，最内的两重循环“foreach node v”和“foreach node x”，其目的是为了遍历从 u 到 v 的路径的最后一条边。所以算法可以将这两重循环改成直接对所有指向节点 v 的边进行遍历。这一改进的实现如算法 43 所示。

算法 43: APSP-PATH-LENGTH-EDGE()

```
1 Set all diagonal entries D_ii^(0) to 0 and all other entries to +∞;
2 for k := 1 to n − 1 do
3     foreach node u do
4         foreach edge x → v do
5             if D_uv^(k) > D_ux^(k−1) + (x → v).weight then
6                 D_uv^(k) := D_ux^(k−1) + (x → v).weight ;
```

算法 42 的最坏情况时间复杂度为 $O(n^4)$。改进后的算法 43 的最坏情况时间复杂度为 $O(n^2m)$，由于图中最多可以有 $m = O(n^2)$ 条边，所以算法 43 的最坏情况时间复杂度同样为 $O(n^4)$。

12.2.3　Floyd-Warshall 算法：基于中继节点范围的递归

所有点对间最短路径的问题本质上是一个组合问题：所有可能的起点和终点组合出多种可能；所有可能的中继节点组合出多种可能。从这一角度来看，$O(n^4)$ 的代价有其合理性：4 重可变参数的组合就“应该”具有 $O(n^4)$ 的代价。大约从 1970 年起，计算机科学家们经历了所谓的“Floyd 引理”现象：看似需用 n^3 次运算的问题实际上可能用 $O(n^2)$ 次运算就能求解，看似需用 n^2 次运算的问题实际上可能用 $O(n\log n)$ 次运算就能处理，而且 $n\log n$ 通常还可以减少到 $O(n)$。一些更难的问题的运行时间也从 $O(2^n)$ 减少到 $O(1.5^n)$，再减少到 $O(1.3^n)$，等等 [9]。本节所讨论的 Floyd-Warshall 算法正是在求解所有点对最短路径问题中，发现了多重组合之间的冗余，将看似合理的 $O(n^4)$ 算法改进到了 $O(n^3)$。

一个源点和一个终点之间可能有多条路径：它们可能直接有边相连，也可能有多条不同长度的路径。但是一条路径无论由多少条边组成，都有可能成为最短路径。问题的难度在于算法需要遍历所有的可能，否则不能确保找到最短路径。所有点对、所有路径的组合，导致了 $O(n^4)$ 的算法。但是如果我们换一个角度来设计递归，并更“聪明”地调度递归所产生的子问题的执行，则可以有效减少无用的组合，提升算法的效率。不失一般性，假设图中所有节点的标号为 $v_1, v_2, \cdots, v_n$，考察区间族：

$$I_0 = \varnothing, I_1 = \{v_1\}, I_2 = \{v_1, v_2\}, \cdots, I_n = \{v_1, v_2, \cdots, v_n\}$$

上面定义的各个区间满足 $I_0 \subset I_1 \subset \cdots \subset I_n$。则定义子问题 $d(i, j, k)$ 表示仅使用 I_k 中的点作为中继节点，点 v_i 到 v_j 的最短路径的长度。根据这一子问题的定义方式，使用 I_k 中的点作为中继节点时，最短路径只有两种可能：要么使用了节点 v_k 作为中继节点，要么没有使用，如图 12.3 所示。后一种情况直接回退到了子问题 $d(i, j, k-1)$。对于前一种情况，我们知道路径上必然有点 v_k。以 v_k 为分界点，路径分为了两段 $i \rightsquigarrow k$ 和 $k \rightsquigarrow j$。这两段路径的最短路径长度递归地由子问题 $d(i, k, k-1)$ 和 $d(k, j, k-1)$ 解决。上述过程可以表示为递归式：

$$d(i,j,k) = \begin{cases} (u \to v).weight & \text{如果 } k = 0 \\ min(d(i,j,k-1),\ d(i,k,k-1) + d(k,j,k-1)) & \text{其他情况} \end{cases}$$

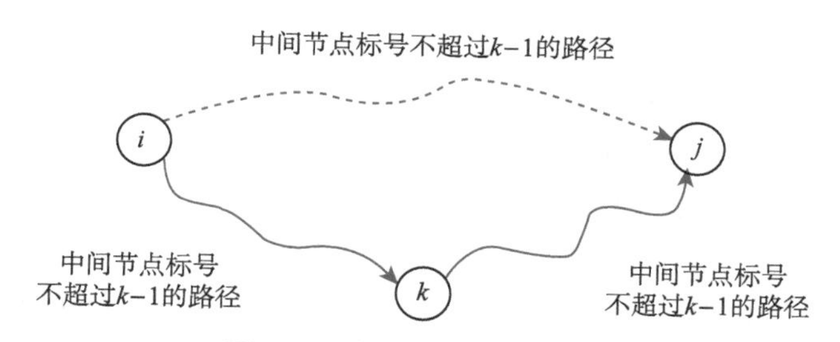

图 12.3 序号最大的中继节点

基于上述递归关系，可以实现 Floyd-Warshall 算法，如算法 44 所示。Floyd-Warshall 算法只需要三重组合（起点，终点，中继节点范围）就可以计算所有点对间的最短路径，所以它的代价为 $O(n^3)$。在 Floyd-Warshall 算法中，虽然在概念上计算的是一系列距离矩阵 $D^{(1)}, D^{(2)}, \cdots, D^{(n)}$，但实际实现中只需要使用一个距离矩阵，空间复杂度为 $O(n^2)$。另外，还可以在 Floyd-Warshall 算法中嵌入简单的操作来计算路由表，这样算法就不仅输出最短路径的权重，而且可以给出路径具体是由哪些边组成的。路由表的实现留作习题。

算法 44: FLOYD-WARSHALL(W)

```
1 D^(0) := W ;          /* 初始情况下，两点间的最短路径长度就是它们之间边的权重 */
2 for k := 1 to n do
3 |   for i := 1 to n do
4 |   |   for j := 1 to n do
5 |   |   |   D_ij^(k) := min{D_ij^(k-1), D_ik^(k-1) + D_kj^(k-1)} ;
6 return D^(n) ;
```

Floyd-Warshall 算法的关键在于它找到了一种特殊的递归方式，并通过调度子问题的求解顺序，高效解决了所有点对最短路径问题。这是动态规划策略的典型应用。此外，Floyd-Warshall 算法能够处理边权值为负的情况，但是不能处理图中有负权值的环的情况。这里略去了对于负权边，负权环的详细讨论。

12.3 习题

12.1 Floyd-Warshall 算法中可以嵌入一些简单的处理来构造一个路由表，这样算法就不仅能计算最短路径的权重，而且能给出具体的路径。定义路由表为矩阵 GO 满足：如果 $GO[i][j] = k$，则从 v_i 到 v_j 存在一条最短路径，且该路径的第一条边为 $v_i \to v_k$。当到达 k 时，通过查询 $GO[k][j]$，则可以找到最短路径的下一条边，如此往复，即可构建出整个最短路径。

1）请在 Floyd-Warshall 算法中嵌入构建路由表的处理语句。

2）上面构造的路由表实际上是一个后继路由表，它总是指明最短路径的下一跳应该向何处去。与之对偶地，可以构建一个前驱路由表，它总是指明路径的上一跳是从何处而来。请继续在 Floyd-Warshall 算法中嵌入构建前驱路由表的处理语句。

12.2 假设有一个输油管道组成的网络，记为图 $G = (V, E)$。每根管道 uv 有容量值 $c(u, v)$，它表示这根管道的吞吐率（单位时间可以流过多少油）。对于一条由多条管道组成的路径，该路径的吞吐率等于路径上管道的最小吞吐率。而对于给定的起点 u 和终点 v，点对间的吞吐率 $cap(u,v)$ 定义为 u 到 v 的所有路径的最大吞吐率。请针对下列问题设计相应的算法：

1）给定源点 s，求它到图中其他所有点的吞吐率。

2）求图中任意点对之间的吞吐率。

12.3　考虑无向图 G 中任意两点 s 和 t 之间的路径。瓶颈长度（bottleneck length）是指路径上的所有边中的最大权重。瓶颈距离（bottleneck distance）是指从 s 到 t 的所有路径的最小瓶颈长度（如果从 s 到 t 没有路径，瓶颈距离就是 $+\infty$）。请设计一个算法来计算给定无向有权图中所有点对之间的瓶颈距离（可以假设所有边的权重都不相同）。

12.4　给定一个有向图（图中每条边的权重为非负数）和两个不相交的点集 S、T，请设计一个算法找到从 S 中的任意一个顶点到 T 中任意顶点的最短路径，算法在最坏情况下的时间复杂度为 $O(m\log n)$。

12.5　有向强连通图 $G=(V,E)$ 的欧拉回路是指通过 G 中每条边仅一次（但可以访问某个顶点多次）的一个回路。

1）请证明：图 G 具有欧拉回路，当且仅当每一个顶点 $v\in V$ 的入度和出度都相等。

2）给出一个 $O(m)$ 时间的算法，它能够在图 G 中存在欧拉回路的情况下，找出一个欧拉回路。

12.6　给定一个加权的线状图（line graph，无向连通图，除有两个顶点的度数为 1 以外，所有顶点的度都为 2）。请给出一个算法能够在线性时间内对图进行处理并且可以在常数时间内返回任意两个顶点之间的最短距离。

12.7　给定一个强连通有向图 $G=(V,E)$，其中每条边的权重都是正数，以及一个特定的节点 $v_0\in V$。请设计一个高效算法，找出任意一对节点间的最短路径，并且找出的最短路径要满足一条额外的限制：这些路径都必须经过顶点 v_0。

12.8　请设计一个运行时间为 $O(n^2)$ 的算法，完成以下任务：

- 输入：一个有权无向图 $G=(V,E)$，其边权重为正；一条边 $e\in E$。
- 输出：含有边 e 的最短环的长度。

12.9　请设计一个算法，以边权值为正的有向图为输入，输出图中的最小权重环的权重值（如果该图是无环的，则输出该图不含环的结论）。要求算法的运行时间最坏情况下为 $O(n^3)$。

12.10　给定一个有向图 $G=(V,E)$，其中的边具有权重（权值可以为负），并且任意两个顶点之间的最短路径最多含有 k 条边。给出一个算法，在 $O(km)$ 时间内找出顶点 u 和 v 之间的最短路径。

12.11　通常在图中的两个顶点之间存在不止一条最短路径。请针对以下任务给出一个线性时间算法：

- 输入：无向图 $G=(V,E)$，边的长度为单位长度；顶点 $u,v\in V$。
- 输出：从 u 到 v 的不同最短路径的数目。

12.12　一个迷宫 G 中有一个入口和若干出口，如图 12.4 中所标识的“Entry”和“Exit”

所示。在迷宫中，每前进一步就是从当前所在的格子走到与其相邻（上、下、左、右四个邻居）的任意一个格子，并且这样的一次前进是具有代价的。现在请考虑下面几个问题：

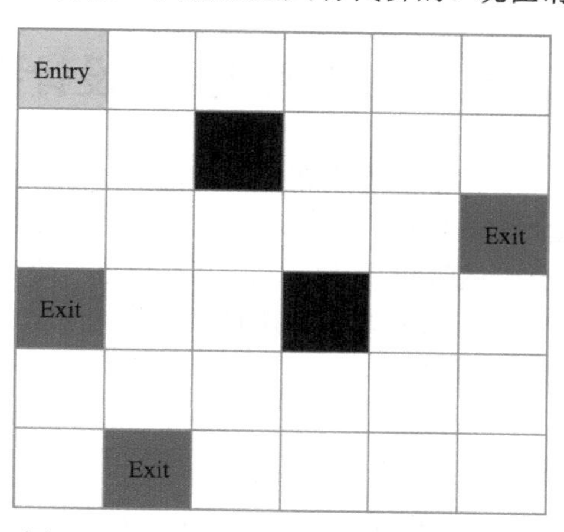

图 12.4　给定一个入口和若干出口的迷宫

1）如果在迷宫中每前进一步的代价都是相同的，且都为正数，且迷宫中没有任何障碍，请给出能够找到迷宫中最近出口的算法。

2）如果在迷宫中每前进一步的代价都是相同的，且都为正数，但是在迷宫中有一些障碍，如图 12.4 中的黑色格子。请给出能够找到迷宫中最近出口的算法。

3）如果在迷宫中每前进一步都具有不同的代价，且都为正数。现在有如下两个子问题：

- 假设每次只能向右或者向下前进一步，请给出能够找到迷宫中最近出口的算法。
- 假设每次前进没有上述约束，请给出能够找到迷宫中最近出口的算法。

4）如果在迷宫中有一些前进的代价是负数，但是不存在负环。假设前进的方向没有约束，请给出能够找到迷宫中最近出口的算法。

第 13 章　动态规划算法设计要素

第 12 章从图优化的角度介绍了动态规划策略的两个典型应用，相关讨论主要是从“聪明的”、高效的递归算法设计的角度展开。本章从一种通用的优化问题求解策略的角度，讨论动态规划策略。首先讨论动态规划的主要动机，其次通过一个典型问题——矩阵链相乘问题——介绍动态规划的基本过程，然后总结动态规划策略的一些关键性特征，最后通过一些典型问题来讨论动态规划策略的运用。

13.1　动态规划的动机

首先来看大家熟悉的斐波那契数列。由于斐波那契数列本身是递归定义的，所以它的递归求解非常简单。对于 F_n，只要递归地求出 F_{n-1} 和 F_{n-2}，再相加即可。但是，这样简单的递归存在严重的性能问题。以求 F_6 为例，它的递归展开树如图 13.1 所示。

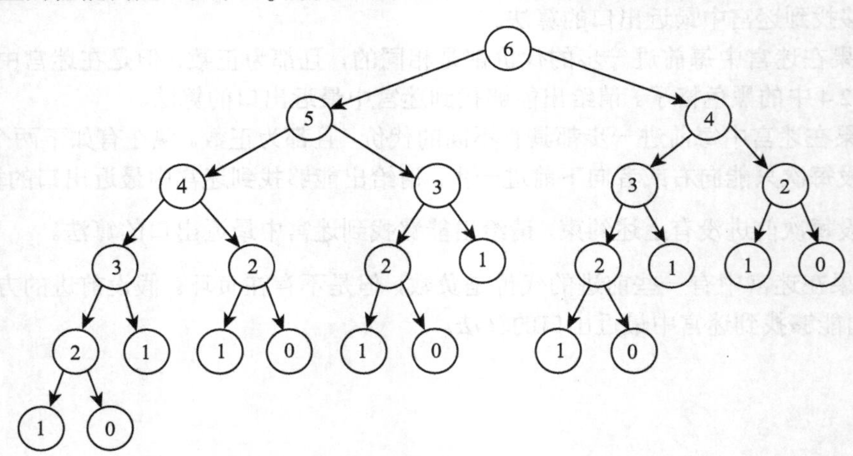

图 13.1　斐波那契数列计算的递归展开树

不难验证对于 F_n 而言，递归展开树中的节点个数为 $2F_{n+1}-1$。每个子问题的求解需要 $O(1)$ 的时间，因而递归的时间、空间代价都是指数级的。上述递归过程存在明显的冗余：在计算 F_n 的时候，它的每个子问题几乎都被重复计算，并且越小的子问题重复的次数越多。此时一个直观的改进办法是所有子问题只计算一次，并且把子问题的结果存放在一个易于检索的数据结构中。后续再需要计算某个前面已经计算过的子问题时，直接查找已经计算好的结果即可。这一方法可以显著降低计算的开销，相应要付出的代价是对子问题结果的组织和检索。

对于斐波那契数列的例子，可以使用数组 $Fibo[0..k]$ 存放斐波那契数列中元素 F_k 的值。其中，$Fibo[0]=0$, $Fibo[1]=1$，其他所有位置的值初始化为 NULL。依照上面的思路就可以得出采用动态规划策略的斐波那契数列计算方法，其实现如算法 45 所示。采用动态规划求

第 k 个斐波纳契数的时间代价是 $O(k)$，空间代价是 $O(k)$（假设计算所涉及的数值都不是特别大，求和运算的代价是 $O(1)$，存放一个数值的空间代价同样为 $O(1)$）。

算法 45: FIBO-DP(k)

```
1 if k ⩽ 1 then
2 |  return k ;                              /* 初始情况：F_0 = 0, F_1 = 1  */
3 if Fibo[k − 1] = NULL then
4 |  Fibo[k − 1] := FIBO-DP(k − 1) ;
5 if Fibo[k − 2] = NULL then
6 |  Fibo[k − 2] := FIBO-DP(k − 2) ;
7 Fibo[k] := Fibo[k − 1] + Fibo[k − 2] ;
```

上面通过递归计算斐波那契数列的例子介绍了动态规划策略的基本思路与运用方法。下面将通过一个更典型的例子来全面讨论动态规划的使用方法。

13.2　动态规划的引入

本节通过矩阵序列相乘问题的求解来介绍动态规划策略的基本使用过程。给定一个矩阵序列，现在要计算它们的乘积 $A_1A_2\cdots A_n$，这里假设相邻两个矩阵的行列数值是可以相乘的。由于矩阵相乘满足结合律，所以无论以何种次序进行相乘，最终的结果都是一样的。但是不同的相乘次序，相乘的代价可以有很大的差别。首先来分析两个矩阵相乘的代价。假设矩阵 $\boldsymbol{C}_{p\times r} = \boldsymbol{A}_{p\times q} \times \boldsymbol{B}_{q\times r}$，其中元素 $C_{i,j}$ 为：

$$C_{i,j} = \sum_{k=1}^{q} A_{ik}B_{kj} \ \ (1 \leqslant i \leqslant p, 1 \leqslant j \leqslant r)$$

假设计算两个元素相乘、相加的代价为 1，则计算矩阵 $\boldsymbol{C}$ 中一个元素的开销为 q。因为 $\boldsymbol{C}$ 中有 $p \cdot r$ 个元素，则计算矩阵 $\boldsymbol{C}$ 的总开销为 $p \cdot q \cdot r$，恰为两个相乘的矩阵所涉及的三个维度值的乘积。根据两个矩阵相乘的代价的计算，我们很容易发现不同的矩阵相乘次序对矩阵链相乘的总开销影响很大。例如，对于矩阵链：

$$\underbrace{\boldsymbol{A}_1}_{30\times 1} \times \underbrace{\boldsymbol{A}_2}_{1\times 40} \times \underbrace{\boldsymbol{A}_3}_{40\times 10} \times \underbrace{\boldsymbol{A}_4}_{10\times 25}$$

不同相乘次序的开销分别为：

$$\begin{aligned}
((\boldsymbol{A}_1 \times \boldsymbol{A}_2) \times \boldsymbol{A}_3) \times \boldsymbol{A}_4 &\ : \ 20700 \\
\boldsymbol{A}_1 \times (\boldsymbol{A}_2 \times (\boldsymbol{A}_3 \times \boldsymbol{A}_4)) &\ : \ 11750 \\
(\boldsymbol{A}_1 \times \boldsymbol{A}_2) \times (\boldsymbol{A}_3 \times \boldsymbol{A}_4) &\ : \ 41200 \\
\boldsymbol{A}_1 \times ((\boldsymbol{A}_2 \times \boldsymbol{A}_3) \times \boldsymbol{A}_4) &\ : \ 1400
\end{aligned}$$

最大开销是最小开销的约 30 倍。

因而对于给定矩阵序列的相乘，我们面临这样一个优化问题：给定一个矩阵序列，计算它们相乘的最低开销及相应的相乘次序。为了表述方便，我们的算法中直接处理矩阵的行列值，假设线性表 $D = \langle d_0, d_1, \cdots, d_n \rangle$ 存放了所有矩阵的行列值，其中矩阵 $\boldsymbol{A}_i$ 为 $d_{i-1} \times d_i (1 \leqslant i \leqslant n)$ 的矩阵。我们面对的输入为矩阵序列对应的行列值序列 D，算法的输出应为矩阵序列相乘的最小代价及相应相乘次序。我们总体的思路是采用递归来求解，将从基于简单遍历的递归逐步改进到基于动态规划的高效递归。

13.2.1 基于朴素遍历的递归

采用朴素遍历所有可能的思路，再结合递归，我们很容易得出一个初步的算法。通过简单的分析我们发现，不管矩阵链最优相乘次序如何，它总是从某一个位置开始第一次乘法。做完一次乘法之后，矩阵序列中就减少了一个矩阵，我们对剩下的矩阵序列可以递归地计算最优的相乘代价。为了保证能够找出最优的相乘顺序，我们对所有可能的第一次相乘的位置都做遍历，并选出全局最优的首次相乘的位置。根据这一思路，我们得出这一基于朴素遍历的递归算法如算法 46 所示。

算法 46: MATRIX-MULT-BF1(D)

```
1 if(D.length ≤ 2) then return 0 ;
2 multiCost := +∞ ;
3 for i := 1 to D.length − 1 do
4 |   cost1 := cost of multiplication at position i ;        /* d_{i-1} · d_i · d_{i+1} */
5 |   newList := D with the i^th element deleted ;
6 |   cost2 := MATRIX-MULT-BF1(newList) ;
7 |   multCost := min { multCost, cost1 + cost2 } ;
8 return multCost ;
```

上述算法的最坏情况时间复杂度满足：

$$W(n) = (n-1)W(n-1) + n$$

容易验证该算法的时间复杂度为 $W(n) = O((n-1)!)$。虽然该算法的代价是不可接受的，但是它为后续改进打下了基础。

13.2.2 未做规划的递归

上面的递归算法选择了考察“第一次矩阵相乘的位置”，这导致子问题的规模降低过慢，并最终导致算法开销过大。与这一思路对偶的是，不管矩阵按何种顺序相乘，它最后一次相乘必然发生在矩阵链中的某个位置。我们考察“最后一次矩阵相乘的位置”，并据此设计出相应的递归算法。

具体而言，我们用 *low* 和 *high* 两个变量来表示某个矩阵子序列的起始和终止。不管矩阵如何相乘，最终它必然在某个位置 k 相乘，在此之前矩阵子序列 $(0, k)$ 和 (k, n) 分别已经完成相乘，各自变为一个矩阵。对于子问题 $(0, k)$ 和 (k, n)，我们可以递归地求出它们的最优相乘代价，再加上最终一次相乘的代价即可得出最终在位置 k 相乘情况的代价。由于我们不知道最后一次相乘的最优位置在何处，所以需要遍历所有可能的位置并取最低代价。这一递归算法的实现如算法 47 所示。

算法47: MATRIX-MULT-BF2($low, high$)

```
1 if(high − low = 1) then return 0 ;              /* 基础情况：只有一个矩阵 */
2 multCost := +∞ ;
3 for k := low + 1 to high − 1 do
4 |   cost1 := MATRIX-MULT-BF2(low, k) ;
5 |   cost2 := MATRIX-MULT-BF2(k, high) ;
6 |   cost3 := cost of multiplication at position k ;
7 |_  multCost := min { multCost, cost1 + cost2 + cost3 } ;
8 return multCost ;
```

使用算法 47 对矩阵链 $(0, n)$ 进行计算，即可得出最优相乘代价。精确地计算 MATRIX-MULT-BF2($0, n$) 的代价是困难的，但是我们很容易估算它的一个下界。仅考虑两个最大 (大小为 $n-1$) 的子问题，我们知道算法的代价满足不等式：

$$W(n) \geqslant 2W(n-1) + n$$

容易验证算法的时间复杂度 $W(n) = \Omega(2^n)$。

虽然该算法的代价仍然是不可接受的指数级，但是它为后续动态规划策略的应用提供了基础。稍加分析该递归的执行过程，就可以发现其中存在大量的重复计算，并且越短的矩阵序列被重复计算的次数越多。下面将利用动态规划策略，将递归中的上述冗余消除，并将算法的时间复杂度显著降低。

13.2.3 采用动态规划的递归

上述递归的主要问题在于子问题被重复计算，这一现象促使我们考虑通过调度子问题计算的次序来改进上述递归。在考虑最后一次矩阵相乘位置的递归中，每一个子问题都是一个矩阵子序列的相乘，它可以由矩阵子序列的头尾下标来标识为（$low, high$）。因而我们可以使用一个二维数组 $cost[0..n][0..n]$ 来记录每个子问题的解，同时还可以使用 $last[0..n][0..n]$ 数组来记录子问题最优解所对应的最后一次矩阵相乘的位置。此时，递归求解最优矩阵相乘次序的问题，就变成了不断计算 $cost$ 和 $last$ 数组的元素取值，直至最终计算出 $cost[0][n]$ 的值以及 last 数组相应位置值的问题。

动态规划最核心的问题是决定众多子问题计算的顺序。为此我们分析子问题之间的依赖关系。根据我们考虑最后一次相乘位置的递归策略，对所有的 $low < k < high$，子问题（$low, high$）依赖子问题（low, k）和（$k, high$）。反映到子问题数组上，就是 $cost[low][high]$ 的取值依赖 $cost[low][k]$ 和 $cost[k][high]$ 的取值。也就是说，一个二维数组项的取值，仅依赖其同一行左边的元素，或者同一列下面的元素，如图 13.2 所示。

基于子问题间的这一依赖关系，我们只需按行从下向上计算(从第 n 行，到第 $n-1$ 行，…，到第 0 行)，对于同一行，从左向右计算（从第 0 列，到第 1 列，…，到第 n 列)，就可以保证当我们计算子问题（$low, high$）时，它所依赖的子问题（low, k）和（$k, high$）必然已经在前面的计算中解决了，只需直接去数组 $cost[0..n][0..n]$ 中读取计算结果即可。根据这一调度方法，我们给出矩阵序列相乘算法的实现如算法 48 所示。该算法中的外层两重循环（对 low 和 $high$ 的循环）的遍历次序反映了上述遵循子问题间依赖关系的调度顺序。

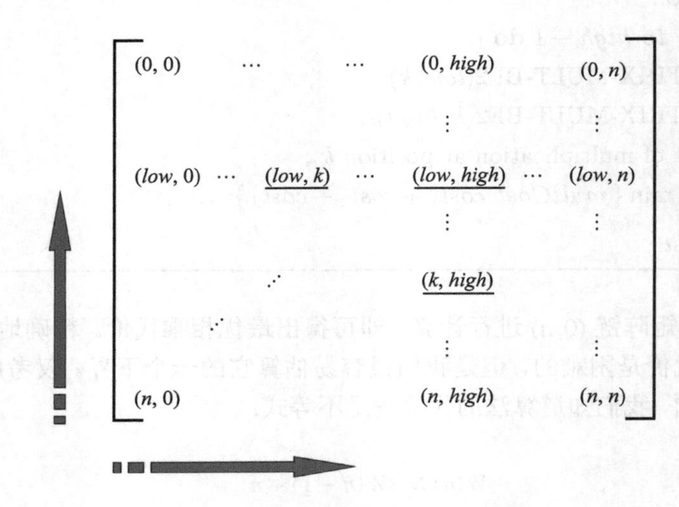

图 13.2　子问题间的相对位置

在决定子问题的计算顺序之后，我们需要进一步讨论具体子问题的计算。对于每一个 k ($low+1 \leqslant k \leqslant high-1$)，根据前面对于子问题求解顺序的分析，我们直接取出子问题 (low, k) 和 ($k, high$) 的结果，再加上在 k 的位置进行矩阵相乘的结果，得出在 k 的位置进行最后一次矩阵相乘的结果。对于所有可能的 k，我们比较计算的代价以确保找出最低开销的矩阵相乘方法。这一计算过程如算法 48 中最内层循环（对 k 的循环）所示。

我们在计算最低相乘代价的同时，通过 $last[0..n][0..n]$ 数组记录了最优相乘代价对应的相乘的位置。元素 $last[low][high]$ 对应的值是（$low, high$）这一子问题的最优相乘次序中的最后一次相乘的位置。基于 $last$ 数组的记录，我们可以从后向前计算出整个矩阵序列依次相乘的顺序，如算法 49 所示。

使用动态规划策略求解最优矩阵链相乘代价，我们需要计算 $O(n^2)$ 个子问题，而每个子问题的最优解的获得需要考虑 $O(n)$ 种可能性，所以算法的时间复杂度为 $O(n^3)$。另外，我们需要 $O(n^2)$ 的空间来存放子问题的结果。整个相乘的顺序保存在队列 $queMultOrder$ 中，空间开销为 $O(n)$。每一次相乘顺序的确定需要常数时间，所以总体时间开销为 $O(n)$。

算法 48: MATRIX-MULT-DP($DimeList[0..n]$)

```
1  for low := n − 1 downto 1 do
2      for high := low + 1 to n do
3          if high − low = 1 then
4              bestCost := 0 ;
5              bestLast := −1 ;
6          else
7              bestCost := +∞ ;
8          for k := low + 1 to high − 1 do
9              a := cost[low][k] ;
10             b := cost[k][high] ;
11             c := multCost(DimeList[low], DimeList[k], DimeList[high]) ; /* 最后一次
                  相乘的代价为d_low · d_k · d_high */
12             if a + b + c < bestCost then
13                 bestCost := a + b + c ;
14                 bestLast := k ;
15         cost[low][high] := bestCost ;
16         last[low][high] := bestLast ;
17 EXTRACT-ORDER() ;
18 return cost[0][n] ;
```

算法 49: EXTRACT-ORDER()

```
1  multNext := 0 ;
2  Initialize the queue queMultOrder to store the multiplication order ;
3  EXTRACT(0, n) ;

4  subroutine EXTRACT(low, high)
5  if high − low > 1 then
6      k := last[low][high] ;
7      EXTRACT(low, k) ;
8      EXTRACT(k, high) ;
9      queMultOrder.push(k) ;
```

13.3 动态规划的关键特征

通过对矩阵链相乘问题的深入分析，我们可以归纳动态规划策略的三个关键要素：

- **重叠子问题**。正如 13.1 节所讨论的，减少子问题的重复计算是使用动态规划策略的

基本动机。通过合理地调度子问题的执行顺序，我们可以增加一定的空间开销，用于子问题结果的组织与存取，显著减少时间开销。这主要得益于所有子问题只需要计算一次，大量重复的计算被消除。

- **蛮力找最优**。动态规划策略所基于的递归需要使用蛮力策略遍历所有可能的解。虽然看上去这一做法不够高效，但是对于有一定难度的优化问题，对所有可能情况的遍历经常是无法避免的。正是因为遍历所有可能，所以我们会面临大量的子问题需要被（反复）求解。这使得通过调度子问题的执行来减少总体开销成为可能。
- **最优子结构**。递归求解的基本形式是基于“小问题”的解，组合得到“大问题”的解。在动态规划求解的过程中，我们隐含使用了待求解问题的“最优子结构”（optimal substructure）特性。最优子结构特性的含义是，“大问题”的最优解必然是由“小问题”的最优解组合而成的。原始问题及其所有子问题都需要求最优解，我们的递归求解才能正常进行，后续的动态规划才能成为可能。

  例如 13.2 节讨论的矩阵序列相乘的问题，假设矩阵子序列 (i, j) 最优相乘次序中，最后一次相乘发生在位置 k，则 (i, j) 问题依赖 (i, k) 和 (k, j) 这两个子问题。我们此时必须求解 (i, k) 和 (k, j) 这两个子问题的最优解。如果我们所求的不是这两个子问题的最优解，则将我们所求的解去掉，替换成最优解，可以降低问题 (i, j) 的开销，这与我们求解的是 (i, j) 问题的最优解相矛盾。所以问题 (i, j) 的最优解必然是由其子问题的最优解组合而成。基于矩阵序列问题的最优子结构，我们递归求解问题 (i, j) 的所有子问题的最优解，并通过遍历所有可能的子问题分解方式，寻找问题 (i, j) 的最优解。

下面将通过更多图优化之外的典型问题来展示动态规划策略的应用。

13.4 动态规划应用举例

通过上面的讨论，我们初步了解了动态规划策略的适用场合和基本过程。本节通过 4 个典型的例子来进一步展示动态规划策略的应用。

13.4.1 编辑距离问题

两个单词（字符串）的编辑距离的定义为：将一个单词变成另一个单词所需最少“编辑操作”的个数。这里的编辑操作包括：字母的插入、字母的删除、字母的替换。例如，FOOD 和 MONEY 这两个单词的编辑距离为 4。可以通过将两个单词对齐来表示所需的转换操作，如下所示。通过 4 次操作（在第 1、3、5 位替换，在第 4 位插入），我们可以将 FOOD 转换成 MONEY。同时容易验证，不存在 3 次操作的方法完成这两个单词之间的转换。所以这两个单词之间的编辑距离为 4。

```
F O O   D
M O N E Y
```

我们定义编辑距离问题为：

- 输入：数组 $A[1..m], B[1..n]$，分别存放两个字符串。

- 输出：A 和 B 的编辑距离。

我们可以遍历编辑距离计算中的所有可能情况，并对每种情况分别递归求解。具体而言，考虑字符串 A、B 的最后一个字母，这两个字母对于编辑距离的贡献有两类共 4 种情况。用“字符串中字母对齐”的方式来说，第一类情况是 A 或者 B 的最后一个字母与空位对齐。不失一般性，我们假设 A 的最后一个字母与空位对齐。此时 A 的最后一位字母为编辑距离贡献了 1，而对于最后一位字母之前的子串 $A[1..m-1]$，以及整个字符串 B，我们进行递归求解。第二类情况是 A 和 B 的最后一位字母对齐，如果两个字符不同，则编辑距离加 1，否则不加。对于最后一个字母之前的子串 $A[1..m-1]$ 和 $B[1..n-1]$，我们递归求解。上述 4 种情况中编辑距离的计算如下所示：

$$EditDis(A[1..m], B[1..n]) = min\begin{cases} EditDis(A[1..m-1], B[1..n]) + 1 \\ EditDis(A[1..m], B[1..n-1]) + 1 \\ EditDis(A[1..m-1], B[1..n-1]) + I\{A[m] \neq B[n]\} \end{cases}$$

其中，$I\{A[m] \neq B[n]\}$ 为指标随机变量，它包含第二类情况中的两种子情况（指标随机变量的定义见 2.1.5 节）。

根据上面的递归式，可以定义子问题空间，并设计相应的数据结构来存取子问题的结果。我们的子问题涉及两个字符串，由于每个字符串是输入字符串的前缀（起始位置确定为 1，终止位置不定），所以对于两个字符串我们各需要一个变量来标识。这样可以用一个二维数组来存放所有子问题的解。数组 $EditDis[0..m][0..n]$ 存放了子问题的解，其中数组元素 $EditDis[i][j]$ 对应于子串 $A[1..i]$ 和子串 $B[1..j]$ 之间的编辑距离。其中数组的第 0 行和第 0 列是为了实现的方便，它们的初始值设为相应的下标值。

我们通过分析子问题之间的依赖关系来确定子问题计算的先后顺序。根据上面的分析，一个子问题只依赖行号比自身小、列号也比自身小的子问题，所以我们只需要从上到下、从左到右计算子问题数组 $EditDis[0..m][0..n]$ 的值即可。上述动态规划策略的实现如算法 50 所示。算法的时间与空间复杂度均为 $O(n^2)$。该算法的一次执行示例如图 13.3 所示。

算法 50: EDIT-DIS($A[1..m], B[1..n]$)

```
1  for i := 1 to m do EditDis[i, 0] := i ;
2  for j := 1 to n do EditDis[0, j] := j ;
3  for i := 1 to m do
4  |   for j := 1 to n do
5  |   |   EditDis[i, j] := min { EditDis[i − 1, j] + 1, EditDis[i, j − 1] + 1 } ;
6  |   |   if A[i] = B[j] then
7  |   |   |   EditDis[i, j] := min { EditDis[i, j], EditDis[i − 1, j − 1] } ;
8  |   |   else
9  |   |   |   EditDis[i, j] := min { EditDis[i, j], EditDis[i − 1, j − 1] + 1 } ;
10 return EditDis[m, n] ;
```

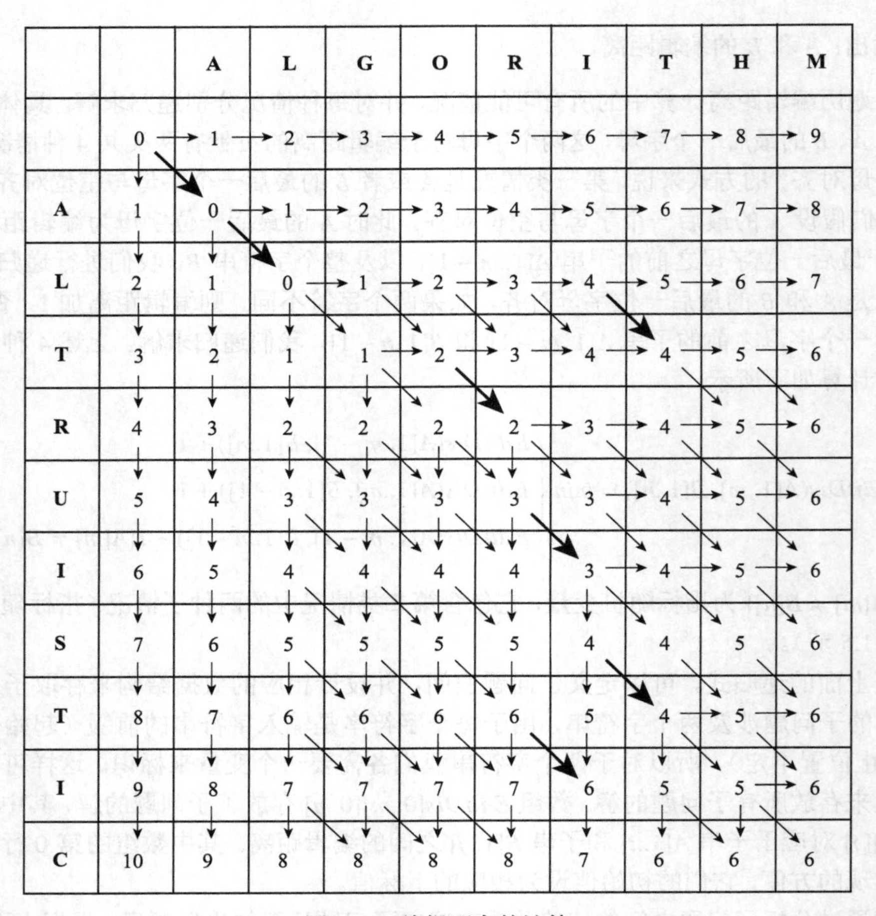

图 13.3　编辑距离的计算

13.4.2　硬币兑换问题

假设有多种面值的硬币，每种硬币有充分多个，现在需要用硬币兑换指定的金额。显然兑换的方式一般不止一种，此时我们关心的是，如何用最少的硬币个数支付指定的金额。该算法问题定义如下：

- 输入：给定 n 种面值的硬币 $d_1 = 1$，$d_1 < d_2 < \cdots < d_n$，每种硬币有充分多个。
- 输出：最少使用多少个硬币可以兑换金额 N。

在问题的定义中，假设 $d_1 = 1$，这保证了兑换总是可行的，另外假设面值是有序的，便于后续的讨论。

可以从两个不同的维度来将硬币兑换问题分解为更小的子问题。第一个维度考虑的是金额值，兑换金额 N 可以分解为分别兑换某个金额 x 和剩余金额 $N - x$ 这两个子问题。第二个维度考虑的是使用硬币的种类，我们可以先使用面值类型 $d_1, d_2, \cdots, d_i$ 完成（部分）兑换，再使用面值类型 $d_{i+1}, d_{i+2}, \cdots, d_j$ 完成其余的兑换。在实际求解问题时，这两个维度是同时考虑的。

根据上述对问题的递归分解，我们可以使用数组 $coin[0..n, 0..N]$ 来标识子问题的解。子问题 $coin[i, j]$ 的含义为：使用前 i 种面值的硬币 $d_1, d_2, \cdots, d_i$，兑换金额为 j 的钱，最少使用多少个硬币。基于这一子问题定义方法，对于子问题 $coin[i, j]$，我们考虑面值种类 d_i，只可能有两种情况：

- 没有使用任何面值为 d_i 的硬币（注意这对于子问题 $coin[i, j]$ 而言这是合法的）。此时，我们可以在面值种类这一维度上将问题规模降为 $i-1$。
- 使用了至少 1 个面值为 d_i 的硬币。基于这一前提，我们已经确定有金额值 d_j 是使用 1 个面值为 d_j 的硬币兑换的，我们可以在金额值这个维度上将问题规模降为 $j-d_i$。

基于上述分析，可以得到递归式如下：

$$coin[i, j] = \begin{cases} coin[i-1, j] & \text{如果没有使用面值为 } d_i \text{ 的硬币} \\ coin[i, j-d_i]+1 & \text{如果至少使用了 1 个面值为 } d_i \text{ 的硬币} \end{cases}$$

基于这一思路的硬币兑换动态规划实现如算法 51 所示，算法的时间与空间复杂度均为 $O(n \cdot N)$。根据我们在 1.1.3 节的讨论，此时问题的输入是一个可以任意大的数值。此时更合理的度量问题规模的指标是数值 N 的比特数。基于这一原因，$O(n \cdot N)$ 的代价应该被认为是指数级的。

算法 51: COIN-CHANGING($d_1, d_2, \cdots, d_n, N$)

```
1 for i = 0 to n do
2     coin[i, 0] = 0 ;
3 for j = 0 to N do
4     coin[0, j] = 0 ;
5     coin[1, j] = j ;
6 for i = 2 to n do
7     for j = 1 to N do
8         coin[i, j] := min{ coin[i-1, j],  coin[i, j-d_i] + 1 } ;      /* 如果j < d_i,
            coin[i, j-d_i]定义为+∞ */
9 return coin[n, N] ;
```

13.4.3 最大和连续子序列问题

整数数组中最大和连续子序列问题是一个可以用多种方法求解的问题。在前面的习题 3.9 中，我们要求将该问题的解从朴素的三重遍历改进到线性时间遍历。本节我们讨论如何从动态规划的角度来分析求解这一问题，并同样得到一个线性时间的解。我们的目的是通过同一个问题不同方法之间的对照来加强读者对动态规划的理解。

我们定义子问题 $P(k)$ 为：求连续子序列 $A[1..k]$ 中的最大和连续子序列，并且记连续子序列 $A[i..j]$ 的和为 $S(i, j) = \sum_{k=i}^{j} A[k]$。我们通过直接展开规模较小的几个子问题即可发现重要的规律：

$$
\begin{aligned}
P(1) &= A[1] \\
P(2) &= \max\{A[2], A[2]+A[1], P(1)\} \\
P(3) &= \max\{A[3], A[3]+A[2], A[3]+A[2]+A[1], P(2)\} \\
&= \max\left\{\max_{1\leqslant i\leqslant 3} S(i,3), P(2)\right\} \\
P(4) &= \max\{A[4], A[4]+A[3], A[4]+A[3]+A[2], A[4]+A[3]+A[2]+A[1], P(3)\} \\
&= \max\left\{\max_{1\leqslant i\leqslant 4} S(i,4), P(3)\right\} \\
&\cdots \\
P(l) &= \max\{A[l], A[l]+A[l-1], \cdots, A[l]+A[l-1]+\cdots+A[1], P(l-1)\} \\
&= \max\left\{\max_{1\leqslant i\leqslant l} S(i,l), P(l-1)\right\}
\end{aligned}
$$

以问题 $P(3)$ 到 $P(4)$ 的变化为例来说，对于问题 $P(4)$，它的最大和子序列只有两种可能，要么 $A[4]$ 出现，要么不出现：

- 如果 $A[4]$ 不出现，则 $P(4)$ 的解就是 $P(3)$ 的解。
- 如果 $A[4]$ 出现在最大和子序列中，由于我们考虑的是连续的子序列，所以此时的最大和连续子序列只能是以 $A[4]$ 为结尾的所有连续子序列。我们并不知道哪一个是最优的，所以要对所有的子序列进行遍历。

对于上面两种情况，我们并不知道那种情况对应于最优解，所以需要比较两种情况的结果，以确保求得全局最大和连续子序列。

我们需要依次求解子问题 $P(1), P(2), \cdots, P(n)$。直接从定义上看，求解每个子问题需要线性时间，所以总的时间是 $O(n^2)$。但是仔细观察子问题 $P(l-1)$ 和 $P(l)$，很容易发现这两个子问题的求解存在大量的重叠，这使得我们可以使用常数时间基于 $P(l-1)$ 的解求出 $P(l)$ 的解。所以总体上我们可以在 $O(n)$ 的时间内求出全局的最大和连续子序列。上述动态规划算法的实现留作习题。

13.4.4　相容任务调度问题

11.2 节讨论过最大相容任务集合问题的贪心算法。本节讨论如何采用动态规划策略来解决这一问题，通过同一问题不同求解方法的对照，加深对各种算法设计策略的理解。

给定一组任务 $S=\{a_1, a_2, \cdots, a_n\}$，每个任务 a_i 的开始/结束时间是 $[s_i, f_i)$。由于每个任务在时间轴上的位置是确定的，所以我们可以按照时间段来定义子问题。将所有任务按结束时间 f_i 排序，定义 S_{ij} 表示在 a_i 结束之后、在 a_j 开始之前的时间段内所有的任务，即

$$S_{ij}=\{a_k | f_i \leqslant s_k < f_k \leqslant s_j\}$$

容易验证当 $i>j$ 时，$S_{ij}=\varnothing$。基于上述子问题定义方式，我们可以用二维数组 $c[i,j]$ 表示子问题 S_{ij} 的解，即 $c[i,j]$ 表示任务集合 S_{ij} 中最大相容任务的个数。当任务集合 S_{ij} 非空的时

候，我们最少会在其中选择一个任务，假设这个被选择的任务为 a_k。在选择了 a_k 的前提下，后续只需要递归地在任务集合 S_{ik} 和 S_{kj} 中进行选择，如图 13.4 所示。

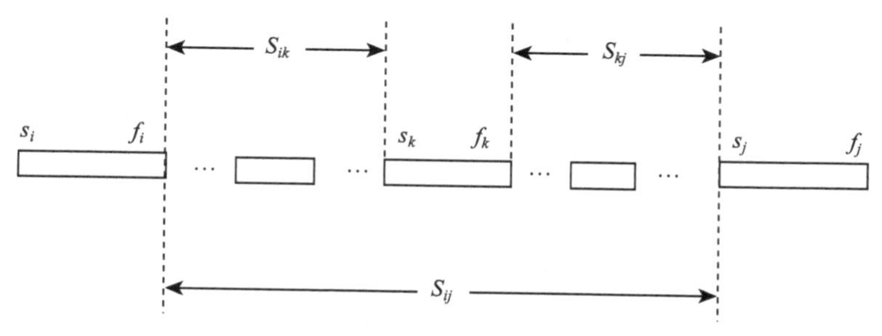

图 13.4　递归地任务选择

由于我们并不知道在全局最优解中，S_{ij} 中的哪个任务应该被选择，所以需要对所有可能的选择进行比较取全局最优，因而得到递归式：

$$c[i,j]=\begin{cases}0 & \text{如果} S_{ij}=\varnothing\\ \max\limits_{a_k\in S_{ij}}\{c[i,k]+c[k,j]+1\} & \text{如果} S_{ij}\neq\varnothing\end{cases}$$

根据子问题之间的依赖关系，我们只需要从下到上按行计算，同一行中，从左到右按列计算即可最终求出全局最大的相容任务集合。详细的算法设计留作习题。

13.5　习题

13.1　请给出最大相容任务集合问题的动态规划算法的设计与分析。

13.2（整数子集合问题）　给定一个自然数集合 $A=\{s_1,s_2,\cdots,s_n\}$ 和自然数 S，要判断是否存在 A 的子集，其中元素的和恰好是 S。请设计一个动态规划算法来解决该问题。

13.3　对于输入的一个正整数 n，我们可以进行下面三种操作：

- 减一操作：$n:=n-1$。
- 除以 2 操作：$n:=n/2$，要求执行前 n 是 2 的倍数。
- 除以 3 操作：$n:=n/3$，要求执行前 n 是 3 的倍数。

请计算将 n 变为 1 最少需要多少个操作。

13.4　给定一个自然数数组 $A[1..n]$，请设计一个动态规划算法计算 A 中最长非递减子序列（子序列元素在数组 A 中不一定是连续出现的）。

13.5　$X=x_1,x_2,\cdots,x_n$ 为正整数序列。序列 X 的一个 k-划分指的是将 X 分成 k 个不重叠的连续子序列，记为 $P=X_1|X_2|\cdots|X_k$，其中 X_i 为 X 的一个连续子序列。对 X 的一个 k-划分 P，它的代价 $C(P)$ 定义为该划分中连续子序列的和的最大值，即：

$$C(P)=\max_{1\leqslant i\leqslant k} Sum(X_i)$$

例如：$X=213546798$，

- 2 1 3/5 4 6 7 9 8 是 X 的一个 2-划分，其代价为 39(=5 + 4 + 6 + 7 + 9 + 8)。
- 2 1 3/5 4 6/7 9 8 是 X 的一个 3-划分，其代价为 24(=7 + 9 + 8)。

- 2 1 3 5 4/6 7/9 8 也是 X 的一个 3-划分，其代价为 17(= 9 + 8)。

已知问题的输入为: 给定正整数序列 $X = x_1, x_2, \cdots, x_n$，给定参数 k。规定只可以做不超过 k 的划分，请设计一个算法计算所有可能的划分中的最低代价，并分析算法的时间、空间复杂度。

13.6 给定整数数组 $A[1..n]$，要找到它的子数组 $A[i..j]$，使得 $A[i..j]$ 中各个元素的乘积最大。

1）假设 A 中的元素皆为正数，请给出相应的算法。

2）假设 A 中的元素有正有负，请给出相应的算法。

13.7 给定正整数序列 $X = (x_1, x_2, \cdots, x_n)$。我们称下标集合 I 为合法的，如果 I 中不含有连续的下标值。例如对于 $X = (12, 66, 23, 6)$，则下标集合 $I = (1, 3)$ 是合法的，而下标集合 $I = (1, 3, 4)$ 就是不合法的。对于任意一个下标集合 J，定义它的权重为下标对应的所有元素的和: $w(J) = \sum_{j \in J} x_j$。请设计一个高效的算法找出权重最大的合法下标集合。在上面的例子中，所求的下标集合应该为 $I^* = (2, 4)$。

13.8 下面是与公共子序列相关的一系列问题:

1）给定两个字符串 $X = \langle x_1, x_2, \cdots, x_m \rangle$ 和 $Y = \langle y_1, y_2, \cdots, y_n \rangle$，请计设计一个动态规划算法，计算 X 和 Y 的最长公共子序列。

2）给定两个字符串 X 和 Y。请给出计算最长子序列的算法，要求在最长子序列中 X 中的字符可以重复出现但是 Y 中的不可以。该问题的一个例子如图 13.5 所示。

3）除 X、Y 两个字符串之外，给定一个正整数 k。问题和上一小题一样，但是子序列中 X 中的字符重复出现的次数不超过 k，Y 中的字符不可重复出现。例如，假设 X、Y 如图 13.5 所示，$k = 2$，那么在最长子序列中 X 中的字符可以出现 2 次。

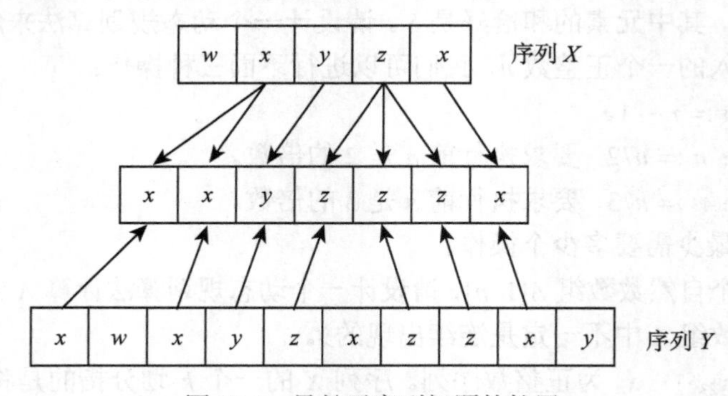

图 13.5 最长子序列问题的扩展

13.9 请设计一个高效的算法，找到字符串 $T[1..n]$ 中前向和后向相同的最长连续子串的长度。前向和后向的子串不能够重叠。下面是几个例子:

- 给定输入字符串 ALGORITHM，你的算法返回 0。
- 给定输入字符串RECURRSION，你的算法返回 1，子串是 R。
- 给定输入字符串 REDIVIDE，你的算法返回 3，子串是 EDI（前向和后向的字符串不能够重叠）。

- 给定输入字符串 DYNAMICPROGRAMMINGMANYTIMES，你的算法返回 4，子串是 YNAM。

13.10 令 $A[1..m]$ 和 $B[1..n]$ 是两个任意的序列。A、B 的公共超序列（supersequence）是一个序列，它包含 A 和 B 为其子序列。请设计一个高效算法找到 A、B 的最短公共超序列。

13.11 这个问题考虑最长公共子序列问题的两个变体。给定三个序列 X、Y、Z，它们的长度分别为 $|X| = m$、$|Y| = n$、$|Z| = k$，现在的问题是判断序列 X 和 Y 是否可以合并为一个新的序列 Z，并且不改变其中任何一个序列中元素的相对顺序。例如，$X = \langle ABC \rangle$、$Y = \langle BACA \rangle$ 可以合并为 $Z = \langle ABBACCA \rangle (Z = \langle A_x, B_x, B_y, A_y, C_x, C_y, A_y \rangle)$，但是如果 $Z = \langle ABCBAAC \rangle$，$X$、$Y$ 就不能合成 Z。显然有 $k = m + n$，否则 A、B 一定不能合成为 Z。

1）假设一个人声称他找到了下面这个简单的算法来解决这个问题。首先，计算 X 和 Z 的 LCS（最长公共子序列），令 Z' 是从 Z 中将 LCS 中的元素删除得到的序列。如果 $Y = Z'$，则答案为是，否则为否。请分析上述算法是否正确，并证明你的结论（如果算法正确）或者给出反例（如果算法错误）。

2）请给出解决这个判定问题的复杂度为 $O(nm)$ 的算法（无论上一问题的算法是否正确，这里都不可以使用）。

3）现在将这个判定问题转化为一个优化问题：从 X、Y、Z 中删除数目最少的元素使得合并成立。例如，$X = \langle ABC \rangle$，$Y = \langle BACA \rangle$，$Z = \langle ABCBAAC \rangle$，如果从 Y 中删除最后一个元素，从 Z 中删除倒数第二个元素，X 和 Y 就可以合并为 Z，优化问题的解是 2。算法不仅需要得到最少的元素删除数目，还需要输出所删除的元素集合，时间复杂度是 $O(mnk)$（这里 $k = m + n$ 不再是必要条件）。

13.12 给定包含 n 个字符的字符串 $s[1..n]$，该字符串可能来自一本年代久远的书籍，只是由于纸张朽烂的缘故，文档中所有的标点符号都不见了（因此该字符串看起来就像这样："itwasthebestoftimes⋯"）。现在你希望在字典的帮助下重建这个文档。在此，字典表示为一个布尔函数 $dict(\cdot)$，对于任意的字符串 w，

$$dict(w) = \begin{cases} \text{TRUE} & w\text{ 是合法单词} \\ \text{FALSE} & \text{其他情况} \end{cases}$$

1）请给出一个动态规划算法，判断 $s[1..n]$ 是否能重建为由合法单词组成的序列。假设调用 $dict$ 每次只需一个单位的时间，该算法运行时间要求不超过 $O(n^2)$。

2）若 $s[1..n]$ 是由合法单词组成的，请输出对应的单词序列。

13.13 当字符串颠倒和原字符串相同时，我们称字符串为回文，例如 I、DEED、RACECAR。

1）请设计一个找到给定字符串的满足回文条件的最长子序列的算法，算法最终只需给出长度即可。例如，MAHDYNAMICPROGRAMZLETMESHOWYOUTHEM的最长回文子序列是 MHYMRORMYHM，所以算法最终得到的结果是 11。

2) 任何一个字符串都可以拆分为一组回文，例如，字符串 BUBBASEESABANANA（"Bubba sees a banana"）可以根据下面的步骤分解为回文：

BUB+BASEESAB+ANANA

B+U+BB+A+SEES+ABA+NAN+A

B+U+BB+A+SEES+A+B+ANANA

B+U+B+B+A+S+E+E+S+A+B+A+N+A+N+A

请设计一个算法，计算对给定字符串可以拆分的最少回文数量，并分析算法的时间、空间复杂度。例如，给定输入字符串“BUBBASEESABANANA”，你的算法给出的结果应该是 3。

13.14 某种字符串处理语言提供了一个将字符串一分为二的基本操作。由于该操作需要拷贝原来的字符串，因此对于长度为 n 的串，无论在其什么位置进行分割，都需要花费 n 个单位的时间。现在假设我们要将一个字符串分割成多段，具体的分割次序会对总的运行时间产生影响。例如，如果要在位置 3 和位置 10 分割一个长度为 20 的串，首先在位置 3 进行分割产生的总代价为 $20 + 17 = 37$；而首先在位置 10 进行分割产生的总代价为 $20 + 10 = 30$。请设计一个动态规划算法，对于给出了 m 个分割位置的长度为 n 的字符串，计算完成所有分割的最小代价。

13.15 考虑零钱兑换问题的各种变体：

1）给定数量无限的面值分别为 $x_1, x_2, \cdots, x_n$ 的硬币，我们希望将金额 v 兑换成零钱，即我们希望找出一堆总值恰好为 v 的硬币。这有时候是不可能的，例如，如果硬币只有 5 和 10 两种面值，则我们可以兑换 15 却不能兑换 12。请设计一个 $O(nv)$ 的动态规划算法，判断能否兑换金额 v。

2）考虑上述零钱兑换问题的一个变体：你有面值为 $x_1, x_2, \cdots, x_n$ 的硬币，希望兑换的价格为 v，但是每种面值的硬币最多只能使用一次。举例来说，如果硬币面值为 1、5、10、20，则可以兑换的价格包括 $16 = 1 + 15$ 和 $31 = 1 + 10 + 20$，但是无法兑换 40（因为 20 不能用两次）。请设计一个 $O(nv)$ 的动态规划算法，判断能否兑换金额 v。

3）考虑上述零钱兑换问题的另一个变体：给定无限多的面值 $x_1, x_2, \cdots, x_n$ 的硬币，我们希望用其中最多 k 枚硬币兑换价格 v，即我们需要找到不超过 k 枚的硬币，使其总面值为 v。这也可能是无法实现的，例如，若面值为 5 和 10，$k = 6$，则我们将可以兑换 55，但却不能兑换 65。请设计一个的动态规划算法，判断能否兑换金额 v。

13.16 图 $G = (V, E)$ 的一个顶点覆盖 S 是 V 的子集，满足：E 中的每条边都至少有一个端点属于 S。请给出如下问题的一个线性时间的算法：

- 输入：无向树 $T = (V, E)$。
- 输出：T 的最小顶点覆盖的大小。

例如对于图 13.6 中的树，可能的顶点覆盖包括 {A, B, C, D, E, F, G}和 {A, C, D, F}，不包括 {C, E, F}。最小顶点覆盖的大小为 3，对应集合为 {B, E, G}。

13.17 现在考虑带权重版本的课程表问题。不同的课程学分不同（学分和课程的时间无关）。你的目标是选择一组互不冲突的课程使得到的学分最多。

1）现有贪心算法是按照课程结束时间的先后顺序总是选择最先结束的课程，请证明这个算法并不能够总是得到最优解。

2）请设计一个在 $O(n^2)$ 时间内解决该问题的算法。

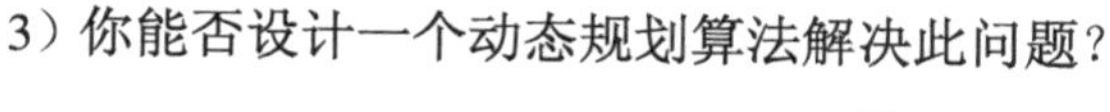
3）你能否设计一个动态规划算法解决此问题？

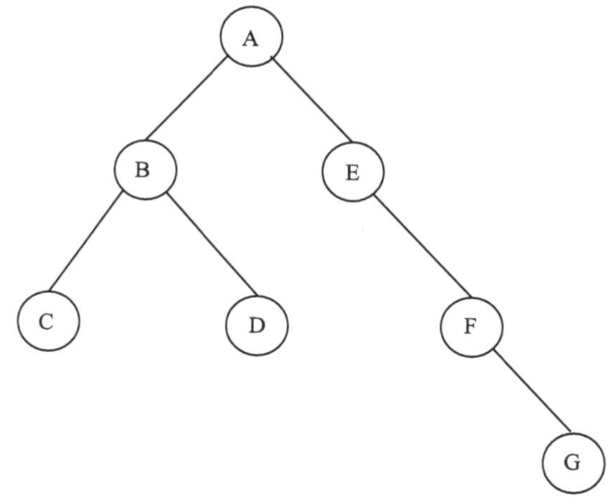

图 13.6　树的顶点覆盖

13.18　假设你准备开始一次长途旅行。以 0 公里为起点，一路上共有 n 座旅店，距离起点的公里数分别为 $a_1 < a_2 < \cdots < a_n$。旅途中，你只能在这些旅店停留。最后一座旅店 a_n 为你的终点。理想情况下，你每天可以行进 200 公里，不过考虑到旅店间的实际距离，有时候可能还达不到这么远。如果你某天走了 x 公里，那么你将受到 $(200-x)^2$ 的惩罚。你需要计划好行程，以使总惩罚（每天所受惩罚的总和）最小。请设计一个高效的算法，计算一路上最优停留位置序列。

13.19　某公司计划沿着一条高速公路修建一系列酒店。酒店的 n 个可能的选址位于一条直线上，它们与高速起点的距离（按照升序）依次为 $m_1, m_2, \cdots, m_n$ 公里。修建酒店的限制条件如下：

- 在每个地址上最多修建一座酒店。在位置 i 建设酒店可能带来的利润为 p_i，其中 $i = 1, 2, \cdots, n$，$p_i > 0$。
- 两个酒店间至少间隔 k 公里，其中 k 为正整数。

请设计一个高效的算法，计算修建这些酒店最多能获得的利润总额。

13.20　现有一个加油站，它的地下油库能存储 L 升的油。每次进油有固定的代价 P。当一天的油未用完时，每升油存储 1 天的代价为 c。假设在冬天歇业之前，加油站还要运营 n 天。第 n 天结束时，油库里的油必须全部卖完。假设根据历史数据，加油站可以准确地预知未来 n 天每天的油的销售量 $g_i(1 \leqslant i \leqslant n)$。第 0 天结束时，油库是空的。请设计一个算法，决定未来 n 天的进油计划，使得总代价最小。

13.21　Vankin's Mile 是一个在 $n \times n$ 的棋盘上玩的纸牌游戏。玩家一开始将纸牌放在棋盘的任意一个格子上，然后在每一轮中只可以将纸牌向下或者向右移动一个格子，当纸牌被玩家移动超出棋盘边界时游戏结束。每一个格子有一个数值，可以是正数、负数或者 0。一开始，玩家的得分为 0。只要玩家的牌未超过边界，就将当前所处格子的数值加到分数中，这个游戏的目标就是使得分越高越好。例如，给定下面的棋盘，玩家一开始将纸牌放置在第二行上的 8 对应的格子，然后将纸牌向下移动、向下移动、向右移动、向下移动，游戏结束。他

最终可以得到 $8-6+7-3+4=10$ 分，但这并不是可以得到的最高得分。

−1	7	−8	10	−5
−4	−9	8	−6	0
5	−2	−6	−6	7
−7	4	7	−3	−3
7	1	−6	4	−9

请设计一个算法来得到 $n \times n$ 的棋盘上玩 Vankin's Mile 所能得到的最高分数。

13.22　P 是一个有 n 个顶点的凸多边形。P 的对角线指的是连接 P 的两个顶点，并且位于其内部的线段。对于多边形 P 的一个三角化（triangulation）指的是通过最多数目的互不相交的对角线将 P 分解为若干个三角形。请设计一个 $O(n^3)$ 的算法找出 P 的一个三角化方案，使得所有对角线的长度之和最短。

13.23　假设你需要为一家公司策划一次宴会。公司所有人员组成一个层级关系，即所有人按照上下级关系组成一棵树，树的根节点为公司董事长。公司的人力资源部门为每个员工评估了一个实数值的友好度评分。为了聚会能够更轻松地进行，公司不希望一名员工和他的直接领导共同出现在宴会上。请设计一个算法决定宴会邀请人员名单，使得所有参加人员的友好度评分总和最大。

13.24　一个送比萨的男孩有一系列的订单要送。这些订单的目的地用坐标 $\{p_1, p_2, \cdots, p_n\}$ 来表示，$p_i=(x_i, y_i)$。假设 x 坐标是严格递增的，即 $x_1 < x_2 < \cdots < x_n$。比萨店的位置在 p_1，并且送外卖的路线满足两个约束条件：首先按照 x 坐标递增的顺序送外卖；然后按照 x 递减的顺序送外卖并且最终回到比萨店（请参考图 13.7 中的例子）。假设已有函数 $dist(i, j)$ 用来计算 p_i 和 p_j 之间的距离，请给出计算最短外卖路线的算法。

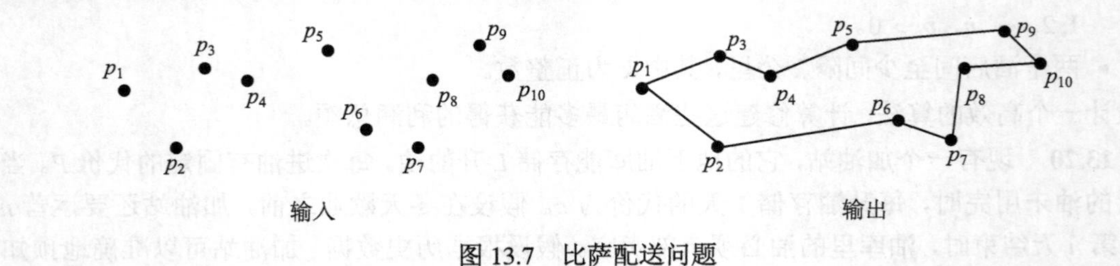

图 13.7　比萨配送问题

第四部分

围绕数据结构的算法设计

有一类算法问题的共性特征在于需要将一组数据维护好，以高效地支持针对这批数据的各种操作。针对这类问题，算法设计的核心就是将数据维护成某种精心设计的结构。设计优良的数据结构不仅能够高效支持针对数据的查询/更新操作，而且在数据持续进入、离开的情况下，仍然能够以较低的代价维持其特定的结构，以高效支持后续的数据查询/更新操作。

基于这一视角，这一部分首先讨论选择最大元素问题。将数据组织成堆这一数据结构，可以高效地支持在一组元素中选择最大元素这一操作，并且堆可以高效地被构建，在最大元素被取走时，堆也可以高效地被修复。堆这一数据结构的特性使其被广泛应用于排序、实现优先队列等场景。

其次讨论动态等价关系下的元素查找问题。我们基于并查集这一数据结构，实现了等价类的动态合并和等价关系的动态查询。对于并查集的设计，我们从一个基础的设计开始，逐步改进并和查操作的实现，最终得到高效的并查集设计。

再次讨论元素查找问题。基于哈希表这一数据结构可以实现准常数时间的查找，但是会不可避免地带来冲突消解的问题。针对这一问题，我们讨论了封闭寻址和开放寻址两种经典的冲突消解机制的设计与性能分析。

最后讨论串匹配问题。从数据结构的视角来看，有限自动机能够高效地支持串匹配，所以串匹配问题的核心变成将要匹配的模式串构建成有限自动机，进而将匹配模式串问题变成等价的有限自动机上的状态跳转问题。基于这一视角，我们讨论了经典的 KMP 算法的设计原理与实现。

第14章　堆与偏序关系

对于一组两两可比较大小的元素，通过堆（heap）这一数据结构，可以高效地维护元素间的偏序关系，并强化对于最大/最小元素相关操作的支持。有了堆这一数据结构的支持，可以很容易地实现元素的排序，或者实现优先队列这一抽象数据类型。本章首先讨论堆的定义，其次抽象地讨论堆结构的维护并进一步给出堆的具体实现，最后讨论堆结构的典型应用，包括实现堆排序和优先队列。

14.1　堆的定义

我们首先给出"堆"这一数据结构的定义。

定义 14.1（堆）　一棵二叉树满足"堆结构特性"和"堆偏序特性"，则称它为一个堆（heap）：

- 堆结构特性是指，一棵二叉树，要么它是完美的[㊀]，要么它仅比一棵完美二叉树在底层（深度最大的层）少若干节点，并且底层的节点从左向右紧挨着依次排列。
- 堆偏序特性是指，堆节点中存储的元素满足父节点的值大于所有子节点的值（左、右子节点的值之间的大小关系无要求）。

例如，图 14.1 中的两棵二叉树，左边的满足堆结构特性，而右边的不满足。这是因为右边的二叉树中，底层的节点（深度为 3 的所有节点）并未从左向右紧挨着依次排列，在元素"6"与"5"之间留有一个"空洞"。左边的二叉树同时满足偏序特性，所以它是一个堆。

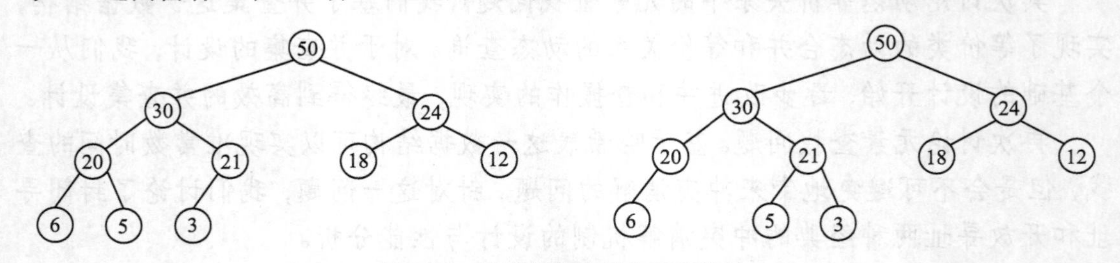

图 14.1　堆的结构特性与偏序特性

父节点的值更大的堆叫"大根堆"，不特别注明时，本章讨论的都是大根堆。显然，可以对偶地定义小根堆，并且对它的处理在原理上与对大根堆的处理是相同的。

14.2　堆的抽象维护

本节首先在抽象的堆结构上讨论堆的维护算法和构建算法的设计。下一节将给出抽象堆结构的一种高效的具体实现。

㊀ 完美二叉树的定义见附录 B。

14.2.1　堆的修复

堆的一个鲜明特点是最大元素必然位于堆顶，这使得堆在排序、实现优先队列等场合获得广泛应用。但同样是由于这一特点，我们需要在位于堆根的最大元素被取走之后，高效地完成修复，使它重新成为一个堆。堆顶元素被取走后，整个堆的结构特性和偏序特性均被破坏，但堆的这两种特性是正交的，这使得我们可以首先专注于修复结构特性，然后再集中修复偏序特性。在具体修复中需要注意的是，我们所面临的并不是一个被任意破坏的堆，而仅仅是一个“局部”破坏的堆。破坏的局部性体现在虽然堆顶元素被取走，但是堆的左右子树仍然是合法的堆。

对于堆结构特性的修复，由于堆结构的特殊性变得非常简单：对于堆顶的缺失，我们只需要找一个元素放在堆顶就可以修复这一结构问题；由于堆底层元素要求从左向右依次排列，所以我们可以“安全”地取走底层最右边的元素而保持堆结构不被破坏。所以堆结构的修复就是取底层最右边的元素，放在堆顶的位置。

修复完结构特性之后，我们所面对的是一棵满足堆结构的二叉树，它的左右子树均是一个合法的堆，但是它的根节点的值与其两个（边界情况下可能只有一个）子节点的值可能不满足偏序特性的要求。为此，我们只需要做如下处理：

- 将父节点与两个子节点的值作比较。假设左子节点的值是三个值中最大的（对于右子节点的值最大的情况是类似的），则我们只需要将左子节点和父节点的值交换位置。此时，父节点和右子树均满足了偏序特性的要求。
- 但是左子树由于一个新的根节点的引入有可能违背偏序特性。为此，我们需要对左子树递归地进行上述修复过程。

由于堆的修复只会在高度严格递减的一系列子树上进行，所以修复过程一定会终止，并且修复的次数不超过堆的高度。由于堆结构的特性，它的高度为 $O(\log n)$，每次修复的比较次数为 $O(1)$（最多为 2 次），所以堆修复的代价为 $O(\log n)$。

14.2.2　堆的构建

将一组节点维护成一个满足堆结构特性的二叉树是容易的（详见 14.3 节的讨论），所以我们重点讨论如何维护堆的偏序特性。假设有一棵满足堆结构特性的二叉树，但是树中每个节点所存储值的大小关系完全是杂乱的，现在需要使树中所有父子节点间均满足堆的偏序特性。基于堆修复操作，采用递归的思想很容易完成堆的构建：

- 从根部开始堆的构建。注意，一个堆结构的左右子树必然还是堆结构。此时如果堆的左右子树均是一个合法的堆，则最多只是根节点局部对偏序特性有所破坏。而这一局部破坏，可以用堆修复操作处理，由此就可以完成整个堆的构建。
- 对于堆结构的左右子树，只需递归地先将它们均构建成一个合法的堆。

一个具体的堆构建的例子如图 14.2 所示。

基于对堆修复操作的分析，易知堆构建的复杂度。一次堆修复的最坏情况时间复杂度是 $O(\log n)$，至多需要对每个元素执行一次堆修复，所以堆的构建代价为 $O(n\log n)$。但是这一分析是粗糙的，我们可以结合堆结构的特性进行深入分析，得到堆构建代价的一个更紧的上界。根据堆的递归构建算法，可知堆构建代价近似地满足以下递归式：

$$W(n) = \underbrace{2W\left(\frac{n}{2}\right)}_{\text{左右子树递归构建}} + \underbrace{2\log n}_{\text{根节点处的堆修复}}$$

根据 Master 定理，存在 $\varepsilon > 0$ 满足 $\log n = O(n^{1-\varepsilon})$，所以 $W(n) = O(n)$。

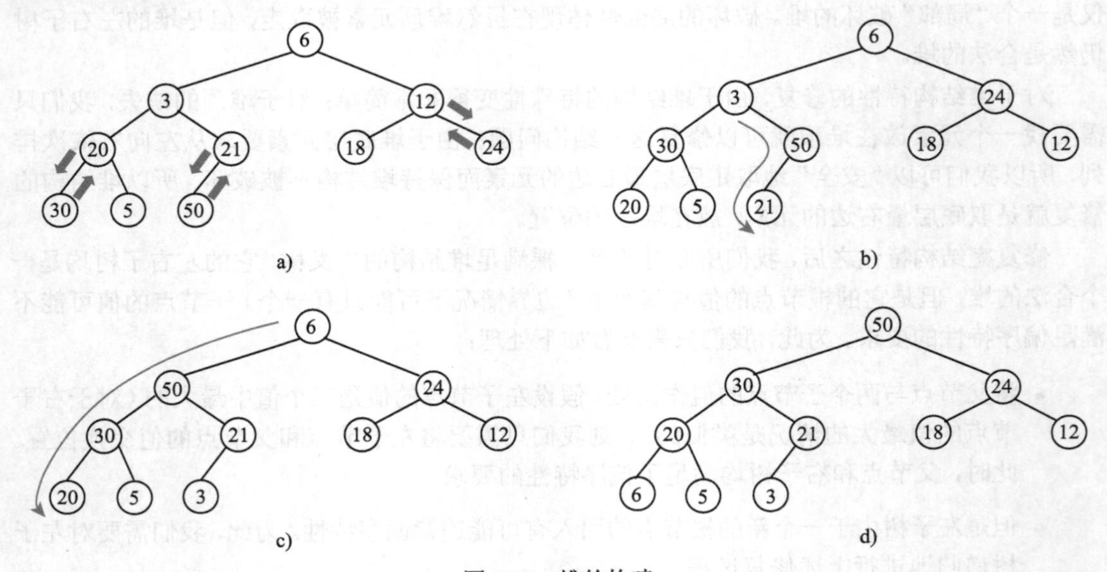

图 14.2　堆的构建

我们还可以细致剖析堆构建的过程，直接统计它的代价。上面分析一次堆修复操作，最坏情况下的代价是 $O(\log n)$。这是一个很松的估算，因为从整个堆的根到叶节点至多需要 $O(\log n)$ 次比较。对于堆中的某个节点处发生的修复，它的最坏时间复杂度跟该节点的高度是对应的。每次从根节点和两个子节点之间选出最大值元素最坏情况下需要比较两次，这一修复过程至多从该节点处一直向下重复到叶节点处，所以该节点处进行堆修复的代价不超过 $2h$，这里 h 为该节点的高度。所以对构建代价进行分析的问题的核心，是对堆中所有节点的高度求和。对于一棵完美二叉树，很容易验证，其高度为 h 的节点个数为 $\left\lceil \frac{n}{2^{h+1}} \right\rceil$，所以对于完美二叉树而言，所有节点的堆修复代价总和满足：

$$\begin{aligned} W(n) &= \sum_{h=0}^{\lfloor \log n \rfloor} \left\lceil \frac{n}{2^{h+1}} \right\rceil O(h) \\ &= O\left(n \sum_{h=0}^{\lfloor \log n \rfloor} \frac{h}{2^h}\right) \\ &= O(n) \end{aligned}$$

虽然堆不一定是一棵完美二叉树，但是堆只可能在底层比完美二叉树缺少若干节点，很容易证明对于一个任意的堆而言，其节点的高度和同样有上界 $O(n)$。

14.3 堆的具体实现

前面都是在抽象数学概念的层面讨论堆的性质与操作，而上述讨论必须落实到具体的堆的计算机实现中。要实现堆，自然应该从堆的定义着手。堆的定义有结构特性和偏序特性这两种正交的特性。从直觉来看，堆的偏序特性更为重要，它决定了我们可以轻松找到最大元素。为此，我们是不是应该采用一种链表的结构，使父子节点均可以通过指针直接访问到对方呢？这一实现对于堆的偏序特性而言并无不妥之处。它的主要问题在于，无法简单且高效地实现“从底层最右边取一个元素用于堆的修复”这一操作，而这一操作对于堆结构的维护非常重要。

稍显反直觉的是，我们需要首先采取一种堆的维护方式，使我们能够简单地维护堆的结构特性。基于这一方式，我们再探索如何能够实现堆中父子关系的简单且高效的维护。具体而言，对于一个大小为 n 的堆，需要一个大小为 n 的数组，它的下标为 $1, 2, \cdots, n$。我们将堆中的元素按深度从小到大、同一深度的元素从左到右依次放入数组中，如图 14.3 所示。采用这一方式在数组中存放堆元素，我们很容易找到堆的底层最右边的元素，它就是数组末尾的元素。而这一实现方式的核心是确定父子节点的下标之间的换算关系。对图 14.3 中的例子稍加分析，我们发现堆中的父子节点的下标之间满足以下换算关系：

- $\mathrm{PARENT}(i) = \left\lfloor \frac{i}{2} \right\rfloor$
- $\mathrm{LEFT}(i) = 2i$
- $\mathrm{RIGHT}(i) = 2i + 1$

上述关系基于数学归纳法容易证明，具体证明留作习题。基于堆的数组实现，我们可以实现前面抽象讨论过的堆的修复和构建操作，如算法 52 和算法 53 所示。

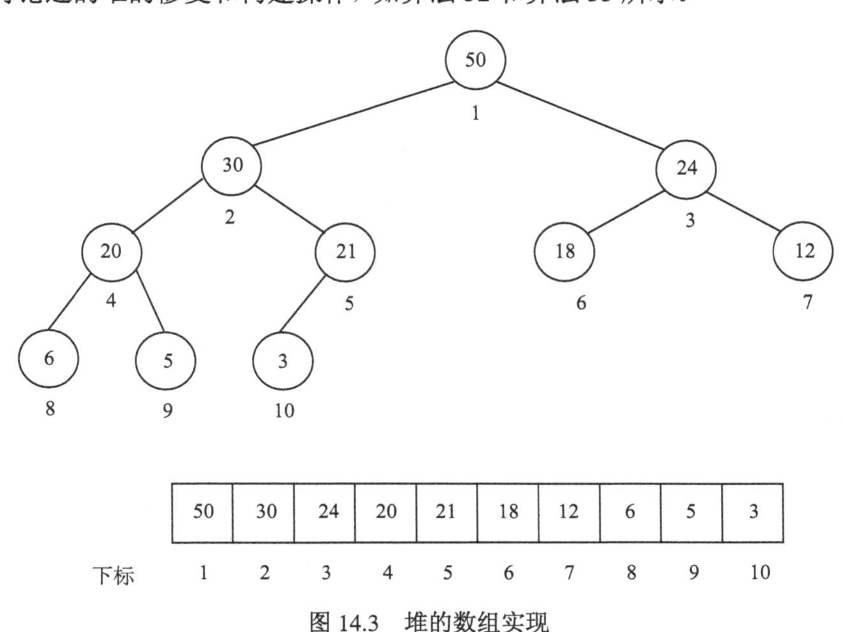

图 14.3 堆的数组实现

算法 52: FIX-HEAP(A, p)

```
1 l := LEFT(p);  r := RIGHT(p) ;
2 next := p ;
3 if l ⩽ heapSize ∧ A[l] > A[p] then    /* heapSize在CONSTRUCT-HEAP中初始化 */
4 │ next := l ;
5 if r ⩽ heapSize ∧ A[r] > A[next] then
6 │ next := r ;
7 if next ≠ p then
8 │ SWAP(A[p], A[next]) ;
9 │ FIX-HEAP(A, next) ;
```

算法 53: CONSTRUCT-HEAP$(A[1..n])$

```
1 heapSize := n ;
2 BUILD(1) ;
3 subroutine BUILD(p) begin
4 │ l := LEFT(p);  r := RIGHT(p) ;
5 │ if l ⩽ heapSize then
6 │ │ BUILD(l) ;
7 │ if r ⩽ heapSize then
8 │ │ BUILD(r) ;
9 │ FIX-HEAP(A, p) ;
```

14.4　堆的应用

堆是一种实现简单而实用的数据结构。本节讨论堆的两种最常见的应用：实现堆排序和实现优先队列。

14.4.1　堆排序

有了堆所保证的偏序特性，我们很容易用它实现排序。堆排序算法首先将所有元素构建成一个堆。基于堆，算法可以立即得到全局最大的元素。拿走最大元素放在输出序列的末尾，对拿走根节点的堆，算法进行堆修复。反复进行上述“取根再修复”的操作，我们可以对所有元素进行排序。堆排序的实现如算法 54 所示。

将输入的 n 个元素构建为堆的代价为 $O(n)$，每次堆修复的代价为 $O(\log n)$，所以堆排序的最坏情况时间复杂度为 $O(n + n\log n) = O(n\log n)$。根据 4.3 节对比较排序最坏情况和平均情况时间复杂度下界的讨论，可知堆排序的最坏情况时间复杂度达到了比较排序的最优。同时堆排序的平均情况时间复杂度同样为 $O(n\log n)$，也达到了最优。

算法 54: HEAP-SORT($A[1..n]$)

```
1 CONSTRUCT-HEAP(A[1..n]) ;
2 for i := n downto 2 do
3     SWAP(A[1], A[i]) ;
4     heapSize := heapSize − 1 ;
5     FIX-HEAP(A, 1) ;
```

14.4.2 基于堆实现优先队列

堆可以用于实现优先队列（priority queue）这一抽象数据类型。优先队列对外提供 4 个接口：

- GET-MAX：返回优先队列中优先级最高的元素。
- EXTRACT-MAX：返回队列中优先级最高的元素，并将该元素删除（且修复删除后的优先队列）。
- INSERT：向优先队列中添加一个新的元素。
- INCREASE-KEY：将优先队列中的某个元素的优先级提高到指定值。

可以基于堆实现优先队列，如算法 55 所示。其中，堆中的每个节点对应于优先队列中的每个元素，堆节点中存放的键值即为每个元素的优先级。GET-MAX 直接返回堆的根元素的值。EXTRACT-MAX 返回堆根元素的值，并将堆根元素删除。对于根节点的删除，一次堆修复操作即可将堆恢复正常。INCREASE-KEY 操作也仅仅会对堆造成局部破坏：被增加键值的节点，有可能键值大于其父节点的键值。对此，我们只需要反复将父子节点交换位置，直至父节点的键值大于子节点的键值，或者调换至根节点的位置。容易验证这一调换操作能够保证整个堆满足偏序特性。INSERT 操作可以基于 INCREASE-KEY 简单实现。首先直接在堆中增加一个哑元节点，它的位置在堆中底层最右边的叶节点的右边（如果插入前堆是完全二叉树，则将哑元节点放在新的一层中，它在插入后成为底层最左边唯一的一个叶节点），并且键值为 $-\infty$。容易验证该哑元节点的加入仍然保证了堆的结构特性与偏序特性。此后，只需要用 INCREASE-KEY 操作将哑元节点的键值增加到想插入的键值即可。

算法 55: Priority Queue Operations

```
1 INITIALIZE(A[1..n]) begin
2     CONSTRUCT-HEAP(A[1..n]) ;/* 将若干元素初始化为优先队列，初始化sizeHeap */

3 GET-MAX(A) begin
4     return A[1] ;

5 EXTRACT-MAX(A) begin
```

```
6      if heap A is empty then
7          return error ;
8      max := A[1] ;
9      A[1] := A[heapSize] ;
10     heapSize := heapSize − 1 ;
11     FIX-HEAP(A, 1) ;
12     return max ;

13 INCREASE-KEY(A, i, key) begin
14     if key < A[i] then
15         return error ;
16     A[i] := key ;
17     while i > 1 and A[i] > A[⌊i/2⌋] do
18         SWAP(A[i], A[⌊i/2⌋]);
19         i := ⌊i/2⌋;

20 INSERT(A, key) begin
21     heapSize := heapSize + 1 ;
22     A[heapSize] := −∞ ;
23     INCREASE-KEY(A, heapSize, key) ;
```

14.5 习题

14.1 请证明，对于所有整数 $h \geqslant 1$, $\left\lfloor \log\left(\left\lfloor \frac{1}{2}h \right\rfloor + 1\right) \right\rfloor + 1 = \lceil \log(h+1) \rceil$（请结合堆结构的数学特性来解读该结论）。

14.2（堆中第 k 大的元素） 给定一个堆，其中有 n 个元素。请选出其中第 k 大的元素。假设 $k \ll n$，选择的代价要求是 k 的函数（与 n 无关）。

14.3（d 叉堆） 一个 d 叉堆可以用一个一维数组表示。根节点存放在 $A[1]$，它的子节点依次放在 $A[2], \cdots, A[d+1]$，这些子节点的子节点存放在 $A[d+2], \cdots, A[d^2+d+1]$，以此类推。请证明下面两个分别计算下标为 i 的节点的父节点及其第 $j(1 \leqslant j \leqslant d)$ 个子节点的过程的正确性。

- D-ARY-PARENT(i)

  return $\left\lfloor \dfrac{i-2}{d} + 1 \right\rfloor$;
- D-ARY-CHILD(i, j)

  return $d(i-1)+j+1$;

14.4 请证明在一个有 n 个节点的堆中，所有节点的高度之和最多为 $n-1$，并说明在何种情况下所有节点的高度之和正好为 $n-1$。

14.5 请给出一个时间为 $O(n\log k)$、用来将 k 个已排序链表合成一个有序链表的算法。这里 n 表示所有输入链表中元素的总数。

14.6（动态发现中值） 有一组元素，它们不断地被动态加入和删除，但是我们需要随时找出当前所有元素的中位数。为此，请设计一个数据结构，以支持对数时间的插入、删除和常数时间的找出中位数（提示：利用两个堆来实现该数据结构）。

第 15 章 并查集与动态等价关系

计算机应用经常需要对所涉及的元素进行某种分类。这一分类往往可以用等价关系（equivalence relation）来描述。应用关注元素间的某种等价关系，并将元素按这一等价关系划分为若干等价类。在实际应用中，等价关系往往是变化的。在很多场景中，原本不等价的元素会变得等价，不同等价类会逐渐合并成新的等价类。例如，从动态等价关系的角度来说，Kruskal 算法（参见 10.3 节）就可以看成初始时，图中所有点各自成为一个等价类，随着最小生成森林的构建，这些等价类逐渐合并，最终成为一个等价类（即一棵最小生成树）。

本章所研究的并查集，就是用于维护动态等价关系的数据结构。本章首先讨论并查集的两种蛮力实现以深入认识动态等价关系维护这一问题，其次给出基于根树的实现。对于基于根树的实现，我们同样逐步改进其设计，最终得到并查集的高效实现。

15.1 动态等价关系

考虑 n 个元素 $a_1, a_2, \cdots, a_n$，在某种等价关系下被分成若干个等价类。初始时，每个元素单独成为一个等价类。后续等价类会被陆续合并，使用者还需要经常查询某个元素属于哪一个等价类。此时两个操作是关键的：

- FIND(a_i)：返回 a_i 所在的等价类（的代表元）。
- UNION(a_i, a_j)：将 a_i 和 a_j 所在的等价类合并成一个等价类。

如果我们能高效地获得一个元素所在等价类的代表元，则再做一次代表元的比较，即可判断两个元素之间是否具有等价关系。对于并查集的 l 次 UNION/FIND 操作，我们称之为长度为 l 的并查程序（union-find program）。并查集的实现代价是 n 和 l 的函数。

并查集有很多经典应用。例如，基于并查集可以高效地实现 Kruskal 算法（参见 10.3 节）。Kruskal 算法中的一个关键问题是判断新加入一条边之后是否成环。对于成环的判断，可以通过图遍历来实现。但是如果每次加边都反复进行图遍历，其代价过高。每进行一次全新的图遍历就会丢弃前面的判断得到的信息，导致重复计算，因此我们需要通盘考虑所有判断成环的操作，以降低总体代价。假设我们需要判断加入一条边 uv 是否会在局部最小生成森林中形成环，这等价于判断在加入边 uv 之前，顶点 u 和 v 在局部最小生成森林中是否连通。如果 u、v 不连通，则可以加入边 uv，很容易验证这必然不会形成环。但是加边的操作将导致本来不连通的一些点变得连通，这一变化会影响我们判断加入下一条边是否会形成环。

根据这一分析，我们发现判断是否成环等价于判断节点间（在局部最小生成森林中）的连通关系。这一判断的难点在于，随着边的不断加入，节点间的连通关系是动态变化的。由于要反复判断节点间的连通关系，所以需要及时获知节点间的最新连通关系。很容易验证，节点间的连通关系是一个等价关系。所以问题是，给定一组元素，它们之间会逐步增加等价关系（已建立的等价关系不会消失）。我们需要在节点间等价关系动态变化的同时，高效地判断两个元素之间是否具有这一等价关系。有了并查集这一数据结构的支撑，很容易实现 Kruskal 算法中对于是否成环的判断。要判断加入边 uv 是否会成环，只需要判断点 u 和 v 是否在同一个等价类。如果是，则加入 uv 必然成环，否则必然不成环。当加入边 uv 之后（加边之前 u 和 v 必然属于两个不同的等价类），需要将这两个点所在的等价类合并成一个。

下面首先通过并查集的两种蛮力实现，来深入认识并查集实现的难度，为后续的高效实现做准备。要实现动态等价关系的维护，很容易想到两种朴素的实现方法：

- **基于矩阵**：等价关系是一种二元关系。通过布尔矩阵可以表示任意一对元素之间的二元关系，即 $A[i, j]$ 为 TRUE，则元素 a_i 和 a_j 有等价关系，为 FALSE 则没有。这一实现的空间开销为 $\Theta(n^2)$。对于 n 个元素和长度为 l 的并查程序，其最坏情况时间复杂度为 $O(nl)$，开销主要源于矩阵行的拷贝操作。

- **基于数组**：令数组 $E[1..n]$ 的每个位置 $E[i]$ 存放的是元素 a_i 所在等价类的代表元。基于这一代表元，数组也可以实现并查集。这一实现的空间开销为 $O(n)$，最坏情况时间复杂度同样为 $O(nl)$，开销主要源于更新等价类时对数组的遍历。

上述两种方法的详细算法实现与分析留作习题。

15.2 基于根树的基础实现：普通“并”+ 普通“查”

并查集一种常用的实现方式是基于根树结构。根树的每个节点存放集合中的一个元素。每个节点有一个 *parent* 域，指向其父节点。对于根节点而言，它的 *parent* 域的值为 NULL。所有元素存放在若干棵子树中，每棵子树中的所有节点对应于一个等价类，根节点充当整个等价类的代表元。基于这一实现方式，FIND 操作就可以实现为反复访问 *parent* 节点，直至到根节点；UNION 操作就可以实现为将一棵子树“挂”到另一棵子树的根节点上，合并成一棵新的子树（将一棵子树根节点的 *parent* 域指向另一棵子树的根节点）；如图 15.1 所示。

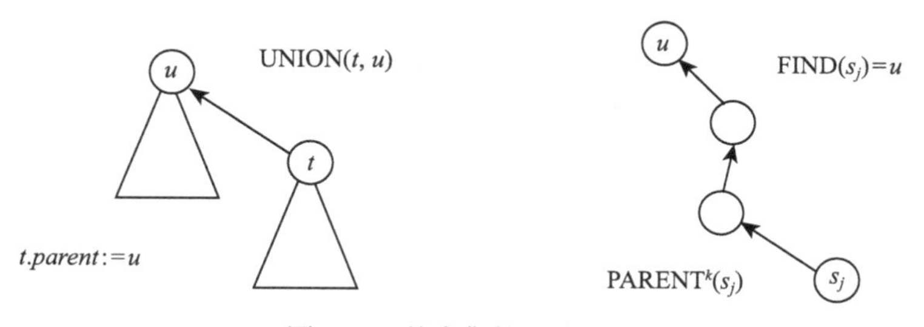

图 15.1 并查集的基础实现

基于根树实现并查集时，我们以对 *parent* 域的访问（读或写）为关键操作。这一基于根树的实现，其最坏情况时间复杂度同样为 $O(nl)$，与基于数组或者矩阵的朴素实现性能类似。出现这一情况的主要原因是，我们没有对根树的合并方式有任何深入的考虑，UNION(t, u) 总是将 t 所在的根树挂到 u 所在根树的根节点上。遵循对手论证的思路（参见第 19 章），我们很容易构造一种坏输入，首先使根树的形状极度不均衡，然后总是查找深度最大（查找代价也最大）的元素。这一输入使基于根树的基础实现的并查集代价为 $O(nl)$，如图 15.2 所示。

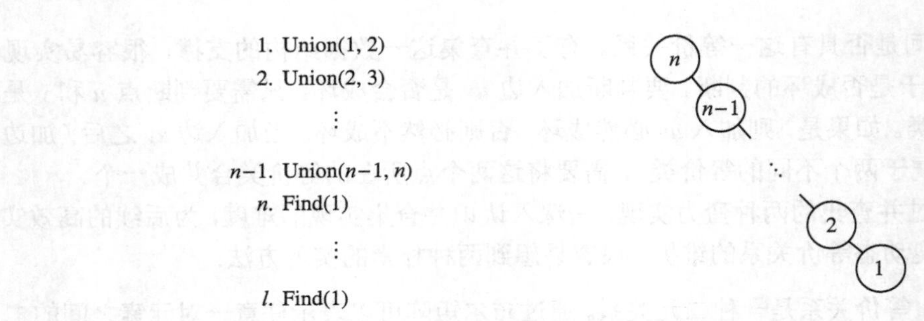

图 15.2　极不平衡的根树

15.3　保证合并的平衡性：加权“并”+ 普通“查”

上面对于并查集基础实现的性能分析的结果是我们所熟悉的：极度不平衡的树结构导致最高的时间复杂度。由此，一种自然的改进方法就是合理利用树的结构信息来控制合并之后树的平衡性。基于这一思路，我们提出了改进后的 UNION 实现方法：WEIGHTED-UNION。

根树的大小（节点的个数）是一种易于维护又能有效控制平衡性的结构特征。基于根树的大小信息，可以对 UNION 的朴素实现做一种直观的改进：每次合并时，总是将节点数更少的树挂到节点数更多的树的根节点上。为了实现 WEIGHTED-UNION，只需要在根节点上记录根树的大小信息，并在等价类合并的时候更新等价类的大小。此时的关键问题是，基于根树的大小来控制平衡性，能否有效降低并查集的使用开销。下面的引理表明在合并时考虑根树的大小可以有效控制树的平衡性：

引理 15.1　*初始时，每个元素成为一个等价类。基于 WEIGHTED-UNION 来实现并查集的并时，包含 k 个节点的树，它的高度至多不超过 $\lfloor \log k \rfloor$。*

证明　采用数学归纳法，对节点数 k 作归纳。初始情况下，$k = 1$，结论显然成立。进而考虑 $k > 1$ 的情况，归纳假设对于任意的 $m < k$，有包含 m 个节点的树的高度不超过 $\lfloor \log m \rfloor$。假设树 T 有 k 个节点，它是由子树 T_1 和 T_2 通过 WEIGHTED-UNION 操作合并而成的，如图 15.3 所示。这里，T_1 和 T_2 的节点数分别为 k_1 和 k_2，高度分别为 h_1 和 h_2。根据 WEIGHTED-UNION 操作的要求，我们知道 $k_1 \geqslant k_2$。此时 T 的高度为 $h = \max\{h_1, h_2 + 1\}$。根据归纳假设，我们有 $h_1 \leqslant \lfloor \log k_1 \rfloor \leqslant \lfloor \log k \rfloor$。对于子树 T_2，有 $k_2 \leqslant \dfrac{k}{2}$，所以 $h_2 + 1 \leqslant \lfloor \log k_2 \rfloor + 1 \leqslant \left\lfloor \log \dfrac{k}{2} \right\rfloor + 1 = \lfloor \log k \rfloor$。从而证明了 $h \leqslant \lfloor \log k \rfloor$。■

基于根树的平衡性，可以证明 WEIGHTED-UNION 能有效降低并查集的使用代价：

定理 15.1　*采用 WEIGHTED-UNION 和 FIND，对于 n 个元素的并查集与长度为 l 的并查程序，最坏情况下代价为 $O(n + l \log n)$。*

证明　根据引理 15.1，对于 n 个节点的并查集，采用 WEIGHTED-UNION 操作得到的树高最多为 $\lfloor \log n \rfloor$。所以 FIND 的代价不超过 $O(l \log n)$。初始化时，需要将每个元素维护成一棵根树，其代价为 $O(n)$。所有 UNION 操作的代价也不超过 $O(n)$。所以针对 n 个节点的长度为 l 的任意并查程序的代价为 $O(n + l \log n)$。■

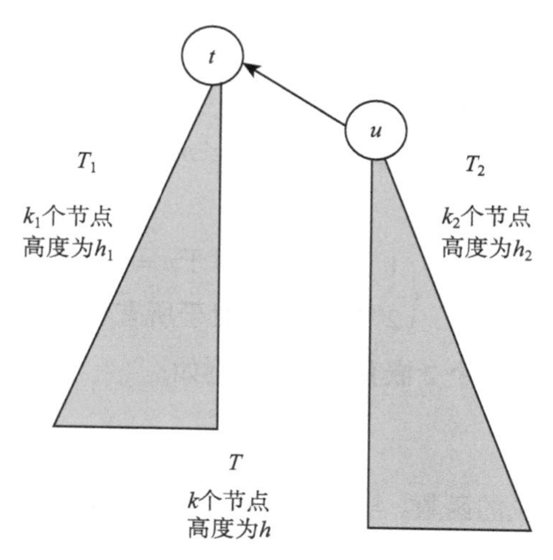

图 15.3　WEIGHTED-UNION 的实现

15.4　降低查找的代价：加权“并”+ 路径压缩“查”

即便采用 WEIGHTED-UNION，在最坏情况下也不可避免地要付出 $O(\log n)$ 的查找代价，这一代价来源于根树的高度。所以此时一个自然的改进想法是，既然并查集并未对根树的形状做任何要求，那么可以通过路径压缩操作来降低深度很大的节点的查找代价。路径压缩的工作原理是，当查找一个节点的等价类时，首先通过不断查找父节点，找到所在树的根，然后将当前节点到树根的路径上的所有节点全部变成根节点的子节点，如图 15.4 所示。这一查找操作记为 C-FIND（path compression find）。

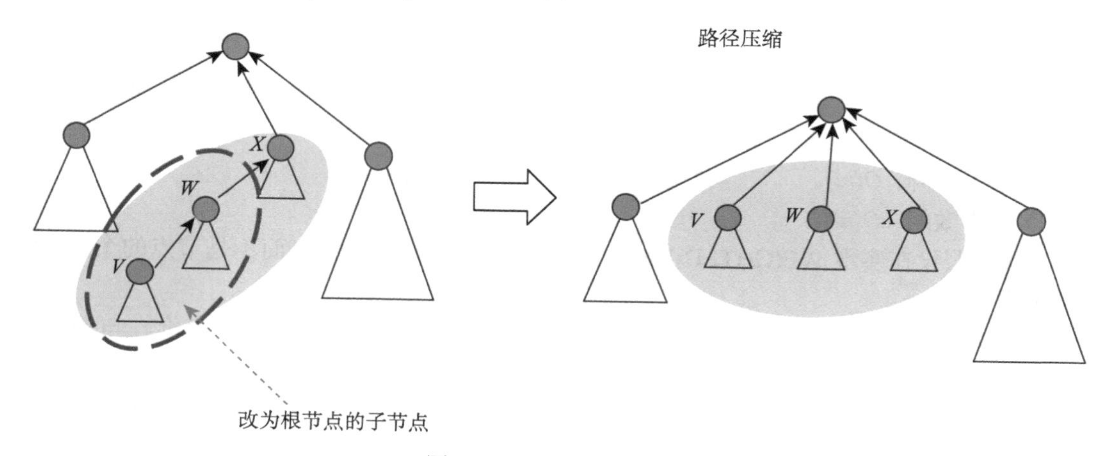

图 15.4　路径压缩的实现

路径压缩的改进是很明显的，一个深度值很大因而查找代价很高的节点，通过路径压缩，它的后续查找代价被显著降低为 $O(1)$。同时，路径压缩也要付出代价，压缩过程的代价等于再做一次查找的代价。如果花了额外的代价对一批节点做路径压缩，这些压缩过的节点后续被频繁查找，则路径压缩就能有效改进并查集的效率。采用 WEIGHTED-UNION 和 C-FIND

的并查集，其代价满足：

定理 15.2 对于包含 n 个元素的并查集，执行长度为 l 的 WEIGHTED-UNION 和 C-FIND 组成的指令序列，最坏情况时间复杂度为 $O((n+l)\log^* n) \approx O(n+l)$。

其中，超指数函数 $H(n)$ 的定义为：

$$H(n) = \begin{cases} 1 & \text{对于} n = 0 \\ 2^{H(n-1)} & \text{对于所有} n > 0 \end{cases}$$

函数 $H(n)$ 直观地写出来就是 n 个 2 嵌套求指数，例如：

$$H(5) = 2^{2^{2^{2^{2}}}}$$

显然 $H(n)$ 是一个增长非常快的函数。与之相对偶，可以定义一个增长非常慢的 $\log^*$ 函数：

$$\log^*(j) = \min\{\, i \mid H(i) \geqslant j \,\}$$

容易验证，$\log^*$ 函数满足 $\lim\limits_{n\to\infty} \log^*(n) = \infty$，但是 $\log^*$ 增长得非常慢。拿增长较慢的对数函数作参照，可以验证对于任意给定的正整数 k：

$$\lim_{n\to\infty} \frac{\log^* n}{\log^{(k)} n} = 0$$

其中 $\log^{(k)} n$ 表示对 n 做 k 次取对数的操作。

基于上述对于 $\log^*$ 函数性能的分析，可以认为，由于 $\log^*$ 函数增长得非常缓慢，采用 WEIGHTED-UNION 和 CFIND 的并查集近似取得了 $O(n+m)$ 的性能。这里略去了定理 15.2 的详细证明，有关证明的细节可以参考文献 [8,12]。

15.5 习题

15.1 假设一个并查集中有 n 个元素，并查指令序列的长度为 l，请对于并查集的不同实现方法给出具体的算法实现并分析代价：

1）基于矩阵：$O(nl)$。

2）基于数组：$O(nl)$。

15.2 假设在实现 WEIGHTED-UNION 的时候，采用树的高度（而不是节点的个数）作为衡量指标。

1）请将上述思路实现为具体的算法，并分析使用 FIND 时并查集的代价。与传统的 WEIGHTED-UNION（以节点数为指标）相比，这一实现能否改进并查集的使用代价？

2）上述新的 WEIGHTED-UNION 和 C-FIND 配合使用时，并查集的代价是否有所改进？

15.3 以下是程序分析中的一个问题。对于一组变量 $x_1, \cdots, x_n$，给定一些形如 $x_i = x_j$ 的等式约束和形如 $x_i \neq x_j$ 的不等式约束，这些约束是否能同时满足？例如，如下一组约束：

$$x_1 = x_2, x_2 = x_3, x_3 = x_4, x_1 \neq x_4$$

是无法同时满足的。请给出一个有效的算法，判断关于 n 个变量的 m 个约束是否可以同时满足。

15.4 给定一个划分为 $n\times m$ 个方格的矩形空间，如图 15.5 所示。对于两个相邻的方格，如果将它们共有的边删除，则这两个方格将变得连通。现在对于给定的入口和出口，需要构建一个迷宫，即删除一定的边，使出口和入口连通。请设计一个算法随机生成合法的迷宫，并分析算法的最坏情况时间复杂度。

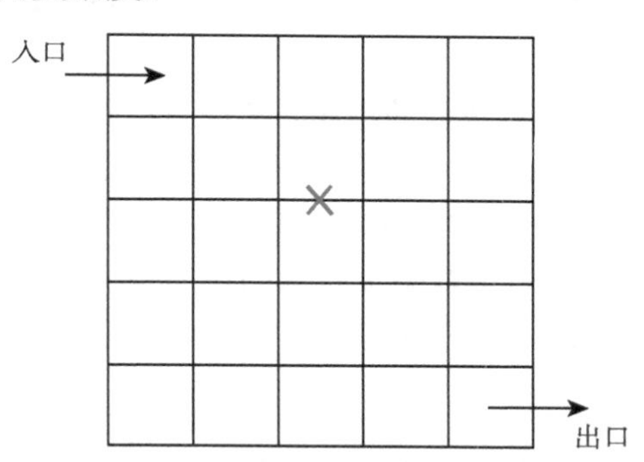

图 15.5 用算法生成一个迷宫

第 16 章　哈希表与查找

查找的本质是组织数据，通过数据的组织，实现查找代价的降低。根据第 6 章的讨论，查找的上界是 $O(n)$，下界是 $O(1)$。基于元素的排序或者平衡二叉搜索树等数据结构，查找的代价可以改进到 $O(\log n)$。本章讨论哈希表这一数据结构，它实现了接近下界的准常数时间的查找性能 $O(1+\alpha)$。本章首先给出数据查找表的蛮力实现，然后给出哈希表的基本原理，最后讨论哈希表冲突消解机制的设计与分析。

16.1　直接寻址表：查找表的蛮力实现

在给出直接寻址表的设计之前，首先定义几个重要的概念。我们要查找的键值，它所有可能的取值构成键值空间（universe of keys）U，这往往是非常大的一个集合。但实际应用中使用的键值一般是键值空间中的一个子集，该子集的大小记为 n。一般 n 的取值远小于键值空间的大小。例如，假设键值是长度为 64 位的小写英文字母，则键值空间大小为 26^{64}。在一个实际应用中，如果键值对应于人员信息，那么可能实际键值的大小为几千的量级。

使用直接寻址表很容易实现高效的查找。直接寻址表为键值空间 U 中的每个元素预分配一个存储空间，因而所有可能的键值与直接寻址表中的条目有一一对应关系。利用这个一一对应关系，可以实现常数时间的查找。例如，在上面的例子中，我们的键值是由长度为 32 位的小写英文字母组成的字符串，则所有可能的键值个数是 26^{32}。我们建立一个大小为 26^{32} 的直接寻址表，表中的键值按照字典序排列。这样根据一个键值，就可以在常数时间内计算出它在表中的位置。直接寻址表的实现如算法 56 所示。

算法 56: DIRECT-ADDRESS-TABLE

```
1 DIRECT-ADDRESS-SEARCH(T, k) begin
2 |  return T[k] ;

3 DIRECT-ADDRESS-INSERT(T, x) begin
4 |  T[x.key] := x ;

5 DIRECT-ADDRESS-DELETE(T, x) begin
6 |  T[x.key] = NIL;
```

直接寻址表的优点是显然的，它能实现常数时间的查找。直接寻址表的缺点也是显然的，它的空间开销巨大，达到了整个键值空间 U 的大小，但这往往是不能承受的，也是不必要的，因为实际使用的元素往往只是所有可能元素中很小的一部分。

16.2 哈希表的基本原理

以直接寻址表的设计为跳板，哈希表希望既保持其常数查找时间的优点，又消除其空间开销过大的缺点。实现这一目标的关键在于哈希函数（hash function）的引入。具体而言，我们新建一个大小为 m 的哈希表，这里 m 是一个现实可接受的大小值。我们引入一个哈希函数，它能够通过常数时间的计算，将任意一个可能出现的键值（键值空间中的每一个键值）映射到哈希表的某个位置，如图 16.1 所示。哈希值的计算是常数时间，这保证了我们（有可能）以常数时间实现查找。但是由于键值空间的大小远大于哈希表的大小，所以不同键值会不可避免地被哈希函数映射到哈希表中的同一个位置，我们称这一现象为冲突（collision）。

这里不深入讨论哈希函数实现的细节，假设哈希函数具有“完美”的性能，这可以表述为“简单均匀哈希”（simple uniform hashing）的假设，即假设所有键值均匀等概率地映射到哈希表中的每一个位置。哈希函数的设计目标是尽量逼近简单均匀哈希假设。常见的哈希函数包括取模、相乘等：

- 取模：$h(k) = k \bmod m$。
- 相乘：$h(k) = \lfloor m(kA \bmod 1)\rfloor$，常数 $A \in (0, 1)$。

更多的哈希函数设计请参考文献 [4]。

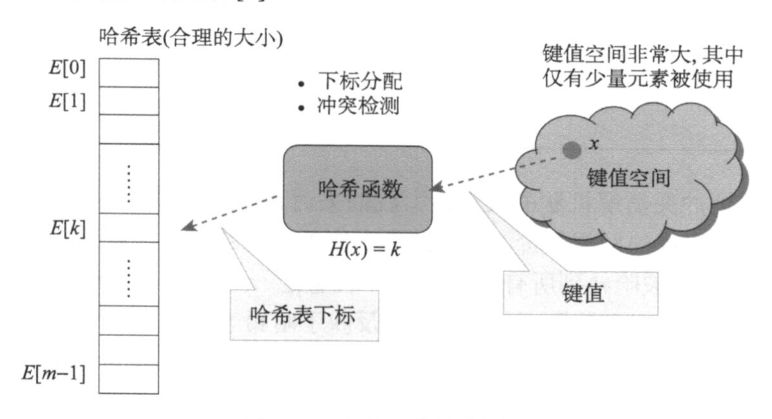

图 16.1 哈希表的基本原理

将键值空间中所有的键值映射到大小合理的哈希表中，冲突是必然的。下面两节将讨论冲突消解（collision handing）机制的设计，主要包括封闭寻址冲突消解和开放寻址冲突消解。

16.3 封闭寻址冲突消解

封闭寻址（closed addressing）——又叫链式（chaining）——冲突消解的原理是，在哈希表的每个位置放的是指向一个链表头部的指针，这样被哈希到同一个位置的不同键值就会依次插入到链表中，如图 16.2 所示。每次查找某个元素的时候，首先根据哈希函数的计算找到哈希表中某个位置的链表，然后遍历链表来确定所查找的元素是否在这个链表中。封闭寻址冲突消解的实现如算法 57 所示。

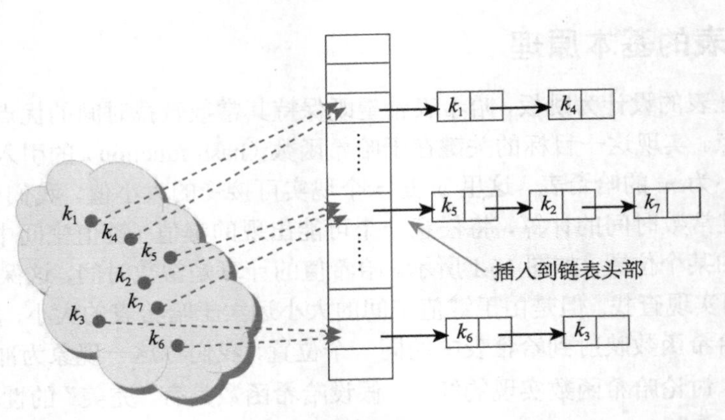

图 16.2 封闭寻址冲突消解

算法 57: CLOSED-HASH-TABLE

```
1 CLOSED-HASH-INSERT(T, x) begin
2 │ insert x at the head of list T[h(x.key)] ;

3 CLOSED-HASH-SEARCH(T, k) begin
4 │ search for an element with key k in list T[h(k)] ;

5 CLOSED-HASH-DELETE(T, x) begin
6 │ delete x from the list T[h(x.key)] ;
```

给出封闭寻址冲突消解机制的设计后，我们来讨论它的性能，主要讨论一次不成功的查找和一次成功的查找的期望代价。首先讨论一次不成功的查找。基于“简单均匀哈希”假设，n 个元素等概率地被哈希到所有可能的 m 个位置之一，所以哈希表每个位置的链表长度的期望值为 $\frac{n}{m}$。我们定义负载因子 $\alpha = \frac{n}{m}$，它反映了哈希表的“拥挤”程度。一次不成功的查找会首先计算哈希值（假定代价为 $O(1)$），然后遍历整个链表，所以它的代价满足：

定理 16.1 对于封闭寻址冲突消解，一次不成功的查找的平均情况代价为 $\Theta(1+\alpha)$。

对于一次成功的查找，我们有类似的结论，不过分析要复杂一些。哈希表中有 n 个元素，一次成功的查找必然是查找这 n 个元素之一。假设这 n 个元素中的每一个元素均匀等概率地被查找，则每个元素被查找的概率为 $\frac{1}{n}$。现在需要对哈希表中每个元素被成功查找的情况进行分析，分析的关键在于“以什么样的顺序来考察这 n 个元素”。为此，考虑哈希表的建立过程，这 n 个元素是依次被插入到一张初始为空的哈希表中的。这 n 个元素依次被插入到哈希表中的顺序就是我们这里考虑的顺序，记为 $x_1, x_2, \cdots, x_n$。

对于元素 x_i，其查找代价主要受与它在同一链表且在它前面的元素的影响，所有在 x_i 后面加入哈希表的元素（即 $x_{i+1}, x_{i+2}, \cdots, x_n$），都有可能插入在 x_i 的前面。根据均衡哈希假设，我们来计算链表中插入在 x_i 前面元素个数的期望值。所有在 x_i 后面加入哈希表的每个元素都有 $\frac{1}{m}$ 的概率被哈希到 x_i 所在的链表，所以链表中 x_i 前面元素个数的期望值为 $\sum\limits_{j=i+1}^{n} \frac{1}{m}$。综

合考虑所有 n 个元素，有：

$$
\begin{aligned}
T_s(m,n) &= \frac{1}{n}\sum_{i=1}^{n}\left(1+\sum_{j=i+1}^{n}\frac{1}{m}\right) \\
&= 1+\frac{1}{nm}\sum_{i=1}^{n}(n-i) \\
&= 1+\frac{1}{nm}\sum_{i=1}^{n-1}i \\
&= 1+\frac{n-1}{2m} \\
&= 1+\frac{\alpha}{2}-\frac{\alpha}{2n} \\
&= \Theta(1+\alpha)
\end{aligned}
$$

上面的分析给出了成功查找的期望代价：

定理 16.2　对于封闭寻址冲突消解，一次成功查找的平均情况代价为 $\Theta(1+\alpha)$。

16.4　开放寻址冲突消解

封闭寻址机制直接将哈希表的每个位置“改造”成大小可变的链表，以容纳所有哈希到同一个位置的元素，进而实现冲突消解。开放寻址（open addressing）冲突消解采用的是一种对偶的策略：所有元素都存在哈希表内，通过多次哈希映射来找到元素的位置。具体而言，在建表时，当一个元素哈希到某个位置并探测（probe）到该位置已经有元素时（这两个元素发生了冲突），只需要继续进行再次哈希（rehashing），直至最后探测到一个位置是空位，则将元素放入。相应地，在查找时，如果探测到哈希的位置有一个元素，但并不是所查找的元素，此时还不能判断该元素是否在哈希表中，必须反复哈希，直至成功查找到该元素，或者探测到一个空位，确认该元素不在哈希表中。开放寻址机制下的哈希函数设计不仅要包含哈希函数本身，还要包含一个再次哈希的机制。常用的设计包括线性探测（linear probing）、二次探测（quadratic probing）、双重哈希（double hashing）等：

- 线性探测：$h(k,i) = (h'(k)+i) \mod m$。
- 二次探测：$h(k,i) = (h'(k)+c_1 i + c_2 i^2) \mod m$。
- 双重哈希：$h(k,i) = (h_1(k)+ih_2(k)) \mod m$。

开放寻址冲突消解机制下的哈希表设计如算法 58 和算法 59 所示。

开放寻址机制的设计要求 $n<m$，并且直觉告诉我们 $\frac{n}{m}$ 越小（哈希表越空），哈希表的性能越好。下面的分析证实了这一直觉。我们同样分析一次不成功查找和一次成功查找的平均情况代价。基于开放寻址机制，每次查找对应的是一个探测序列（probe sequence）。由于一次查找理论上最多可能需要探测哈希表的每个位置，所以每次查找对应的探测序列是哈希表所有 m 个位置的一个排列。为了简化后续分析，我们假设每个键值的探测序列均匀等概率地对应到所有可能 $m!$ 种排列中的某一个。基于这一假设，对于一次不成功的查找，我们有：

算法 58: OPEN-HASH-INSERT(T, k)

```
1  i := 0 ;
2  repeat
3      j := h(k, i) ;
4      if T[j] = NIL then
5          T[j] := k ;
6          return j ;
7      else
8          i := i + 1 ;
9  until i = m;
10 error "hash table overflow" ;
```

算法 59: OPEN-HASH-SEARCH(T, k)

```
1  i := 0 ;
2  repeat
3      j := h(k, i) ;
4      if T[j] = k then
5          return j ;
6      i := i + 1 ;
7  until T[j] = NIL or i = m;
8  return NIL ;
```

定理 16.3　对于开放寻址冲突消解，假设负载因子 $\alpha = \frac{n}{m} < 1$，则一次不成功的查找的平均情况代价不超过 $\frac{1}{1-\alpha}$。

证明　一次不成功的查找的一般形式是，探测哈希表的若干个非空的位置（但是未找到要查的元素），最后探测到一个空的位置（由此确认要找的元素不在哈希表中）。分析不成功查找的代价，关键在于分析不同探测次数出现的概率。首先分析探测次数不少于 i 的概率。探测次数不少于 i，等价于前 $i-1$ 次探测都探测到非空的位置。根据我们对于探测序列均匀等概率取所有可能排列的假设，由于哈希表的大小为 m，其中有 n 个元素，所以第 1 次探测到一个非空位置的概率为 $\frac{n}{m}$。第 2 次探测时，我们只会探测哈希表中尚未探测过的 $m-1$ 个空位，这些空位中均匀分布有 $n-1$ 个元素，所以第 2 次探测到一个非空位置的概率为 $\frac{n-1}{m-1}$。由此可知探测次数不少于 $i(i \geqslant 2)$ 的概率是：

$$\frac{n}{m} \cdot \frac{n-1}{m-1} \cdot \frac{n-2}{m-2} \cdots \frac{n-i+2}{m-i+2} \leqslant \left(\frac{n}{m}\right)^{i-1} = \alpha^{i-1}$$

边界情况，探测次数不少于 1 的概率为 100%，同样满足上述表达式。

为了从探测次数不少于 i 的概率分布计算探测次数的期望值，需要先证明如下结论：对于随机变量 X，其取值为所有非负整数，则它的期望值 $E[X]$ 满足：

$$
\begin{aligned}
E[X] &= \sum_{i=0}^{\infty} i \cdot \Pr\{X = i\} \\
&= \sum_{i=0}^{\infty} i(\Pr\{X \geqslant i\} - \Pr\{X \geqslant i+1\}) \\
&= \sum_{i=1}^{\infty} \Pr\{X \geqslant i\}
\end{aligned}
$$

根据这一性质可知，探测次数的期望值不超过：

$$
\sum_{i=1}^{\infty} \alpha^{i-1} = \sum_{i=0}^{\infty} \alpha^{i} = \frac{1}{1-\alpha}
$$

由此证明了一次不成功的查找的平均情况代价不超过 $\frac{1}{1-\alpha}$。■

对于一次成功的查找，我们有：

定理 16.4　对于开放寻址冲突消解，假设负载因子 $\alpha = \frac{n}{m} < 1$，则一次成功的查找的平均情况代价不超过 $\frac{1}{\alpha}\ln\frac{1}{1-\alpha}$。

证明　哈希表中有 n 个元素，一次成功的查找必然是查找到这 n 个元素之一。假设这 n 个元素中的每一个元素均匀等概率地被查找，则每个元素被查找的概率为 $\frac{1}{n}$。现在需要对哈希表中每个元素被成功查找的情况进行分析。与封闭寻址机制的分析类似，此时分析的关键同样在于“以什么样的顺序来考察这 n 个元素”。为此，考虑哈希表的建立过程，这 n 个元素是依次被插入到一张初始为空的开放寻址哈希表中的。这 n 个元素依次被插入到哈希表中的顺序就是这里考虑的顺序，记为 $x_1, x_2, \cdots, x_n$。

基于上述准备，我们来分析成功查找到元素 x_{i+1} 的概率。分析成功查找的代价，关键在于将一次成功的查找“转换”为一次不成功的查找。具体而言，成功查找到 x_{i+1}（第 $i+1$ 个进入哈希表的元素），相当于查找一个有 i 个元素的表，并且查找失败。根据定理 16.3，这一代价是 $\frac{1}{1-\frac{i}{m}} = \frac{m}{m-i}$。所以成功查找代价的期望值满足：

$$
\begin{aligned}
T_s(m,n) &= \frac{1}{n}\sum_{i=0}^{n-1} \frac{m}{m-i} \\
&= \frac{m}{n}\sum_{i=0}^{n-1} \frac{1}{m-i} \\
&= \frac{1}{\alpha}\sum_{i=m-n+1}^{m} \frac{1}{i} \\
&\leqslant \frac{1}{\alpha}\int_{m-n}^{m} \frac{1}{x}\mathrm{d}x \\
&= \frac{1}{\alpha}\ln\frac{m}{m-n} \\
&= \frac{1}{\alpha}\ln\frac{1}{1-\alpha}
\end{aligned}
$$

由此证明了一次成功的查找的平均情况代价不超过 $\frac{1}{\alpha}\ln\frac{1}{1-\alpha}$。■

16.5　习题

16.1　假设有一个大小为 n 的哈希表，采用封闭寻址的机制消解冲突。现有 n 个关键字要插入该哈希表，每一个关键字哈希到某个地址的概率是相等的。请证明正好有 k 个关键字哈希到某个特定位置的概率是：

$$Q_k = \left(\frac{1}{n}\right)^k \left(1-\frac{1}{n}\right)^{n-k} \binom{n}{k}$$

16.2　考虑一个负载因子为 α 的开放寻址哈希表，请找一个 α 值，使一次不成功查找的预期探测次数是一次成功查找预期探测次数的 2 倍。

16.3（**哈希冲突**）　将 n 个元素简单均匀哈希到一个大小为 m 的哈希表中：

1）两个元素的哈希值冲突的概率是多少？

2）哈希 n 个元素产生冲突数目的期望值是多少？

3）当负载因子增加时，上述冲突数目的期望值会如何变化？

4）同时增加 n 和 m 但保持负载因子不变，上述冲突数目的期望值会如何变化？

16.4（**不同哈希表的存储效率**）　哈希表 H 在封闭寻址冲突消解方法下是一个链表头组成的数组，而在开放寻址冲突消解方法下是一个关键字的数组。假设一个关键字需要一个单位的存储空间，而一个链表节点需要两个单位的存储空间，其中一个存放关键字，另一个存放链表节点的指针。在使用封闭寻址时，考虑如下的负载因子：0.25, 0.5, 1.0, 2.0。设 h_C 是哈希表的大小（即链表头数组初始时有多少空位）。

1）请计算采用封闭寻址时哈希表的空间消耗。假设同样的空间用于开放寻址哈希表，它的负载因子会是多少？

2）假设一个关键字要占据 4 个单位的存储空间，而一个链表节点需要 5 个单位的存储空间（4 个用于存储关键字，1 个用于存储指针），请再次计算上一问中的问题。

16.5　给定一个由自然数组成的多重集（同一元素可能出现多次），请设计一个算法，判定该多重集是否满足所有元素都正好出现两次，并详细分析该算法的最坏情况时间与空间复杂度。

第 17 章　有限自动机与串匹配

串匹配是最重要的非数值处理，串匹配算法在不同领域有着广泛的应用。例如，在海量的文本中找出某种特定模式的文本，是文本编辑中非常重要的支撑技术。在计算生物学中，我们需要在 DNA 序列中寻找特定的子序列。在构建搜索引擎时，我们需要在网页中寻找跟用户查询相匹配的内容。

串匹配的关键并不在于匹配本身，而在于对于预先指定的待匹配的模式串进行预处理，使得后续匹配简单且高效。模式串预处理的核心手段之一是使用有限自动机（finite automaton）。本章首先通过蛮力串匹配算法来认识串匹配问题，其次介绍基于有限自动机的串匹配方法，最后从有限自动机的角度导出 KMP 算法的设计。

17.1　蛮力串匹配

假设有待检索的文本串记为 T，需要匹配的模式串记为 P。T 和 P 都是由字母表 Σ 中的字母组成的字符串，它们的长度分别记为 $|T| = t$、$|P| = p$。一般而言，T 的长度远大于 P 的长度。例如，在一本百万字的小说中，要找出所有的单词“today”。基于朴素遍历的思路很容易设计串匹配的蛮力算法，它为后续的改进打下了基础。可以将串匹配的过程看成是一种对齐的过程。将 P 与 T 中的某个位置对齐，如果对齐的位置上 P 和 T 的字符均相同，则串匹配成功，如图 17.1 所示。显然将 P 与 T 中所有可能的位置对齐，则必然能正确匹配出 P 在 T 中所有的出现，或者确定 P 并未出现。最坏情况下，蛮力的匹配算法需要在 $O(t)$ 个位置上进行 $O(p)$ 次比较，所以它的代价为 $O(tp)$。

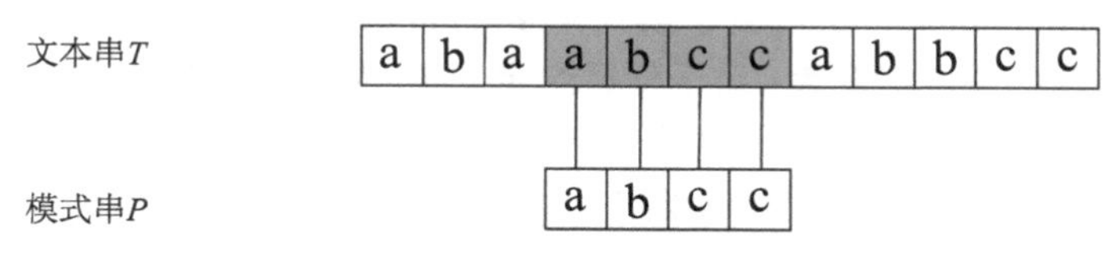

图 17.1　蛮力的串匹配算法

在实际应用中，t 往往非常大，我们希望将它在代价函数中的系数降为 $O(1)$，即设计一个 $O(t)$ 的算法，该算法只对 T 进行一轮扫描，并且对 T 中每个字符的处理只需要常数代价，而与 p 的大小无关。待匹配的串 T 是不可预知的，并且往往规模很大，处理起来代价较高。但是模式串 P 在进行实际匹配之前已知（假设需要对大量不同的 T 去匹配 P），而且 P 的长度往往较短，对它做各种处理代价较低。为了实现 $O(t)$ 代价这一目标，可以接受对 P 进行预处理，哪怕预处理会付出一定的代价。只要能减少匹配的时间，对不长的 P 进行适当代价的预处理往往是“合算”的。这与解决查找问题有类似之处，例如，当需要频繁查找一组可比较大小的元素时，哪怕预先将所有元素排序也是可以接受的，因为它使得后续（大量）的折半查找非常高效。

为了设计高效的串匹配算法，首先分析蛮力算法的不足。蛮力串匹配算法的问题在于，可能经常匹配到模式串 P 的最后一个（或比较靠后的一个）字符时，发现未能完成整个 P 的匹配，此时只能从 T 中的下一个位置开始，再次对 P 的每个字符进行匹配。此时前面的所有匹配（$p-1$ 次成功，1 次失败）的结果被丢弃了。而前面匹配的结果可以被用于后续的匹配，减少冗余匹配。根据上述分析，对 P 进行预处理的关键在于，发掘 P 自身的特征，进而有效利用前面匹配（失败）的结果。为了实现高效的预处理，需要引入有限自动机这一工具来刻画 P 自身的性质。

17.2　基于有限自动机的串匹配

本节引入有限自动机这一结构，并讨论它和串匹配问题的密切联系。一个有限自动机 $\mathcal{A}$ 是一个五元组 $M=(Q,q_0,A,\Sigma,\delta)$，如图 17.2 所示，其中：

- Q 是一个有限的状态集合。
- $q_0 \in Q$ 是起始状态。
- $A \subseteq Q$ 是接受状态集合。
- Σ 是构成输入串的字母表。
- δ 是转换函数 $Q \times \Sigma \to Q$。

如果能够通过预处理得到 P 所对应的自动机，使得完成串匹配等价于自动机到达接受状态，则串匹配问题就得到显著简化。我们只需要将 T“注入”自动机，根据 T 的字符在自动机的状态间进行跳转。如果到达接受状态，则匹配 P 成功，否则就可以确定 P 不在 T 中出现。注意，基于自动机的串匹配算法非常高效，每个输入的 T 中的字符只需要被检查一次，即只需要注入自动机一次并引起一次状态跳转。

根据上面的讨论，如果有了对应于模式串 P 的自动机，则串匹配问题会得到极大的简化。因此串匹配问题的关键就变为：对于任意给定的 P，如何构建出它对应的有限自动机 $\mathcal{A}$。具体而言，首先需要设计合适的数据结构表示有限自动机；其次，需要设计一个算法，该算法读入模式串 P，自动构建有限自动机用于未来的匹配。构建算法的复杂度应该是模式串的长度 p 和字母表大小 $|\Sigma|$ 的函数。下一节将从有限自动机的角度来分析 KMP 算法的设计。

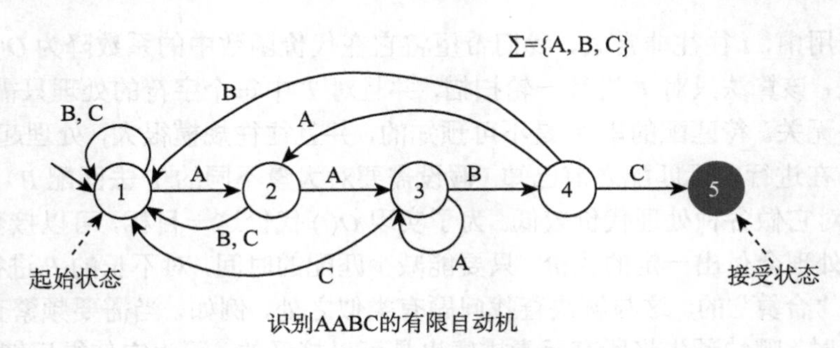

图 17.2　用于串匹配的有限自动机

17.3　从有限自动机的角度理解 KMP 算法

在使用有限自动机这一大前提下，KMP 算法首先对自动机的形态进行了改进，进一步提升了串匹配的效率。本节首先讨论 KMP算法对于自动机的改进，其次讨论 KMP 算法的设计原理，最后给出 KMP 算法的实现，包括从 P 构建自动机的算法和实际完成串匹配的算法。

17.3.1　对传统匹配自动机的改进

传统自动机用于匹配的效果很好，但是其构建代价高。传统自动机的每个状态表示匹配的中间结果。在每个状态下，所有字母表中的字母都可能来临，所以每个状态均有 $|\Sigma|$ 条边指向其他状态，如图 17.2 所示。可以通过改进自动机的设计来降低代价。首先将自动机的状态对应于模式串 P 中的每个字母，则从每个状态出发表示匹配状态所对应的字母。每个状态（字母）只有两条出边，分别表示匹配成功与匹配失败，如图 17.3 所示。

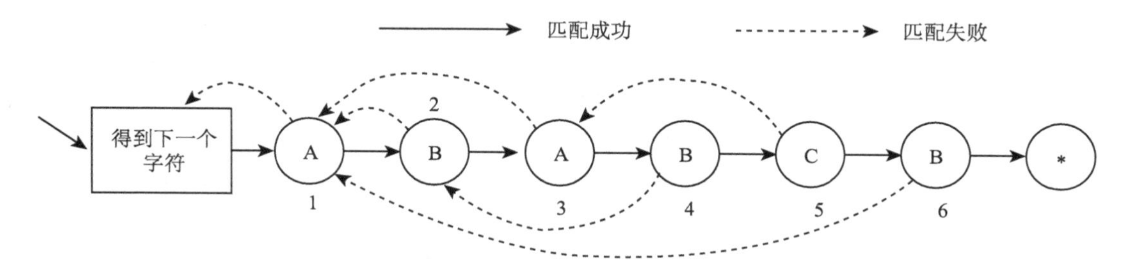

图 17.3　KMP 算法所使用的自动机

匹配成功是比较容易处理的，因为状态机的状态（字母）排列与模式串 P 完全对应。依次匹配成功，则进入终止状态，表示整个模式串 P 匹配成功。构建自动机的关键在于，对于某个状态，匹配失败时应该迁移到哪个状态。前面的蛮力匹配算法低效的主要原因是，匹配失败后完全丢弃前面（部分成功）的匹配结果。对照蛮力算法的不足，一个改进的匹配算法应该能够有效利用前面匹配的结果。这本质是利用了模式串 P 自身的某种“自相似”特征。

以图 17.4 中的模式串“ABABCB”为例，当文本串 T 中有“$\cdots$ABABA$\cdots$”时，匹配 P

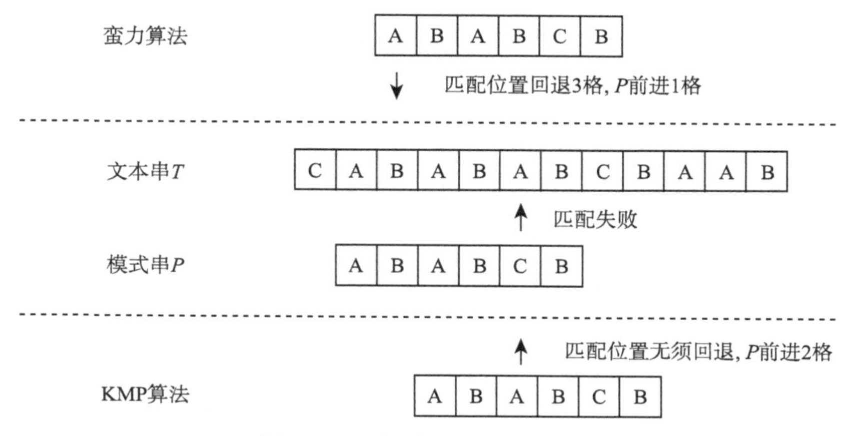

图 17.4　发掘模式串自身的特征

的前 4 个字母“ABAB”能够成功，但下一个 T 的字母是 A，和 P 匹配时发生了匹配失败。但是由于 P 中“AB”两次出现，所以前一个“AB”匹配成功的结果应该被利用上，直接匹配 P 的下面是不是“A”。这样利用 P 自身的自相似性质，串匹配算法能够做到对 T 的扫描永不回溯，并且 P 向右滑动的速度更快。而蛮力算法不仅需要从 T 当前的匹配位置回溯，而且 P 永远一格一格地向右滑动。改进后的算法有望显著提升串匹配的性能。基于上述原理，下面讨论 KMP 算法的详细设计。

17.3.2　自动机构建的原理

根据上面的讨论，KMP 自动机构建的核心是计算匹配失败时的状态迁移。对此，算法不需要显示地表示整个自动机（例如表示成一个有向图）。可以直接采用一个数组 $fail[1..p]$ 来记录在模式串 P 的每一个位置发生匹配失败时应该迁移到哪个位置。假设我们正在进行串匹配，此时模式串 P 的前缀 $P[1..k-1]$ 这 $k-1$ 个位置已经跟文本串 T 完成了匹配，但是在模式串的位置 k 发生了匹配失败，此时需要计算 $fail[k]$，它的取值的含义是匹配失败后的状态应该如何迁移。当 $fail[k]=r$ 时，即迁移到 r 状态的含义是，模式串 P 向右滑动若干位，使模式串 $P[k]$ 位置的字符与移动后的模式串 $P[fail[k]]=P[r]$ 位置的字符对齐，如图 17.5 所示。根据 $fail[k]$ 的定义，它实现了如图 17.4 所示的高效匹配，即将 P 向右移动多位，而比较的位置在 T 上不会左移，只会原地继续比较若干次，然后向右移。

为了正确计算数组 $f[1..p]$ 每个位置的取值，需要深入分析元素 $fail[k]$ 的含义。元素 $fail[k]$ 反映的是模式串 P 自身的自相似性，即 $fail[k]=r$ 意味着 P 的子串 $P[1..r-1]$ 和子串 $P[k-r+1..k-1]$ 是完全一样的，并且 r 是所有这一形式的自相似中最大的，即 $r=\max\limits_{x} P[1..x-1]=P[k-x+1..k-1]\ (x<k)$。

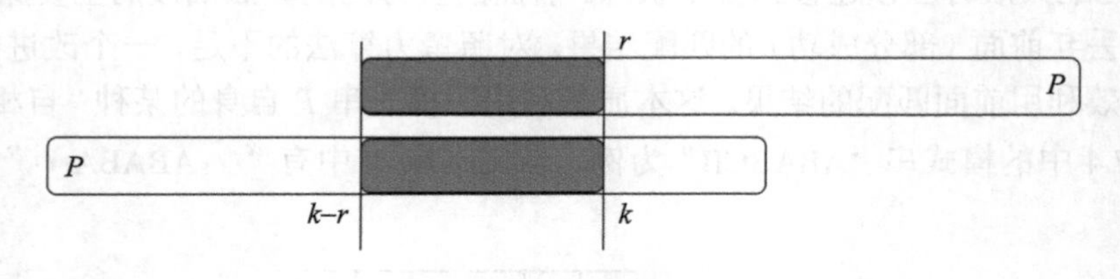

图 17.5　$fail[k]$ 的含义

基于 $fail[k]$ 含义的分析，我们可以递归地计算 $fail[1..p]$ 数组的取值。首先有基础情况 $fail[1]=0$，它的含义是第一位的比较就出错，那无须进行后续比较，直接将模式串 P 右移一位，从 P 的首位开始继续比较。对于 $k\geqslant 2$，下面假设已知 $fail[k-1]$ 的值为 s，需要计算 $fail[k]$ 的值，如图 17.6 所示。为了便于表述，记 $P[i]$ 为 p_i。这里分两种情况：

- 如果 $p_s=p_{k-1}$：根据 $fail[k]$ 的含义，有 $fail[k]=s+1$。
- 如果 $p_s\neq p_{k-1}$：需要继续检查 $fail[s]$。如果 $fail[s]$ 和 p_{k-1} 相等，则返回到上一种情况，可计算出 $fail[k]$；如果 $fail[s]$ 和 p_{k-1} 不等，则反复检查 $fail[s]$，直至最终相等，或者 $fail[s]$ 减少到 0。

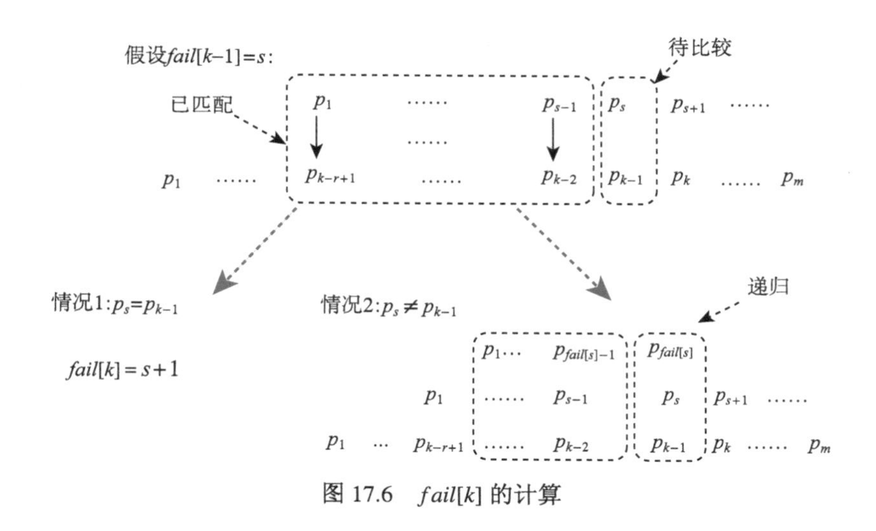

图 17.6 $fail[k]$ 的计算

17.3.3 KMP 算法的实现

我们首先基于上述原理，实现自动机构建算法（即 $fail[1..p]$ 数组取值算法），如算法 60 所示。下面来分析构建 $fail[1..p]$ 数组的代价，所考虑的关键操作是字符的比较。$fail[1..p]$ 数组的构建代价显然是 $O(p^2)$ 的，因为它的两重循环都是 $O(p)$ 步，但是稍加分析可以显著收紧这一上界。在构建 $fail[1..p]$ 数组过程中，字符的比较只有两种情况，即相等或者不等。先考虑比较简单的相等的情况。一旦比较相等，内重的 while 循环即会终止，所以相等的比较至多出现 $p-1$ 次，这是外重 for 循环的执行次数。稍微复杂一点的是不等比较的计数。注意，每次比较不相等，则 s 会被赋值为 $fail[s]$，根据 $fail$ 数组的定义可知 $fail[s]<s$，所以每次不相等的比较都会导致 s 值的减少。由于 s 的初始值为 0，所以所有对于 s 的减少，必须依赖前一轮 for 循环中，对于 s 值的增加 (for 循环的最后一条语句 $fail[k]:=s+1$)。所以 s 值的减少，不会超过整个执行中 s 值的增加，因而不成功比较也不会超过 s 值的增加。考察整个 for 循环，某一次循环执行语句 $fail[k]:=s+1$，然后下一次循环执行语句 $s:=fail[k-1]$，这两次相邻循环中的语句共同导致 s 值的增加，而这一增加最多出现 $p-2$ 次，所以不相等比较最多执行 $p-2$ 次。因而总比较次数不超过 $2p-3=(p-1)+(p-2)$，所以 KMP 算法可以在 $O(p)$ 的时间内完成 $fail[1..p]$ 数组的构建。

有了 $fail[1..p]$ 数组之后，具体匹配算法的实现是容易的。匹配算法从 T 的第 1 位开始匹配 P 的第 1 位的字符。如果匹配成功，则继续匹配 T 和 P 的下一个字符；如果匹配失败，则根据 $fail[1..p]$ 数组的指示，将 P 向右滑动若干位，继续在 T 中匹配失败的位置进行匹配。如果 $fail[1..p]$ 数组指示的值为 0，则从 T 的下一个位置，继续开始匹配 P 的第 1 个位置。这一过程的实现如算法 61 所示。

与分析 $fail[1..p]$ 数组构建算法类似。在分析匹配代价时，将字符比较分为相等比较和不相等比较两种。每次相等比较会导致在扫描 T 的指针向右滑动，而对 T 的扫描是不回溯的，因此相等比较至多进行 t 次。每次发生不相等比较时，指向 T 的指针不动，P 向右滑动。P 也是单调向右滑动不后退的，因此所有不相等比较也至多进行 t 次。因此串匹配过程的比较次数不超过 $2t$。考虑构建 $fail[1..p]$ 数组的过程和具体完成串匹配的过程，KMP 算法的最坏

情况时间复杂度为 $O(t+p)$，显著优于蛮力比较。由于一般 $t \gg p$，所以 KMP 算法的代价是 $O(t)$，即对 T 进行一轮扫描，每个位置的扫描至多执行常数次比较即可完成串匹配。

算法 60: KMP-AUTOMATON()

```
1  fail[1] := 0 ;
2  for k := 2 to p do
3      s := fail[k − 1] ;
4      while s ⩾ 1 do
5          if P[s] = P[k − 1] then
6              break;
7          s := fail[s] ;
8      fail[k] := s + 1 ;
```

算法 61: KMP-MATCHING()

```
1  match := −1 ;
2  j := 1; k := 1 ;
3  while T[j] ≠ END-OF-TEXT do
4      if k ⩾ p then
5          match := j − p ;                    /* 完成匹配 */
6          break ;
7      if k = 0 then
8          j := j + 1 ;
9          k := 1 ;                            /* 更新匹配 P */
10     else if T[j] = P[k] then
11         j := j + 1 ;
12         k := k + 1 ;                        /* 当前字符匹配成功 */
13     else
14         k := fail[k] ;                      /* 根据fail[k] 滑动 P */
15 return match ;
```

17.4 习题

17.1 令 $\Sigma = \{a, b, c\}$，P = abaaba，请计算用于匹配 P 的（如图 17.2 所示的形式）有限自动机。

17.2 令 P = ababbabbabbababbabb，请为 P 计算数组 $fail\,[1..p]$。

17.3 已知 $\Sigma = \{a, b, c\}$，且 $P[1]$ = a，请从 $fail\,[1..8]$ = 01123422 计算出 $P[1..8]$。

17.4 请设计一个线性时间的算法来判断字符串 T 是否是另一个字符串 T' 的循环移位，

例如“car”是“arc”的循环移位。

17.5　对于 T = “AA···A”（t 个 A 组成的字符串）而言，P = “AA··· AB”（$p-1$ 个 A 后面跟 1 个 B）的匹配使得蛮力串匹配算法达到最坏情况时间复杂度。

1）对于这一输入，KMP 算法需要进行多少次字符比较？

2）当 p 取不同值时，KMP 算法和蛮力串匹配算法的相对优劣是否会有变化？

第五部分

算法分析进阶

根据第 1 章的讨论，抽象算法分析的本质就是对关键操作的计数。虽然算法分析的基本定义很简单，我们也在前面各个章节中展示了经典算法的性能分析，但是在实际的算法问题求解过程中，我们经常对算法分析结果有更深入、更精细的要求，这就需要引入更高级的算法分析技术。

本部分首先考虑算法的最坏情况时间复杂度分析。最坏情况时间复杂度分析是针对所有可能的输入，求算法代价的一个上界。在一类场景中，算法执行不同操作的代价差别很大。此时悲观地估算一个正确的代价上界是容易的，而问题的关键在于计算一个尽量紧的上界。对最坏情况时间复杂度进行更精确计算的关键在于，发现“廉价”操作和“昂贵”操作之间的内在联系，并通过这一联系将昂贵操作的代价“分摊”到廉价操作上，进而得到一个更紧的上界。平摊分析就是基于上述思路形成的严格的、系统的算法分析技术。

第二类算法分析问题源于算法设计的逐步改进。每当我们针对一个算法问题设计出更高效的算法时，一个方向性的问题就是，能否设计出更加高效的算法，还是目前的算法已经最优，不可能再做进一步改进。这对算法分析提出了更高的要求。此时的难度在于，算法分析所面对的不再是一个固定算法 (的不同输入)，而是面对给定问题的所有算法——包括目前已经设计出来的所有算法，还包括未来可能被设计出来的算法——分析它们代价的下界。为了能刻画一族算法的共性特征，首先需要针对这类算法的本质特征，提出一个充分抽象又充分精确的数学工具；其次，为了计算一族算法代价的下界，一种直觉的做法是通过设计合法但又对算法而言“不利”的输入，让不管多“聪明”的算法，总是被不利输入所迫，至少会付出一定的代价。对手论证就是基于上述思路形成的严格的、系统的算法分析技术。本部分将结合前面讨论过的选择问题 (第 5 章)，来系统展示对手论证策略的典型应用。

第18章 平摊分析

在算法最坏情况时间复杂度分析中，特别是针对某个数据结构的多次操作的代价分析中，经常会出现不同操作的代价差别很大的情况。例如，对一个数据结构进行一系列 n 个操作。这些操作中，有的很“廉价”，代价为 $O(1)$，有的很“昂贵”，代价为 $O(n)$。此时一个悲观的估计就是最坏情况的代价不超过 $O(n^2)$，平均每个操作的代价为 $O(n)$。但是实际应用中，昂贵操作的出现和廉价操作的出现往往有内在的联系。如果准确分析这一联系，有可能更准确地计算出最坏情况时间复杂度。例如，在上面的例子中，虽然最坏情况下一个操作的代价为 $O(n)$，但是当昂贵操作的出现和廉价操作的出现满足某种联系时，每个操作的平均代价有可能是 $O(1)$。平摊分析就是针对上述情况的一种系统分析方法。本章首先分析平摊分析产生的动机，其次介绍平摊分析的基本方法，最后通过 4 个经典问题来展示平摊分析的应用。

18.1 平摊分析的动机

首先通过一个具体的例子来展示平摊分析适用的时机。我们知道哈希表 (参见第 16 章) 的性能会随着元素和负载因子的增加而降低。保证哈希表性能的一种手段就是随着元素的增加，相应地增加哈希表的大小，保证负载因子维持在一定的范围内。为此需要使用数组扩张 (array doubling) 技术，如算法 62 所示。

算法 62: INSERT-DOUBLING(x)

```
1  if sizeTable = 0 then
2      allocate memory block of size 1 ;
3      sizeTable := 1 ;
4      numElement := 0 ;
5  else
6      if numElement = sizeTable then
7          allocate memory block of size 2 × sizeTable ;
8          move all elements to the new table ;
9          sizeTable := 2 × sizeTable ;
10 insert x into the table ;
11 numElement := numElement + 1 ;
```

假设对一个哈希表进行了 n 个 INSERT-DOUBLING 操作。由于单个操作的代价最高是 $O(n)$，所以总代价的上界是 $O(n^2)$。这显然是一个很松的界。稍加分析就可以发现，数组的扩张只会发生在数组大小为 2 的 k 次幂时，所以对一个空的哈希表，插入 n 个元素的代价满足:

$$
\begin{aligned}
W(n) &= \sum_{i=1}^{n} c_i \\
&\leqslant \underbrace{n}_{\text{插入 1 个元素的代价}} + \underbrace{\sum_{j=0}^{\lfloor \log n \rfloor} 2^j}_{\text{数组扩张的代价}} \\
&< n + 2n \\
&= 3n
\end{aligned}
$$

由此我们将插入 n 个元素的代价从悲观的 $O(n^2)$ 改进到更准确的 $O(n)$。数组扩张的代价分析是需要平摊分析的典型场景，具体表现为：一组操作中单个操作代价的差距很大，大部分操作代价很小，仅有很少一部分操作代价非常高。对这样一组操作，以昂贵操作的代价为上界，只能得到所有操作的一个很松弛的上界。为了得到更紧的上界，本质是建立廉价操作和昂贵操作之间的关联。在数组扩张的例子中，只有当廉价的插入操作积攒到一定程度时，才会触发一次昂贵的插入操作。平摊分析是系统化建模这种关联，得到更紧上界的一种分析方法。下面首先介绍平摊分析的基本方法，然后通过典型的例子来展示平摊分析的应用。

18.2 平摊分析的基本过程

平摊分析涉及三种代价，首先给出每种代价的定义：

- **实际代价 C_{act}**：每个操作实际的执行代价。对于需要平摊分析的场合，不同操作的实际代价往往有显著的差别。我们一般根据操作的实际代价将它们分为昂贵操作和廉价操作。
- **记账代价 C_{acc}**：对于廉价操作，需要设计一个策略，为其计算一个正的记账代价。而对于昂贵操作，需要为其计算一个负的记账代价。
- **平摊代价 C_{amo}**：平摊代价由上面两个代价完全决定，是上面两个代价之和，即 $C_{\text{amo}} = C_{\text{act}} + C_{\text{acc}}$。

我们所要分析的是 n 个操作执行序列的代价的上界。若按照昂贵操作的实际代价计算，则容易得到一个正确的上界，但是这一估算往往非常悲观，得到的是一个很松的上界，如上面 18.1 节的例子。平摊分析的关键在于记账代价的设定。设计合理的记账代价，既能保证分析结论的正确性 (即保证所分析的代价的确是所有合法执行可能产生代价的上界)，又能使所分析的上界尽量紧。下面围绕记账代价来解释平摊分析的基本原理。

考察三种代价的定义我们发现，实际代价是由具体应用客观决定的，而平摊代价是完全由实际代价和记账代价决定的，所以平摊分析的关键是引入了记账代价。我们基于下面的原则对廉价操作和昂贵操作分别设计记账代价：

- **廉价操作的记账代价设计**。对于廉价操作，我们为其设计一个正的记账代价，其原理是预先多计算一点代价，好比提前攒了一笔钱，留待未来需要时使用。显然为廉价操作多计算一些正的记账代价，不会影响所估算上界的正确性。从代价的角度而言，我们希望每个廉价操作所积攒的记账代价是有限的，对代价的渐近增长率往往不造成影响。

- *昂贵操作的记账代价设计*。对于昂贵操作，我们为其设计一个负的记账代价，其原理是前面已经攒了一些钱 (记账代价)，此时使用攒好的钱。虽然我们希望昂贵操作的平摊代价越低越好，但是我们并不能随意设定负值很低的记账代价。设计负值的记账代价背后的约束是：当分析 n 个操作的代价的上界时，对于任意 n 个操作的合法执行序列，所有操作的记账代价的总和必须永远是非负的。这一要求好比说，你所花的钱必须是前面自己积攒起来的。必须满足这一要求才能保证所分析的上界是正确的。从代价的角度而言，我们希望每个昂贵操作的记账代价是比较少的，以减少最终平摊代价的渐近增长率。

经过上面的分析，我们发现平摊分析的核心问题是解决好一对矛盾：既要设计尽量少的记账代价以获得更紧的上界，又要设计充分多的记账代价以保证所分析的上界是正确的。下面通过典型的问题，来展示如何根据实际应用的具体特征解决好这对矛盾，使用平摊分析得到正确、准确的代价分析。

18.3 MultiPop 栈

在分析数组扩充的例子之前，我们来看一个简单的例子。假设有一个栈，它支持两种操作：

- PUSH：将一个元素压到栈中。这一操作与经典栈的压栈操作是一样的。
- POP-ALL：将栈中所有元素全部出栈。每一个元素的出栈与经典栈的出栈操作是一样的。所不同的是，这一操作将执行前栈中的所有元素全部依次出栈。

如果不用平摊分析，直接分析可知每个操作可能为常数时间，也可能为线性时间 $O(n)$(当栈中有 $O(n)$ 个元素时，POP-ALL 可能需要 $O(n)$ 的代价)，总之任意操作的时间都是 $O(n)$。那么任意 n 个 PUSH/POP-ALL 操作的代价为 $O(n^2)$。这一上界是正确的，也是保守的。我们需要采用平摊分析，以获得更精确的上界。

为廉价操作、昂贵操作分别设计记账代价，如表 18.1 所示。昂贵操作 POP-ALL 本质就是多个元素依次出栈，它与廉价操作 PUSH 显然是有本质关联的：POP-ALL 的代价完全来自前面压（PUSH）了多少元素在栈里面。所以每个操作都按照 POP-ALL 的最高可能代价来估算，显然是不合理的。根据两种操作的关系，按如下方式设计记账代价：每个 PUSH 操作除自身的实际代价 1 之外，还设计一个记账代价 1。这是因为未来这个元素要被出栈，单个元素出栈的代价为 1。每次进行 POP-ALL 操作时，不管有多少元素（记元素个数为 k），每个元素都在进栈之时攒了出栈将要消耗的代价，所以对于任何合法的操作序列，记账代价永远非负。根据表 18.1 中的记账代价，任意 n 个栈操作的序列的代价总是不超过 $2n = O(n)$。

表 18.1 对 MultiPop 栈操作进行平摊分析

操作	C_{amo}	C_{act}	C_{acc}
PUSH	2	1	1
POP-ALL	0	k	$-k$

18.4 数组扩充

针对 18.1 节可扩充的数组，本节使用平摊分析来分析 n 个插入操作的代价。考虑数组扩充的基本运作过程，我们结合图 18.1 的例子来讨论。假设数组的大小为 2，里面已经存满了元素 a 和 b。当需要插入新元素 c 时，我们分配一个大小倍增的数组 (大小为 4)，将 a 和 b 挪到新空间，并插入元素 c。当元素 d 被插入时，新空间又被填满。当再需要插入元素 e 时，我们又会分配一个大小倍增的新数组，将既有元素挪过去，并插入新的元素。随着元素的持续插入，我们不断重复这一过程。

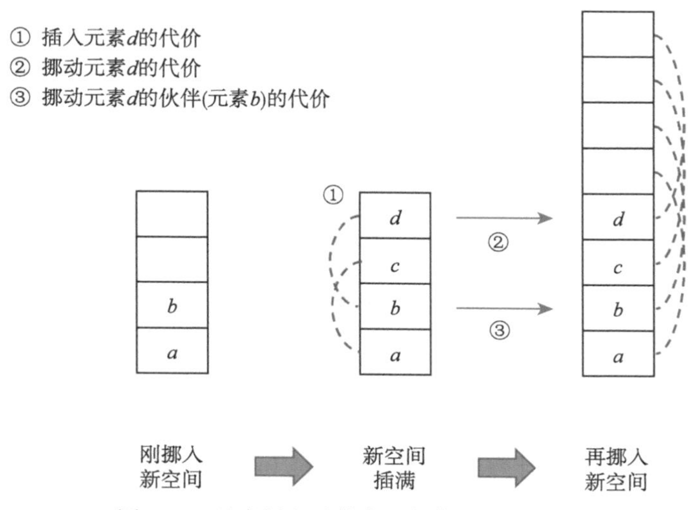

图 18.1 元素插入时的实际代价和记账代价

我们做平摊分析的主要任务就是，在普通插入时，积攒足够的记账代价，用于支付未来元素挪动的代价。插入一个新元素 (例如图 18.1 中的元素 c) 的实际代价是 1。这一元素未来要被挪到新的数组中，所以为它积攒记账代价 1。此时容易忽略的一个事实是，从旧数组挪到新数组中的元素 (例如图 18.1 中的元素 a 和 b) 再次挪到新数组时，没有人为它们“支付”这次移动的代价。所以新插入元素时，每个新插入的元素需要“帮扶”一个数组中已经存在的元素，例如图 18.1 中的元素 c 帮扶 a、d 帮扶 b。由于数组在大小倍增时会再次移动，所以一对一的帮扶是可以实现的。由此为元素 c 的插入记上第二份记账代价 1，用于支付未来元素 a 的移动。根据上述分析，我们得出廉价和昂贵插入操作的各种代价如表 18.2 所示。

表 18.2 数组扩充的平摊分析

操作	C_{amo}	C_{act}	C_{acc}
普通插入	3	1	2
扩充插入	3	$k+1$	$-k+2$

根据我们对于记账代价的设计可知，执行带数组扩充的插入操作时，已有的 k 个元素移动的代价都已经在元素的普通插入之时完成了积攒，所以任何时刻所有插入操作的记账代价之和一定是非负的。根据表 18.2 中的平摊代价可知，n 次插入的总代价不超过 $3n = O(n)$，这显著优于悲观的 $O(n^2)$ 的估计。

18.5 二进制计数器

现有一个若干比特的二进制计数器，维护它的代价为每次计数 (计数器值加 1) 时所做的比特操作。对于一个 6 个比特的计数器，初始值为 0，计数到 8 时的代价如表 18.3 所示。每次数值增 1 操作，其代价可能有显著的差距。具体而言，如果计数器值的末尾比特是 0，则这是一次廉价操作，末尾的 0 变为 1 即可，代价为 1。如果计数器的末尾比特值是 1，假设末尾有连续 k 个 1，则这是一次昂贵操作。增 1 的代价是，将末尾连续的 k 个 1 全部变为 0，再将末尾连续 k 个 1 前面那个 0 变成 1，总代价为 $k+1$。

表 18.3 二进制计数器维护代价

操作个数	计数器状态	总代价
0	000000	0
1	000001	1
2	000010	3
3	000011	4
4	000100	7
5	000101	8
6	000110	10
7	000111	11
8	001000	15

显然，昂贵操作的出现是与廉价操作有密切联系的，所以我们采用平摊分析来分析计数器的维护代价。初始情况下，计数器的所有位都是 0。昂贵操作之所以代价可能很高，是因为它要先把 k 个 1 变成 0，但是这里的 k 个 1 也是由 0 变来的。所以从初始每个比特全是 0 的状态开始，当一个比特位从 0 变成 1 时，实际代价为 1，此时设计一个记账代价 1，用于“支付”未来该比特从 1 翻转为 0 的代价。当一个比特从 1 变成 0 时，实际代价为 1，记账代价为 –1。所以昂贵操作的总记账代价为：

$$C_{\text{acc}}(\text{有进位增 1}) = \underbrace{-k}_{k\text{ 个 1 变成 0 的记账代价}} + \underbrace{1}_{\text{最高位从 0 变成 1 的记账代价}}$$

如表 18.4 所示。由于每个比特在从 0 变成 1 的时候，都积攒了 1 个代价用于支付未来从 1 变回 0 的代价，所以上述设计下，任意多个操作的记账代价之和必然是非负的。根据我们设计的平摊代价可知，任意 n 次计数器增 1 的代价不超过 $2n = O(n)$。

上面的分析是着眼于两类不同的操作——有进位的增 1 和无进位的增 1——来进行平摊分析。我们还可以从一个不同的视角完成分析。我们知道每次增 1 操作都可以解构为多个比特位的修改，所以可以直接针对比特位的操作——置 1 和置 0——完成平摊分析。置 1 操作的实际代价为 1，记账代价为 1，以支付未来从 1 变回 0。置 0 操作的实际代价为 1，记账代价为 –1，用了之前从 0 变成 1 时“储蓄”的 1 个记账代价，如表 18.4 所示。每次计数器增 1 操作，必然是 1 个比特位置 1，若干个比特位置 0，由于置 0 的平摊代价为 0，所以增 1 操作的平摊代价不超过 2，即为置 1 操作的平摊代价，所以 n 次计数器增 1 操作的总代价为 $2n = O(n)$。

表 18.4　对二进制计数器进行平摊分析

操作	C_{amo}	C_{act}	C_{acc}
无进位增 1	2	1	1
有进位增 1	2	$k+1$	$-k+1$
置 1	2	1	1
置 0	0	1	−1

18.6　基于栈实现队列

最后讨论一个使用栈来实现队列的例子。假设我们已经实现了栈这一数据结构，现在需要利用既有的栈的实现来实现一个队列。这一实现需要使用两个栈，其基本原理如图 18.2 所示。

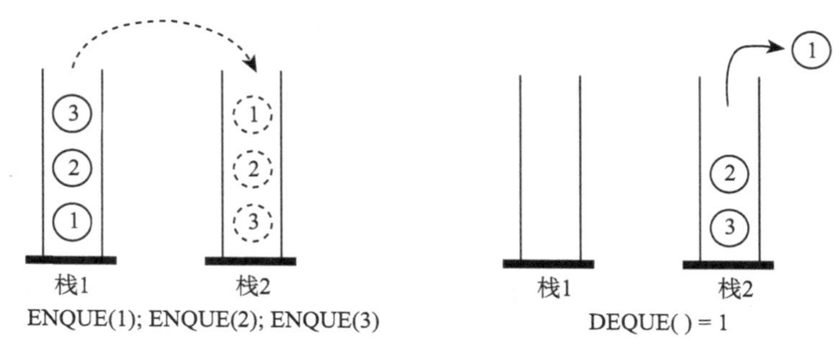

图 18.2　基于栈来实现队列

具体而言，队列的两个基本操作实现如下：

- ENQUE(x)：将元素 x 压进栈 1。
- DEQUE()：按栈 2、栈 1 是否为空，分三种情况分别处理。
  - ◇ 如果栈 2 非空：从栈 2 中弹出一个元素。
  - ◇ 如果栈 2 为空，但是栈 1 非空：将栈 1 的元素依次弹出，并逐个压进栈 2，然后从栈 2 中弹出一个元素。
  - ◇ 如果栈 2 为空，且栈 1 为空：返回“队列为空”。

上述操作的算法实现如算法 63 所示。

算法 63: QUEUE-BY-STACK

```
1 ENQUE(x) begin
2 |  Stack1.PUSH(x) ;
3 DEQUE() begin
4 |  if Stack2 not empty then
5 |  |  returnElement := Stack2.POP() ;
6 |  else
```

```
7        if Stack1 not empty then
8            while Stack1 not empty do
9                tempElement := Stack1.POP() ;
10               Stack2.PUSH(tempElement) ;
11           returnElement := Stack2.POP() ;
12       else
13           returnElement := ERROR ;
14   return returnElement ;
```

根据上面的设计很容易发现，同样的 DEQUE 操作其代价可能有巨大的差异，但是昂贵 DEQUE 的出现和前面的 ENQUE 是有本质关联的，所以可以采用平摊分析进行精确的代价分析。分析的思路还是在“诞生”之时储备，“消失”之时消耗。具体而言：

- ENQUE 操作的实际代价为 1。储备的记账代价为 2，用于支付未来的 1 次出栈 1 和 1 次进栈 2。
- DEQUE 操作的代价可能是 1 次 POP 操作的实际代价 1，也可能是 $1+2k$ (假设有 k 个元素需要从栈 1 进入栈 2)。如果 DEQUE 的实际代价为 1，则其记账代价为 0；如果 DEQUE 的实际代价是 $1+2k$，则其记账代价为 $-2k$，其原理是用这 k 个元素进栈 1 时积攒的代价来支付当前出栈 1、进栈 2 的代价。

为这三种情况设计记账代价，如表 18.5 所示。容易验证记账代价在任何操作序列中都是非负的，因为记账代价的使用遵循了“DEQUEUE 时使用的，必然是 ENQUE 时储备的”这一原则。根据上述分析，任意 n 次队列操作的代价不超过 $3n = O(n)$。

表 18.5 使用栈实现队列的平摊分析

操作	C_{amo}	C_{act}	C_{acc}
ENQUE	3	1	2
DEQUE(栈 2 不空)	1	1	0
DEQUE(栈 2 为空)	1	$1+2k$	$-2k$

18.7 习题

18.1 在湖边有一排东西向排列的房子。如果一个房子比它东边的所有房子都高，我们称之为湖景房。在图 18.3 的例子中，阴影的房子都是湖景房。假设每栋房子的高度存放于数组 $A[1..n]$ 中 (任意两栋房子的高度均不相同)，下面的 LAKE-VIEW 算法找出所有湖景房。

1) 请证明算法的正确性 (提示：为栈 S 找出某种不变式，归纳证明不变式成立，进而证明算法的正确性)。

2) 请使用平摊分析来分析该算法的代价。

18.2 走迷宫时可以进行两种操作，即往前进一步 forward() 或沿原路退 k 步 backward(k)，当然 backward(k) 最多只能退回原点。向前一步的代价为 2，向后退时每退一步的代价为 1。

请用平摊分析法分析最坏情况下操作的平均代价。

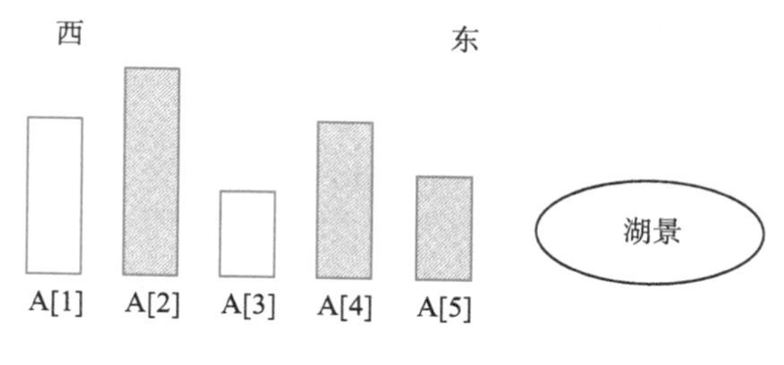

图 18.3 湖景房

18.3 有一个数组集合，第 i 个数组有 2^i 个元素，每个数组要么满、要么空。第 i 个数组是空还是满，由所有元素个数的二进制表示来决定。例如，存储 11 个元素，可以如图 18.4a 所示。如果要插入一个新元素（如图 18.4a 所示的例子中插入第 12 个元素 a_{12}），我们先产生一个由单个元素组成的集合，然后查看数组 A_0 是否为空。如果为空，那么就将这个集合放入 A_0，如果不是，那么将新插入元素后生成的集合和 A_0 合并产生新的数组（在图 18.4a 所示的例子中，现在可以表示为 $[a_1, a_{12}]$）。之后，查看 A_1 是否为空，如果 A_1 为空，这个新数组就放入 A_1。如果不是，那么再将这个数组同 A_1 合并，并查看 A_2 是否为空，以此类推。对于图 18.4a 所示的例子，插入第 12 个元素后，可以用图 18.4b 来表示。假定产生一个包含 1 个元素的新数组的代价为 1，而合并两个长度为 m 的数组的代价为 $2m$。在图 18.4a 所示例子中插入 a_{12} 的代价为 1+2+4。请使用平摊分析法分析插入操作的代价。

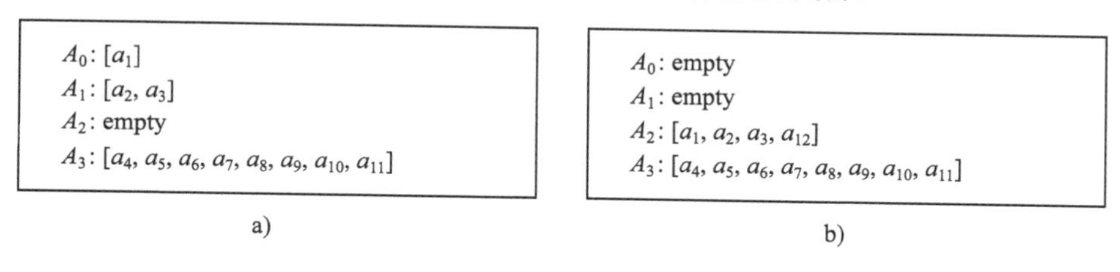

图 18.4 复合数组

18.4 假设一个并查集采用 WEIGHTED-UNION 和 C-FIND 实现 (详见第 15 章的讨论)。对于一个并查操作组成的序列，已知所有 UNION 操作都在 FIND 操作之前。

1) 请证明所有操作的平摊代价为 $O(1)$。

2) 假设“并”这一操作从 WEIGHTED-UNION 实现换成 UNION 实现，这对上面分析的结论是否有影响？

18.5 给定多重集合 S (集合中相同取值的元素可以多次出现)。集合 S 支持两个操作：

- INSERT(S, x)：将元素 x 插入到 S 中。插入操作支持元素的重复插入，所以集合 S 中的元素不一定是唯一的。
- DEL-LARGER-HALF(S)：将集合 S 中最大的 $\left\lceil \frac{|S|}{2} \right\rceil$ 个元素删掉。

```
1 算法: LAKE-VIEW(A[1..n])
2 Initialize a stack S ;
3 for i = 1 to n do
4 |   while S not empty and A[i] > S.TOP() do
5 |   |   S.POP() ;
6 S.PUSH(A[i]) ;
7 return S ;
```

请给出上述两个操作的算法实现，并证明操作序列的平摊代价为 $O(1)$。

18.6　在进入一个展览馆时，一次开门 (IN 操作) 只能进入 1 人；离开展览馆时一次开门 (OUT 操作) 可以多人离开。两个操作的定义和代价如下：

- IN: 1 人进入展览馆，进行开门、身份认证、门票检查、安全检查 4 个步骤，每个步骤代价都为 1，共计代价 4。
- OUT(m): m 人离开展览馆，进行开门、计数 2 个步骤，其中开门一次和计数一次的代价均为 1，共计代价 $1 + \min(m, t)$ (其中 t 为展览馆中人数总和)。

设初始时展览馆人数为 0，请用平摊分析法分析，执行若干次 IN 和 OUT 操作最坏情况下每次操作的平摊代价。

第19章 对手论证

当面对一个算法问题时，我们经常可以设计一个蛮力算法，然后逐步改进得到效率更高的算法。例如，对于排序问题，不难得到代价为 $O(n^2)$ 的插入排序。通过分治策略，可以将算法改进到代价为 $O(n\log n)$。算法的改进过程自然会带来一个问题：改进的界限在哪里？也就是说，当我们得到什么代价的算法时，就可以确定已经不可能再有进一步的改进了。这一改进的界限，可以通过算法问题的下界来刻画。具体而言，对于一个算法问题，我们说该问题的最坏情况时间复杂度的下界为 $\Omega(f(n))$，即解决该问题的任意算法的最坏时间复杂度为 $\Omega(f(n))$。类似地，同样可以定义算法问题的平均情况时间复杂度的下界。还是以排序算法为例，通过决策树可以证明比较排序的最坏情况时间复杂度的下界是 $\Omega(n\log n)$，于是我们可以知道堆排序（参见 14.4 节）和合并排序（参见 4.2 节）在最坏情况时间复杂度方面已经达到最优，不可能在渐近增长率方面做出进一步改进。

有一些问题——例如选择问题——可以使用决策树来分析下界，但是得不到充分紧的下界（详见习题 19.1）。还有一些问题，无法使用决策树来分析。此时需要引入对手论证（adversary argument）这一更强有力的工具来进行下界分析。本章首先介绍对手论证的基本原理与使用方法，然后结合一系列选择问题的下界证明来展示对手论证技术的应用。

19.1 对手论证的基本形式

可以将对手论证形象地看成两种角色之间的较量，较量的双方是算法的设计者和设计者的对手（adversary）：

- *设计者*：算法设计者的任务是设计算法来解决算法问题。它的优势在于可以采用任何理论、技术来优化算法的设计，提升算法的性能。它的不利之处在于，对于所有合法的输入，都必须保证算法的输出是正确的。
- *对手*：对手的任务和设计者的任务是“敌对的”。对手的优势在于，它可以在所有合法的输入中，挑选对于算法最不利的“坏”输入，使算法付出更多的代价。对手的限制在于它只能选择合法的输入。

根据这两种角色的设计，我们看出对手论证的基本原理是，通过对手论证构造坏的输入，使任何算法总是至少付出一定的代价，而这一“至少要付的代价”，就是我们需要求的算法问题的下界。下面通过具体的例子来展示对手论证的基本原理与典型应用。

19.2 选择最大或最小元素

这一问题本身很简单，直接用蛮力方法就可以有效解决，利用类似第 1 章算法 2 的顺序查找，可以得到数组中的最大或最小元素。此时问题的关键在于证明算法的下界是 $n-1$。更严格地说，我们需要证明的是：

定理 19.1 对于选择最大/最小元素问题，基于比较的选择算法的最坏情况时间复杂度下界是 $n-1$——即任何基于比较的选择算法，在最坏情况下至少要做 $n-1$ 次比较才能选出最大/最小元素。

证明 要证明至少需要 $n-1$ 次比较，等价于证明如果比较次数小于等于 $n-2$，则算法一定不正确。这一变换便于我们使用反证法。假设对于任意合法的输入，一个算法总是能正确找到最大元素，并假设算法至多只需要 $n-2$ 次比较。假设算法选定的最大元素是 a，由于算法的比较次数不超过 $n-2$，所以至少有一个元素 b，它没有跟 a 进行过比较。由于 b 没有和 a 进行过比较，所以算法并不知道这两个元素之间的大小关系。所以从对手的角度，我们把 b 的值设为大于 a 的某个合法值，这就导致算法的错误。由此就证明了算法至少要进行 $n-1$ 次比较。 ■

这一论证虽然简单，但是它帮我们进一步了解算法问题的下界这一概念，并且它已经包含了对手论证的基本要素。下面我们将结合更复杂的例子来充分展示对手论证技术的应用。

19.3 同时选择最大和最小元素

这一问题的蛮力算法不难设计，只需首先选出最大元素，其次在剩下的元素中选出最小元素。这一蛮力算法的最坏情况代价为 $n-1+n-2=2n-3$。通过元素两两配对比较，再从配对比较的较大元素中选择最大的元素，从配对比较的较小元素中选择最小的元素，则可以将算法的最坏情况时间复杂度改进到 $W(n)=\left\lceil\frac{3n}{2}\right\rceil-2$，这一算法的详细设计见习题 5.3。

此时一个自然的问题就是，能否通过更巧妙的设计，将算法的最坏情况时间复杂度进一步降低。或者说，算法的代价是否已经达到最优，这一代价就是下界，无法再做出改进。我们将通过对手论证，证明这一代价就是这一算法问题的最坏情况时间复杂度下界：

定理 19.2 同时选择最大和最小元素这一算法问题的最坏情况时间复杂度下界是 $\left\lceil\frac{3n}{2}\right\rceil-2$，即任意一个基于比较的选择算法，在最坏情况下至少要做 $\left\lceil\frac{3n}{2}\right\rceil-2$ 次比较才能选出最大和最小元素。

证明这一结论的难度在于，我们需要面对的是所有可能的算法——包括已经设计出来的和未来将被设计出来的算法，所以此时必须要设计一个抽象的数学模型，来刻画所有可能算法的共性特征。为此，我们提出信息量的概念。这里只考虑基于比较的算法，即算法只能通过两个元素之间的比较来确定最终的最大和最小元素。我们将两个元素的比较形象地称为一次比赛，称较大的元素为赢者，称较小的元素为输者。一个元素在尚未参加任何比较之前，我们将它的状态记为 N（New），表示尚未参加过任何比较。在一次两个元素的比较之后，我们将更大的元素状态记为 W（Win），表示曾经在某次比较中赢过；将更小的元素记为 L（Lose），表示曾经在某次比较中输过。因此，一个元素的状态必然是以下四种之一：N，W，L，WL。注意，最后一种状态 WL 表示该元素曾经在某次比较中赢过，并且曾经在某次比较中输过。每个元素的状态只能从 N 开始，按照图 19.1 中的边进行转换。每经过一条边进行一次状态转换，我们记为增加了 1 个单位的信息量（1 unit of information）。这里引入的信息量的概念，正是刻画所有求最大和最小元素算法共性特征的工具。

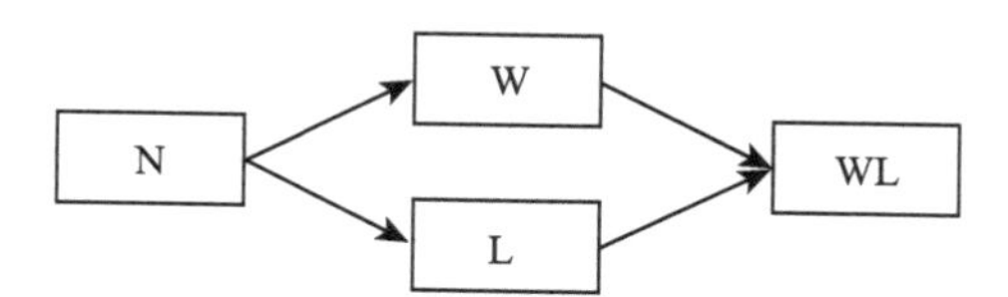

图 19.1 选择最大和最小元素过程中元素状态的变化

确定一个元素为最大元素，等价于确定该元素赢过所有其他 $n-1$ 个元素。这里的赢，包括在直接的比较中大于另一个元素，也包括通过多次比较间接赢过另一个元素（如果 a 赢 b、b 赢 c，则称 a 间接赢了 c）。所以确定最大元素，至少需要获得 $n-1$ 个单位的信息量。类似地，确定最小元素，同样至少获得 $n-1$ 个单位的信息量。所以确定最大和最小元素，不管采用何种算法，至少要获得 $2n-2$ 的信息量。

与使用逆序对分析比较排序（参见 4.1 节的讨论）类似，一个选择最大和最小元素的算法，其性能高低的关键在于，如何能够使每一次比较尽量获得更多的信息量。而对手挑选合法"坏"输入的准则就是使每次比较尽量少地提供信息量，如表 19.1 所示。为此，我们详细分析一次元素比较可能带来的信息量的增量。

表 19.1 基于信息量模型的对手策略设计

比较前的状态	对手的应对	比较后的状态	获得的信息量
N, N	$x > y$	W, L	2
（W, N）或（WL, N）	$x > y$	（W, L）或（WL, L）	1
L, N	$x < y$	L, W	1
W, W	$x > y$	W, WL	1
L, L	$x > y$	WL, L	1
（W, L）或（WL, L）或（W, WL）	$x > y$	不变	0
WL, WL	与前面已分配的值一致	不变	0

两个状态为 N 的元素的比较，必然能带来 2 个单位的信息量，这也是一次比较所能增加的最多的信息量。从算法设计者的角度来说，这样的比较是比较高效的，这也就解释了为什么选择最大和最小元素的算法要先将所有元素两两配对进行比较。

考虑 n 为偶数的情况，这类获得 2 个信息量的比较，最多能做 $\frac{n}{2}$ 次。其他的比较，无论如何设计算法，每次比较至多获得 1 个单位的信息量。因为解决选择最大和最小元素的问题，总共必须获得至少 $2(n-1)$ 的信息量，所以总的比较次数满足下面的等式：

$$\underbrace{2}_{\text{每次比较获得的信息量}} \times \underbrace{\frac{n}{2}}_{\text{比较的次数}} + \underbrace{1}_{\text{每次比较获得的信息量}} \times \underbrace{(n-2)}_{\text{比较的次数}} = 2n-2$$

因此，任何基于比较的选择算法，至少需要 $\frac{n}{2}+n-2=\frac{3n}{2}-2$ 次比较。对于 n 为奇数情况的下界分析，留作习题。

19.4 选择次大元素

在分析完选择最大和最小元素问题后，我们来看一个相关的问题：选择次大（第 2 大）

元素问题。显然，经过两轮蛮力选择，该问题可以通过 $n-1+n-2=2n-3$ 次比较解决。首先考虑如何改进蛮力算法，其次通过对手论证来证明该问题的下界，进而证明所提的改进算法是最优的。

更高效地选出次大元素的核心原理在于次大元素的这一特征：只有那些比较中输给最大元素的元素中，才可能产生次大的元素。也就是说，无论采取何种比较算法，如果一个元素输给过一个不是最大元素的元素，那么它一定不是次大元素。这一性质的证明是显然的。

首先采用单败淘汰的锦标赛方法来选择最大元素。假设元素个数为 2 的整数幂，采用一个完美二叉树来组织，一个 8 个元素的例子如图 19.2 所示。开始时，所有元素 $x_1, x_2, \cdots, x_8$ 处于叶节点位置，所有非叶节点均为空。同一个父节点的左右两个叶子子节点进行比较，更大的元素胜出，进入到父节点中。重复这个单败淘汰的过程，直至选出冠军（最大元素）。选出最大元素之后，回溯最大元素参与的所有比较，进而在跟最大元素比较过的元素中选出次大元素。

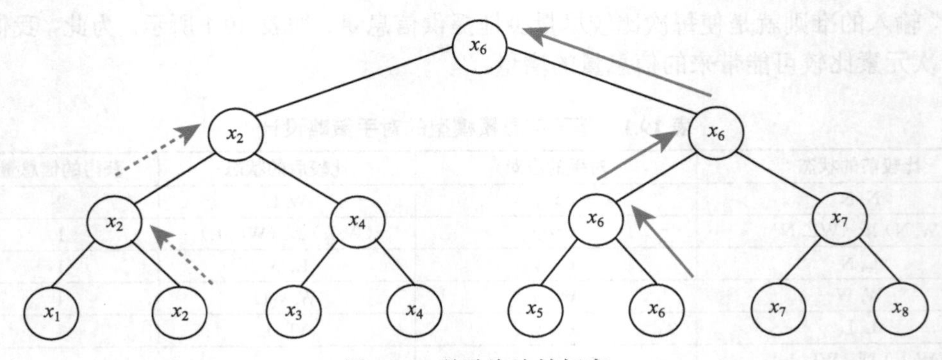

图 19.2　单败淘汰锦标赛

锦标赛对应的二叉树高度为 $\lceil \log n \rceil$，也就是说单败淘汰决出冠军需要 $\lceil \log n \rceil$ 轮。从这 $\lceil \log n \rceil$ 轮中输给最大元素的元素中朴素遍历选出最大元素需要 $\lceil \log n \rceil - 1$ 次比较。决出冠军的比较次数为 $n-1$，这是因为每次比较确定淘汰 1 个元素，而选出冠军等价于淘汰 $n-1$ 个元素。上述算法选出次大元素的总代价为：

$$W(n) = \underbrace{n-1}_{\text{选出最大元素的代价}} + \underbrace{\lceil \log n \rceil - 1}_{\text{选出次大元素的代价}}$$
$$= n + \lceil \log n \rceil - 2$$

问题的难度在于证明这一代价是最优的，即证明：

定理 19.3　*选择第二大元素的算法的下界是 $n + \lceil \log n \rceil - 2$，即任意一个基于比较的选择算法，在最坏情况下至少要做 $n + \lceil \log n \rceil - 2$ 次比较才能选择出第二大元素。*

证明　我们通过一个形象的比喻来解释证明下界所用的对手策略。将选择最大元素的过程看成是单败淘汰的比赛。假设初始时，每个选手（元素）有 1 个金币。每次两个人比赛前，他们各自有若干金币。比赛后，胜者拿走双方全部的金币。这一金币的比喻，其实是一个抽象的数学模型，它可以刻画任意基于比较的选择算法的性质。

当算法的执行过程被金币的转移过程所刻画的时候，对手可以选择如表 19.2 所示的策略。任意两个元素 x 和 y 比较之前，如果它们持有的金币数不同，则对手让持有金币多的元素获胜。如果 x 和 y 两个元素比较之前持有的金币数目相同且不为 0，则不失一般性，同样可以让 x 获胜。如果两个元素的金币数都是 0，则只要让比较的结果与前面的比较不矛盾即可，此时也不会发生任何金币的转移。这一对手论证策略的关键之处在于，选择最大元素的过程，就是金币全部汇总到冠军的过程。而对手的策略使得每次比较的胜者都是持有金币更多（或相等）的那个人，所以任何一次比较，金币的增加速度最多为原来的两倍。根据这一性质，冠军要汇总数量为 n 的金币，至少需要参与 $\lceil \log n \rceil$ 次的比较，那么至少有 $\lceil \log n \rceil$ 个元素可能成为次大元素。所以寻找次大元素的总代价至少为：

$$n - 1 + \lceil \log n \rceil - 1 = n + \lceil \log n \rceil - 2$$

由此完成了下界的证明。■

表 19.2　基于金币模型的对手策略设计

金币个数的比较	对手的应对	金币个数的更新
$w(x) > w(y)$	$x > y$	$w(x) := w(x) + w(y), w(y) := 0$
$w(x) = w(y) > 0$	同上	同上
$w(y) > w(x)$	$y > x$	$w(y) := w(x) + w(y), w(x) := 0$
$w(x) = w(y) = 0$	与以前的结果一致	无变化

19.5　选择中位数

要确定一个元素为中位数，则必须确定该元素比 $\frac{n-1}{2}$ 个元素大，且比 $\frac{n-1}{2}$ 个元素小（为了便于讨论对手策略的设计，这里假设 n 为奇数）。针对“确定中位数”这一目标，可以将元素之间的比较分为两类：

- **关键比较**（crucial comparison）：如果一次比较帮助算法的设计者确定了中位数和某个元素的关系，则这次比较为一次关键比较。这里的帮助可以是直接的，也可以是间接的。例如，如果已知元素 a 比中位数小，则如果比较 a 和 b 的结果是 $a > b$，则根据序关系的传递性可以知道 b 一定比中位数小，则这次比较是一次关键比较。
- **非关键比较**（non-crucial comparison）：如果一次比较无法帮助确定某个元素和中位数的关系，则这次比较是一次非关键比较。例如，已知元素 a 比中位数小，而 a 和 b 比较的结果是 $a < b$，则通过此次比较算法设计者无法确定 b 和中位数的关系，此次比较为一次非关键比较。

显然要确定中位数，必然需要 $n - 1$ 次关键比较。所以一次比较“关键”与否，对于对手策略的设计具有直接的指导作用：对手希望通过合法输入的调配，使尽量多的比较成为非关键比较，则算法最终需要比较的总次数将会增加。

为了设计一个对手策略，我们将算法执行过程中元素的状态分成如下三种：

- N：元素还未参加过比较。

- L：元素被赋予一个大于中位数的值。
- S：元素被赋予一个小于中位数的值。

由此，我们设计对手策略如表 19.3 所示。如前面对元素比较关键与否的讨论，对手策略设计的原则就是尽量让一次比较成为非关键比较，进而“逼迫”算法进行更多次比较才能找出中位数。根据这一对手策略，可以证明中位数选择问题的一个下界：

定理 19.4　*中位数选择算法的下界是 $\frac{3}{2}n-\frac{3}{2}$（对于奇数 n），即任意一个基于比较的选择算法，在最坏情况下至少要做 $\frac{3}{2}n-\frac{3}{2}$ 次比较才能选择出中位数。*

证明　只要涉及状态为 N 的元素的比较，对手都可以参照表 19.3 将它变成一次非关键比较。一次比较最多能消除 2 个状态为 N 的元素，所以对手可以迫使算法至少做 $\frac{n-1}{2}$ 次非关键比较。

为了确定中位数，必须做 $n-1$ 次关键比较，以确定 $\frac{n-1}{2}$ 个元素比中位数小，且 $\frac{n-1}{2}$ 个元素比中位数大。所以上述两类比较的次数和 $\frac{n-1}{2}+n-1=\frac{3}{2}n-\frac{3}{2}$ 就是中位数选择问题的一个下界。 ■

表 19.3　基于关键比较模型的对手策略设计

比较前元素的状态	对手的应对
N, N	使一个元素大于中位数，另一个元素小于中位数
(L, N) 或者 (N, L)	N 变成 S（给状态为 N 的元素赋一个小于中位数的值）
(S, N) 或者 (N, S)	N 变成 L（给状态为 N 的元素赋一个大于中位数的值）

19.6　习题

19.1　请使用决策树证明选择问题（选择任意第 k 大的元素）的最坏情况时间复杂度的下界是 $\Omega(\log n)$。

19.2　请针对 n 为奇数的情况，完成选择最大和最小元素问题的下界证明。

19.3　已知数组 $A[1..n]$ 中至多有 1 个逆序对，现在需要将数组中的元素排序。请用对手论证证明，任何算法在最坏情况下至少需要 $n-1$ 次比较，才能完成数组中元素的排序。

19.4　对于 7.4 节的芯片检测问题，请用对手论证证明，如果坏芯片的数目不少于总数的一半，则任何算法都不能确保正确检测所有芯片的好坏。

19.5　习题 4.4 给出了一个将 5 个元素进行排序的最优算法，记为 SORT-FIVE。下面考虑受限的 n 个元素选择问题，此时仅能使用 SORT-FIVE 算法来获得元素间的大小关系，对 SORT-FIVE 算法的一次调用记为 1 个关键操作。

1）如何使用 SORT-FIVE 算法找到 n 个元素中的最大值？请证明你的算法是最优的。

2）如何使用 SORT-FIVE 算法找到 n 个元素中的第二大值？请证明你的算法是最优的。

19.6　数组 $A[1..n]$ 中除一个元素外，其他元素均相同。将这个唯一的与众不同的元素称为“特殊元素”。你只能基于两个元素的比较来设计算法，两个元素的比较只能返回“相同”或者“不同”。

1）请设计一个算法用不多于 $\left\lfloor \frac{n+1}{2} \right\rfloor$ 次比较找出特殊元素。

2）假设特殊元素在该数组中所有可能的位置以相等的概率出现，请计算你的算法平均情况下比较的次数（在平均情况时间复杂度的计算中，可以假设 $n = 2k$ 为偶数）。

3）请证明找特殊元素问题的最坏情况时间复杂度的下界为 $\left\lfloor \frac{n+1}{2} \right\rfloor$。

19.7 考虑一个有 5 个赛道的赛马场，每次比赛最多有 5 匹马参加，并可以明确确定参赛马匹的名次（第 1 名，第 2 名，$\cdots$，第 5 名）。现有 25 匹赛马，同一匹赛马参加不同比赛的速度是恒定的，且各不相同。请设计一个算法选出跑得最快的 3 匹马（分别给出第 1、第 2 和第 3），并利用对手论证分析这个问题的下界（1 场比赛视为 1 个关键操作）。

19.8 现有一个长度为 4 的比特串，需要判断其中是否含有 2 个连续的 0。每次只能查看其中 1 个比特。是否存在一个算法不需要查看所有 4 个比特？如果存在，请给出该算法；如果不存在，请证明任何算法都必须至少查看 4 个比特。

19.9 给定一个长度为 n 的比特串，需要确定其中是否包含“01”这一特定的子串，所能做的关键操作是检查某一个比特，看其值为 0 或者 1。请证明该问题的下界。（提示：对 n 为奇数和偶数的情况分别进行讨论。）

19.10 有 n 个表面上看起来完全相同的硬币。其中至多有 1 个假的硬币，其重量比真的硬币重或者轻，而所有真硬币的重量相同。现在有一个天平可以比较两个硬币的轻重。

1）对于 $n = 3$ 的情况，请用决策树的形式来描述一个找出假硬币的算法。

2）请证明该问题的最坏情况时间复杂度的下界为 $\lceil \log_3(2n+1) \rceil$。

19.11 对于一个无向图 G，请证明判断 G 是否连通这一问题的下界为 $\Omega(n^2)$。

19.12 对于一个 n 个节点的有向图 $G = (V, E)$，请利用对手论证证明：任何算法要判断图 G 中是否有环，在最坏情况下需要检查所有节点对是否有边相连，即该问题的最坏情况时间复杂度下界为 $\Omega(n^2)$。

第六部分

计算复杂性初步

在求解一个算法问题的时候，我们往往可以直观地感觉到有些问题是比较难的，而另一些问题则相对容易。我们认为一个问题相对容易，一般是因为可以设计出一个较为高效的算法求解这个问题。但是并不能简单地因为当前尚未为一个问题设计出高效的算法，就认定它一定是难的。面对不断涌现的各类算法问题，需要用一个科学的手段来界定它们的难度。问题的难易，是一个相对的概念。本部分首先讨论两个问题之间的归约，它是界定两个问题相对难易程度的基本手段。

在可以科学地界定问题相对难易程度之后，就可以按照难易程度的不同，将算法问题分为不同的层级。在各层级不同难度的算法问题之中，NP 完全问题是最重要的一类较难的问题，NP 完全问题的相关研究是计算复杂性理论的核心内容之一。为此，作为铺垫，我们首先引入 P 问题和 NP 问题的定义；进而基于 NP 问题的概念和问题间的归约，定义 NP 完全问题；然后讨论证明一个问题的 NP 完全性的基础知识。

第 20 章　问题与归约

本章首先引入 NP 问题的定义，为此需要先定义优化问题、判定问题和 P 问题；其次讨论问题间归约的定义，这是界定两个问题相对难易程度的基本手段。

20.1　NP 问题

20.1.1　优化问题和判定问题

很多经典的难问题都是优化问题，而一个优化问题往往可以转换成对应的判定问题。一般而言，优化问题是关注某种特殊的结构，并希望优化该结构的某种指标。例如，最大团问题 CLIQUE 是一个典型的优化问题：

定义 20.1（CLIQUE–优化问题）　给定一个无向图 G，如果 G 的子图 H 是一个完全图，则称 H 为 G 中的一个团（clique）。定义一个团的大小为它所含节点的个数。由此定义最大团问题：

- 输入实例：无向图 G。
- 优化问题：求图 G 中最大团的大小。

这里关注的结构是团，优化的指标是团的大小。一个优化问题往往可以定义其对应的判定问题。判定问题关注同样的结构、同样的指标。但不同于优化问题的是，它不再关注指标的最大/最小值，而是引入一个参数 k，并问一个"是或否"的问题：是否存在一个我们所关注的结构，它的指标与参数 k 满足某种关系。同样对于最大团问题，可以定义它的判定问题：

定义 20.2（CLIQUE–判定问题）

- 输入实例：无向图 G，参数 k。
- 判定问题：图 G 中是否存在大小为 k 的团？

优化问题比判定问题要难一些。如果我们知道优化问题的解，则很容易得出判定问题的解；反之，如果我们知道判定问题的解，却不能简单地得出优化问题的解。例如，对于 CLIQUE 问题，如果我们知道最大团的大小为 a，则对于判定问题只需要比较 a 和 k 的关系就可以得出判定问题的解；反之，如果我们知道对于某一个 k 图中是否有大小为 k 的团，并不能简单地计算出图中最大团的大小。

判定问题的引入带来了两个问题：第一，为什么要研究判定问题？它能为研究问题的复杂性发挥什么作用？第二，判定问题比优化问题更简单，那研究判定问题的复杂性能否全面反映该问题的复杂性？我们将在后续的 20.2.1 节和 20.1.2 节分别讨论这两个问题。

20.1.2　P 问题的定义

我们将多项式时间可解的问题记为 P 问题，其定义如下：

定义 20.3（P 问题） 一个问题是 P 问题，如果存在关于 n 的一个多项式 $\mathrm{poly}(n)$，且存在解决该问题的一个算法，满足算法的代价 $f(n) = O(\mathrm{poly}(n))$。

P 问题之所以能“内聚”为一个问题类，关键在于多项式运算的封闭性：给定多项式 $f(x)$ 和 $g(y)$，$f(x)+g(y)$、$f(x)\cdot g(y)$ 和 $g(f(x))$ 都是多项式。注意多项式时间是一个很大的范围，例如，n 和 $10000n^{10000}$ 都是多项式时间。我们经常遇到代价为 n 的实用算法，而一个 $10000n^{10000}$ 的算法在现实中基本是不可能实用的。这就带来一个问题，我们为什么要关注 P 类问题？或者说 P 类问题的范围非常宽泛，它对我们研究问题的难度是否有意义？

问题的难易是一个相对的概念，虽然多项式时间的算法并不一定是一个高效实用的算法，但是如果一个算法的代价不是多项式的（例如是指数或者阶乘），则当问题的规模稍大一些时，它必然是不高效、不实用的。而我们目前主要关注的一类难问题（将在 21.1.1 节中定义）目前尚不知道是否有多项式时间的算法。所以相对这些难问题而言，P 类问题是一个有意义的分类。

基于上面对于多项式时间的讨论，还可以解决我们对于“判定问题比优化问题容易”的担忧。优化问题往往与判定问题的难度差距不大。严格地说，很多优化问题在多项式时间内可解，等价于它的判定问题在多项式时间内可解。正是这一观察使我们可以放心地只关注形式上更便于处理的判定问题。例如，对于前面讨论的最大团问题，我们有：

定理 20.1 最大团问题的优化问题是多项式时间可解的，当且仅当它的判定问题是多项式时间可解的。

基于多项式运算的封闭性，不难证明这一定理，详细证明留作习题。

20.1.3 NP 问题的定义

在定义 P 问题的基础上，可以进一步定义 NP 问题。NP 的名称来自 Non-deterministic P，其含义是非确定性算法在多项式时间内可解，也可以理解为多项式时间内可验证。具体而言：

定义 20.4（NP 问题） 我们定义一个问题为 NP 问题，如果该问题的解在多项式时间内可验证。这里可验证的含义是首先我们非确定地任意猜测该问题的一个解，其次我们可以在多项式时间内检查这个解是不是该问题的一个解。

注意，这里并未给出 NP 问题的严格定义，目的是便于大家理解 NP 问题的基本概念。基于非确定性图灵机，我们可以严格地定义 NP 问题，具体细节参见文献 [7]。

同样以最大团问题为例，可以基于上面的定义来证明一个问题是 NP 问题：

定理 20.2 CLIQUE $\in$ NP

证明 我们考察 CLIQUE 问题的判定问题。首先猜测 CLIQUE 问题的一个解，这个解的形式应该是图中的 k 个节点（对于不满足这一形式的解，我们可以直接判定它不是一个解）；其次对于任意猜测的解中的 k 个顶点，验证是否所有点对之间都有边，如果是，则验证了猜测的解是 CLIQUE 问题的一个解，否则猜测的解就不是 CLIQUE 问题的一个解。猜测的过程可以在 $O(n)$ 的时间内完成。对于验证的过程可以在 $O(k^2) = O(n^2)$ 内完成。所以上述猜测和验

证的过程是多项式时间的。由此证明了 CLIQUE 问题是 NP 问题。 ■

很容易验证 P 问题集合是 NP 问题集合的子集，并且直觉上 P 应该是 NP 的一个真子集，而且 NP 应该比 P 大很多。但是我们尚未证明这一猜想是成立的，也尚未证明它不成立。

20.2　问题间的归约

20.2.1　归约的定义

我们需要引入一个科学的工具来比较不同问题之间的难易程度，问题间难易关系的确立基于问题间的归约（reduction）。本节详细讨论问题间归约的定义。问题 P 可以归约到问题 Q（P is reducible to Q）的含义是解决问题 P 可以间接地通过解决问题 Q 来实现，如图 20.1 所示。

定义 20.5（问题 P 到 Q 的归约）　*判定问题 P 到 Q 的归约 ($P \leqslant Q$) 为一个转换函数 $T(x)$ 满足：*

- *它能够将问题 P 的任意一个合法的输入 x 转换成问题 Q 的一个合法输入 $T(x)$。假设已经有了解决问题 Q 的算法，将 $T(x)$ 输入到该算法，则得到问题 Q 的一个输出。*
- *P 问题对于任意输入 x 的输出是 YES，当且仅当 Q 问题对输入 $T(x)$ 的输出是 YES。*

在定义问题间的归约时，我们看到了研究判定问题带来的便利。不同算法问题的解可能非常不一样，例如，有的问题讨论的是图中的最大团，有的问题讨论的是背包所装物品的大小和价值。但是当仅仅讨论判定问题时，每个问题的解都是 YES 或者 NO。这为定义任意两个问题之间的归约带来了便利。

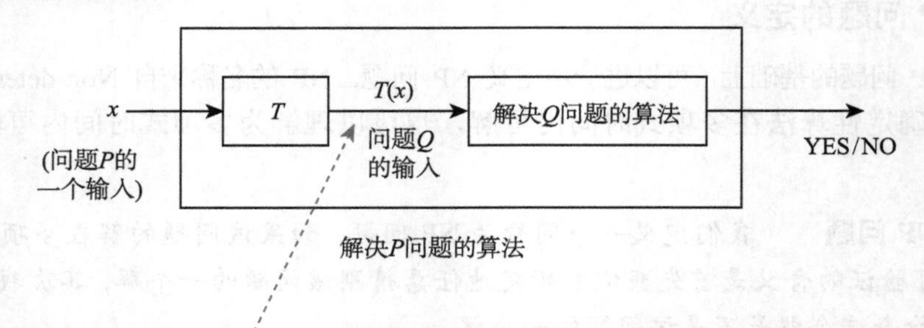

图 20.1　将 P 问题归约到 Q 问题

下面通过一个例子来展示如何构建两个问题间的归约。给定如下两个判定问题：

- $P1$：输入一组布尔值 $b_1, b_2, \cdots, b_n$，判定输入值中是否至少有一个为 TRUE。
- $P2$：输入一组整数值 $k_1, k_2, \cdots, k_n$，判定输入值中的最大值是否为正整数。

可以这样来构造从问题 $P1$ 到问题 $P2$ 的归约。定义转换函数 T 为一个从布尔值到整数值的函数：

$$T(x) = \begin{cases} 1, & x = \text{TRUE} \\ 0, & x = \text{FALSE} \end{cases}$$

转换函数 T 将 $P1$ 问题的布尔值输入转换为整数，并输入到解决 $P2$ 问题的算法中，该算法的输出只能为 TRUE 或者 FALSE。

- 如果 $P2$ 问题的算法输出为 TRUE，则说明 $P2$ 的输入中的最大值为正整数。根据转换函数 T 的定义，$P2$ 的输入必然为 0 或者 1。所以此时 $P2$ 的输入中至少存在一个 1，这说明 $P1$ 的输入中至少有一个为 TRUE。此时 $P1$ 问题的结果同样为 TRUE。
- 如果 $P2$ 问题的算法输出为 FALSE，则说明 $P2$ 的输入均不是正整数。根据转换函数 T 的定义，$P2$ 的输入必然均为 0。这说明 $P1$ 问题的输入均为 FALSE。此时 $P1$ 问题的结果同样为 FALSE。

由此证明了 $P2$ 问题算法的输出一定就是 $P1$ 问题的正确输出，因而 T 是问题 $P1$ 到 $P2$ 的归约。

20.2.2 归约的代价与问题难度的比较

我们引入问题间归约的目的是为了衡量问题间相对的难易程度。为了实现这一目标，必须对归约的代价做限定，不能让归约的代价“干扰”我们对于解决问题代价的衡量。为此，我们讨论多项式时间归约。具体而言，归约中的转换函数 T 也是一种算法，同样可以对它的代价做分析。因而可以定义多项式时间归约 $\leqslant_P$：

定义 20.6（多项式时间归约） *如果 T 是问题 P 到 Q 的归约，且 T 的代价为其输入规模的多项式，则称问题 P 可以多项式时间归约到问题 Q，记为 $P \leqslant_P Q$。*

对于一个难问题而言，输入转换的代价如果是多项式的，则这一代价对于解决问题的代价而言是一个小量。所以研究难问题之间的难易关系时，我们集中关注多项式时间归约。

问题间的归约是两个问题之间的一种二元关系。问题间的归约关系可以合理地刻画两个问题之间的难易关系。具体而言，如果 $P \leqslant_P Q$，则说明问题 P 的难度不超过问题 Q 的难度。这是因为如果已经得到了解决问题 Q 的算法，则基于高效归约的存在，很容易得到一个解决问题 P 的算法。反之，如果我们知道问题 P 的算法，却无法对解决问题 Q 有所帮助，在这个意义上，我们说问题 P 的难度不超过问题 Q 的难度。对于多项式时间归约，我们有：

定理 20.3 *多项式时间归约关系是一个传递关系，即对于问题 P、Q、R，如果 $P \leqslant_P Q$，$Q \leqslant_p R$，则 $P \leqslant_P R$。*

基于多项式运算的封闭性，我们可以证明这一结论，具体证明留作习题。

20.3 习题

20.1 对下列问题 CLIQUE、KNAPSACK、INDEPENDENT-SET、VERTEX-COVER（后三个问题的定义参见 21.2 节）：

1）请写出其优化问题和判定问题。

2）请对每个问题证明：其优化问题多项式时间可解，当且仅当其判定问题多项式时间可解。

3）请证明这些问题为 NP 问题。

20.2　请证明多项式时间归约关系 ($\leqslant_P$) 是一个传递关系（定理 20.3）。

20.3　假设 $A \leqslant_P B$，归约可以在 $O(n^2)$ 时间内完成，B 可以在 $O(n^4)$ 时间内解决。请计算解决 A 问题所需的时间。

20.4　给定“排序”与“选择”这两个问题，请从两个方向给出它们相互之间的归约。归约的过程是否使你想起某个排序算法？（提示：本题和后面两题所讨论的归约并不是判定问题之间的归约。你需要泛化 20.2.1 节中对于判定问题间归约的定义。简单而言，问题间的归约就是“黑盒”地调用一个问题的算法去解决另一个问题。）

20.5　给定下列两个问题：

- 问题 1：找出集合 S 中所有数的中位数。
- 问题 2：找出集合 S 的所有数中阶为 k（第 k 小）的数。

请给出问题 1 到问题 2 的归约和问题 2 到问题 1 的归约。

20.6　请证明两个 $n \times n$ 方阵相乘问题和一个 $n \times n$ 方阵平方问题之间是可以多项式时间归约的。

20.7　在习题 10.7 中，我们定义了图中反馈边集（Feedback Edge Set，FES）的概念。定义 FES 问题为给定无向图 $G = (V, E)$ 和参数 k，判定 G 中是否有大小不超过 k 的 FES。类似地，我们可以定义图中的反馈点集（Feedback Vertex Set, FVS）。一个顶点集 V 的子集为 FVS，如果图中的每个简单环至少包含该集合中的一个顶点。定义 FVS 问题为给定无向图 $G = (V, E)$ 和参数 k，判定 G 中是否有大小不超过 k 的 FVS。请证明 FES 和 FVS 这两个问题均为 NP 问题。

20.8　我们称无向图 $G = (V, E)$ 为可 3 着色的，如果能将每个顶点着色为三种颜色之一，并且使任意相邻的顶点具有不同的颜色。假设你有一个算法 COLORABLE (G)，它接受一个无向图 G 作为输入，算法返回 TRUE 当且仅当 G 为可 3 着色的，否则返回 FALSE。请设计一个多项式时间的算法，给出无向图 G 的一个合法的 3 着色，或者判断 G 不可 3 着色。你可以黑盒地调用 COLORABLE 算法，并假设它的时间是多项式的。

第 21 章　NP 完全性理论初步

我们总是希望所设计的算法是尽量高效的。对于算法的性能而言，一个合理的期望是它至少是多项式时间 $O(n^c)$ 的，这里 n 为问题的规模，c 为某个常数。但是在实际应用中，很容易遇到一些看起来很简单，但其实很难的问题：目前既拿不出多项式时间的算法，又无法证明多项式时间的算法一定不存在。有了第 20 章定义的多项式时间归约，可以科学地比较两个问题的难易，以此为基础，可以将一类常见而重要的难问题清晰地刻画出来，这就是 NP 完全问题。简单地说，它就是最难的那些 NP 问题。本章首先引入 NP 完全问题的定义，其次讨论 NP 完全性证明的基本方法。

21.1　NP 完全问题的定义

有了问题间归约的定义，就可以将所有问题按难度不同进行分类。最重要的一类问题是 NP 完全问题，本节引入它的定义。

为了定义 NP 完全问题，首先引入 NP 难（NP-Hard）的概念：

定义 21.1（NP 难问题）　一个问题 P 是 NP 难问题，如果 $\forall Q \in \mathrm{NP}, Q \leqslant_P P$。

注意，一个 NP 难问题的难度是没有上界的。如果将讨论的范围限定到 NP 问题，则得到 NP 完全问题的概念：

定义 21.2（NP 完全问题）　一个问题 P 是 NP 完全问题，如果 $P \in \mathrm{NP}$，且 P 是 NP 难问题。

直观地讲，NP 完全问题就是所有 NP 问题中最难的问题。对这类问题的研究是研究计算复杂性的基础。

NP 问题的定义引出了计算机科学中著名的未解问题：P 是否等于 NP。基于 NP 完全问题的概念我们发现，如果任意一个 NP 完全问题可以在多项式时间解决，则所有 NP 问题均可以在多项式时间解决，即 P = NP，如图 21.1 右图所示。如果证明任意一个 NP 完全问题不存在多项式时间的解，则所有 NP 完全问题均不可能在多项式时间内解决，如图 21.1 左图所示。这一性质的证明留作习题。

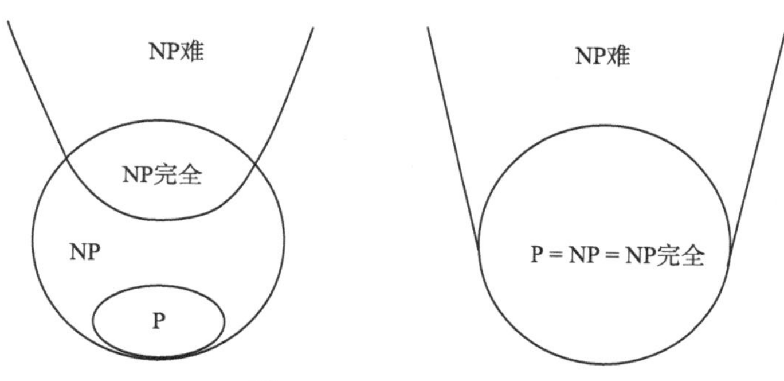

图 21.1　P 和 NP 的关系

21.2 NP 完全性证明的初步知识

虽然可以直接基于定义来证明一个问题的 NP 完全性，但这往往是比较困难的。根据 NP 完全性定义的特征，如果已知一个问题是 NP 完全问题，则 NP 完全性证明就变得相对简单。具体而言，假设已知问题 P 是 NP 完全的，需要证明问题 Q 是 NP 完全的。为此，只需要将问题 P 在多项式时间内归约到问题 Q。进而，根据 NP 完全性的定义，有 $\forall X \in \mathrm{NP}, X \leqslant_P P$，且 $P \leqslant_P Q$，根据多项式时间归约关系的传递性，有 $\forall X \in \mathrm{NP}, X \leqslant_P Q$，因而有 Q 是 NP 难的。如果再证明 Q 是 NP 问题，则证明了问题 Q 的 NP 完全性。这一证明思路必须有一个"种子"问题，即第一个被证明 NP 完全性的问题。SAT 问题是第一个被证明 NP 完全性的问题。它的 NP 完全性的证明是通过定义直接证明的。这里略去它的证明，详细证明见文献 [3,7]。

根据上面的讨论，NP 完全性证明的关键就变成了问题间归约的构造。问题间的归约构造往往技巧性较强，较有难度。本节讨论最特殊、最简单的两类归约，主要目的是加深读者对于问题间归约的基本概念的理解。

21.2.1 一般问题和特例问题

如果知道一个问题的特例 P 是 NP 完全的，则很容易证明更一般的问题 P' 也是 NP 完全的。为了证明这一点，只需要将 P 多项式时间归约到 P'。由于 P 是 P' 的特例，这一归约往往是很简单的，只需要给一般问题做某些具体的设定即可（例如将可变的参数设定为某个特定的值）。下面通过一个例子来展示这类特殊的归约。首先定义划分问题和背包问题：

定义 21.3（**划分问题 PARTITION**）

- 输入实例：n 个物品，其大小分别为 $s_1, s_2, \cdots, s_n$。
- 判定问题：是否可以将输入的物品划分为两个子集，使得这两个子集中物品大小之和相等？

定义 21.4（**背包问题 KNAPSACK**）

- 输入实例：n 个物品，其大小分别为 $s_1, s_2, \cdots, s_n$，每个物品的价值为 $c_1, c_2, \cdots, c_n$；参数 k 和 C。
- 判定问题：是否可以在背包中装若干物品，使得背包中物品的大小之和不超过 C，且价值之和不低于 k？

现在假设已知 PARTITION 问题是 NP 完全的，要证明 KNAPSAK 问题是 NP 完全的。首先要构建从 PARTITION 到 KNAPSACK 的归约。注意，KNAPSACK 是一个更一般性的问题，只需要设定所有物品的价值和它们的大小相等，即 $\forall 1 \leqslant i \leqslant n, c_i = s_i$，并且将参数设定为 $k = C = \frac{1}{2}\sum_{i=1}^{n} s_i$。此时的背包问题变成这样一个特殊的实例：判断是否可以在背包中装大小正好为 $\frac{1}{2}\sum_{i=1}^{n} s_i$ 的物品。显然这等价于判断是否可以将物品集合分为两个子集，且两个子集中物品大小之和相等。由此我们得到了 PARTITION 到 KNAPSACK 的归约，且这一归约显然是多项式时间的。进一步证明 KNAPSACK 是 NP 的（留作习题），就证明了 KNAPSACK 是 NP 完全问题。

下面再考虑稠密子图问题的 NP 完全性证明。首先给出该问题的定义：

定义 21.5（稠密子图问题 DENSE-SUBGRAPH）

- 输入实例：无向图 G，参数 k、y。
- 判定问题：G 中是否包含一个子图 H，它有 k 个顶点，且至少有 y 条边？

如果已知 CLIQUE 问题是 NP 完全的，现在要证明 DENSE-SUBGRAPH 问题是 NP 完全的，为此需要构建从 CLIQUE 到 DENSE-SUBGRAPH 的多项式时间归约。这一归约的构建是容易的，因为我们发现团其实是一种特殊的稠密子图，只需要令参数 $y=\binom{k}{2}$，即可完成归约的构建。归约的正确性依赖于这一性质："图中是否有大小为 k 的团"等价于"图中是否有 k 个顶点，不少于 $\binom{k}{2}$ 条边的稠密子图"。这一等价关系的证明是显然的。上述归约保证了 DENSE-SUBGRAPH 问题是 NP 难的，只要再证明该问题是 NP 的，即可完成该问题 NP 完全性的证明。

21.2.2 等价问题

如果两个问题之间具有某种等价性，则可以很容易得到它们之间的归约。以独立集和点覆盖问题为例：

定义 21.6（独立集问题 INDEPENDENT-SET）

- 输入实例：无向图 G，参数 k。
- 判定问题：G 中是否存在大小为 k 的独立集[㊀]？

定义 21.7（点覆盖 VERTEX-COVER）

- 输入实例：无向图 G，参数 k。
- 判定问题：G 中是否存在大小为 k 的点覆盖[㊁]？

实现这两个问题间归约的关键是发现独立集和点覆盖背后有深刻的联系。具体而言，I 是 $G=(V,E)$ 的独立集等价于 $C=V\backslash I$ 是 G 的点覆盖。首先假设 I 是独立集，则图 G 中的任意一条边 e，其两个顶点不可能均属于 I，则 e 必有一个顶点属于 C，所以 $V\backslash I$ 是点覆盖；其次假设 I 不是独立集，则必然存在一条边 e，它的两个顶点均属于 I。因此 e 不和 C 中的任意一个顶点相连，则 C 不是点覆盖。根据上述等价性，判断图中是否存在大小为 k 的独立集等价于判断图中是否存在大小为 $|V|-k$ 的点覆盖。由此很容易构建这两个问题之间的多项式时间归约。如果知道任意一个问题是 NP 完全的，则基于这两个问题之间的归约，可以证明另一个问题是 NP 完全的（问题的 NP 性要单独证明）。

下面再考虑两个紧密关联的问题：CLIQUE 和 INDEPENDENT-SET。假设已知这两个问题都是 NP 问题，现在的问题是：如果已知其中一个问题是 NP 完全的，是否能证明另一个问题是 NP 完全的。NP 完全性证明的关键在于找出这两个问题的本质关联。分析这两个问题我们发现，CLIQUE 要求的是任意两个点之间都有边，而 INDEPENDENT-SET 要求的是任意两个点之间没有边。我们不难在这两个截然相反的要求之间建立一一对应关系，只需要考

㊀ 如果一个点集中任意两点间没有边相连，我们称之为一个独立集，独立集的大小为其中节点的个数。

㊁ 如果图 G 中任意一条边均和顶点集合 C 中的某个顶点相关联，则我们称 C 为 G 的一个点覆盖，点覆盖的大小为其中点的个数。

虑图 G 和它的补图 $\bar{G}$。容易验证，图 G 中有大小为 k 的团等价于 $\bar{G}$ 中有大小为 k 的独立集。而计算补图是可以在多项式时间完成的，所以基于上述等价关系，可以得到这两个问题相互之间的多项式时间归约。所以已知其中一个问题的 NP 完全性，就可以证明另一个问题的 NP 完全性。

21.3 习题

21.1 请证明：

1）如果任意一个 NP 完全问题可以在多项式时间解决，则所有 NP 问题均可以在多项式时间解决，即 P = NP。

2）如果任意一个 NP 完全问题不存在多项式时间的解，则所有 NP 完全问题均不可能在多项式时间解决。

21.2 技术先进的外星人来到地球，声称一些已知的 NP 难问题不可能在少于 $O(n^{100})$ 的时间内解决。请简要说明这是否解决了 P 是否和 NP 相等的问题。

21.3（伪最大团问题） 给定一个正整数常数 k。问题的输入为一个包含 n 个顶点的无向图 G，问题为判断 G 中是否有大小为 k 的团。

1）请给出一个多项式时间的算法，判定图中是否存在大小为 k 的团。

2）你所提出的多项式时间的算法，是否证明了 NP 完全问题 CLIQUE 是 P 问题，因而证明了 P = NP？请解释你的结论。

21.4（DNF-SAT 问题） 考虑若干布尔变量组成的逻辑表达式的可满足性问题（SAT）。我们知道布尔表达式可以写成合取范式（Conjunctive Normal Form, CNF），例如：

$$(a \lor b \lor c) \land (d \lor e)$$

此时我们考虑是否可以为表达式中的每个变量赋一个布尔值（TRUE 或 FALSE），使得整个表达式的值为 TRUE。我们称该问题为 CNF-SAT 问题。同时我们知道，每一个 CNF 范式的逻辑表达式可以等价地写成一个析取范式（Disjunctive Normal Form, DNF），例如：

$$(a \lor b \lor c) \land (d \lor e) \equiv (a \land d) \lor (b \land d) \lor (c \land d) \lor (a \land e) \lor (b \land e) \lor (c \land e)$$

我们称判定析取范式的逻辑表达式是否可满足的问题为 DNF-SAT 问题。请基于上述知识回答下列问题：

1）请证明 DNF-SAT 问题是一个 P 问题。

2）下面的推理声称证明了“P = NP”，请找出它的错误：

“我们知道同一个布尔表达式，它既可以写成合取范式，也可以写成析取范式，并且这两种范式在逻辑上是等价的。由上面的证明已知 DNF-SAT 多项式时间可解。基于这两点，我们可以基于下面的归约来证明 CNF-SAT 问题是 P 问题：将 CNF-SAT 的输入首先转成等价的 DNF 形式，再调用多项式时间的 DNF-SAT 算法来求解。由 DNF 和 CNF 的等价性可知上述归约是正确的。由 DNF-SAT 多项式时间可解可知 CNF-SAT 多项式时间可解。因为 CNF-SAT 是 NP 完全问题，所以我们就为一个 NP 完全问题找到了多项式时间的解。基于 NP 完全性的定义，我们证明了 P = NP。”

21.5　考查背包问题：

1）设已知子集和问题是 NP 完全问题，请证明背包问题是 NP 完全问题。

2）请采用动态规划策略求解背包问题。

3）请分析所设计算法的时间与空间复杂度，并解释该算法是否表明我们可以为 NP 完全问题设计一个多项式时间的算法。

（子集和问题：给定一个自然数 S 和一个集合 $A=\{s_1,s_2,\cdots,s_n\}$，其中 $s_i(i=1,2,\cdots,n)$ 是自然数，问是否存在 A 的一个子集，该子集中自然数的和为 S。）

21.6（支配集问题和集合覆盖问题）　我们定义最小支配集问题与最小集合覆盖问题的判定问题：

1）DOMINATION-SET：对于无向图 G，其中是否有大小为 k 的支配集[㊀]？

2）SET-COVER：给定全集 U 以及 U 的 n 个子集 $S_1,S_2,\cdots,S_n$ 满足 $\bigcup_{i=1}^{n}S_i=U$。是否存在大小为 k 的集合覆盖[㊁]？

3）已知 DOMINATION-SET 是 NP 完全问题，请证明 SET-COVER 是 NP 完全问题。

21.7　对于图 $G=(V,E)$，$H=(V_2,E_2)$，定义子图同构问题 SUBGRAPH-ISOMORPHISM 为：G 中是否含有子图 $H'=(V_1,E_1)$ 满足 H' 和 H 同构。请证明 SUBGRAPH-ISOMORPHISM 问题是 NP 完全问题（假设已知最大团问题是 NP 完全问题）。

21.8（强独立集问题）　考虑独立集问题的一个变体，我们称之为强独立集问题。给定无向图 $G(V,E)$，我们称顶点集 $V'\subseteq V$ 为强独立集，如果 V' 中任意两点之间没有边相连，并且在 G 中没有长度为 2 的路径相连。强独立集问题的判定问题就是，给定无向图 G 和参数 k，问 G 中是否含有大小为 k 的强独立集。请证明强独立集问题是 NP 完全的。（可以假设已知独立集问题是 NP 完全的。）

21.9（0 权环问题）　给定带权有向图 $G=(V,E)$，0 权环问题（Zero Weight Cycle, ZWC）定义为：判断图中是否存在权重为 0 的简单环。请证明 ZWC 问题是 NP 完全的。（可以假设已知哈密顿回路问题是 NP 完全的。）

21.10（回避路径问题）　在导航应用中，用户有时希望在选择路径时，避免一个地方走多次，由此产生了回避路径问题（Evasive Path Problem, EPP）。给定有向图 $G=(V,E)$，指定的起点 s 和终点 t，另外还指定了一组没有重叠的区域 $Z_1,Z_2,\cdots,Z_k$，其中 $Z_i\subseteq V(1\leqslant i\leqslant k)$。问题是判断是否存在从 s 到 t 的路径，满足每个区域中至多访问一个节点。请证明 EPP 问题是 NP 完全的。（可以假设已知有向哈密顿路径问题是 NP 完全的。）

㊀ 图 $G=(V,E)$ 的支配集 D 的定义为：任意 $V\backslash D$ 中的点均和 D 中的某个点有边相连。

㊁ 集合覆盖是若干给定的子集组成的子集族，其中所有子集的并为全集。集合覆盖的大小为其中子集的个数。

附录A　数学归纳法

可以将数学归纳法看成源于更基本、更直观的良序原理（well-ordering principle）。

定义 A.1（良序原理）　任意非空的自然数集合必然有最小元素。

下面基于良序原理来推出数学归纳法。考察一族关于自然数的命题 $P(n)$。如果 $P(n)$ 不是对所有自然数均成立，则我们有命题 $P(n)$ 的反例集合是非空的。基于良序原理，我们有 $P(n)$ 一定有最小反例 a。如果我们直接证明了基础情况 $P(1)$ 为 TRUE，则 $a \geqslant 2$。基于最小反例的含义，我们有：如果 $P(n)$ 不是对所有自然数均成立，则下面的结论成立。

$$\exists a \geqslant 2, P(1) \wedge P(2) \wedge \cdots \wedge P(a-1) \wedge \neg P(a) = \text{TRUE} \qquad (\text{断言}1)$$

上面的推理是从命题 $P(n)$ 不成立得出最小反例的性质。考察这一推理的逆否命题，我们有：如果对每个自然数 a，断言 1 都不成立，则命题 $P(n)$ 对所有自然数成立。将断言 1 的否命题写成断言 2，则有：如果断言 2 成立，则 $P(n)$ 对所有自然数成立。

$$\forall a \geqslant 2, P(1) \wedge P(2) \wedge \cdots \wedge P(a-1) \wedge \neg P(a) = \text{FALSE} \qquad (\text{断言}2)$$

注意 $\neg(p \wedge \neg q) \equiv p \rightarrow q$，据此可以将断言 2 改写成：

$$\forall a \geqslant 2, (P(1) \wedge P(2) \wedge \cdots \wedge P(a-1)) \rightarrow P(a) = \text{TRUE} \qquad (\text{断言}3)$$

则有：如果断言 3 成立，则 $P(n)$ 对所有自然数成立。

由此，我们从良序原理推出了数学归纳法。基于上述推理，可以将所有基于数学归纳法的证明，改成基于良序原理的证明；同样，也可以将一个基于良序原理的证明，改写成基于数学归纳法的证明。

附录B　二叉树

二叉树（binary tree）是一种数据结构，它有唯一的根节点，并且每个节点都有0个、1个或2个子节点。它的（至多）两个子节点被区分为左子节点和右子节点。可以在二叉树中定义节点的深度（depth）和子树/节点的高度（height）的概念。

定义 B.1（深度和高度）　对二叉树中的任意一个节点，递归定义它的深度为：

- 根节点的深度为0。
- 一个非根节点的深度为其父节点深度加1。

基于深度的概念，可以定义二叉树的高度：

- 一棵二叉树的高度就是该树中节点深度的最大值。
- 一个节点的高度就是以该节点为根的子树的高度。

基于节点深度的概念，我们经常将所有节点分层（level）：所有深度为 k 的节点被称为第 k 层的节点。

有多种特殊结构的二叉树在算法设计与分析中获得广泛应用，我们需要把它们明确定义出来。主要包括完全二叉树（complete binary tree）和满二叉树（full binary tree）这两个概念。注意，这两个概念在形成过程中产生了一些歧义，不同文献中这些概念的含义有时会有不同。为此，这里采用一套无歧义的术语来定义各种类型的二叉树，并基于我们的定义说明完全二叉树和满二叉树的常见含义。

定义 B.2（2-tree）　称一棵二叉树为2-tree，如果它的每个节点的子节点个数均为2或者0。我们将子节点数为2的节点称为内部节点（internal node），将子节点数为0的节点称为外部节点（external node）。

一般满二叉树就是指2-tree。

定义 B.3（完美二叉树）　称一棵二叉树为完美二叉树，如果它是一棵2-tree，且所有叶节点的深度相同。

定义 B.4（堆结构）　称一棵二叉树满足"堆结构"这一性质，如果它是完美二叉树，或者它仅比一棵完美二叉树在底层（深度最大的层）少若干节点，并且底层的节点从左向右依次紧密排列。

完全二叉树有时指完美二叉树，有时指具有堆结构特性的二叉树。

参考文献

[1] Baase S, Gelder A V. Computer Algorithms—Introduction to Design and Analysis[M]. New York: Pearson Education, Addsion-Wesley, 2001.

[2] Bentley J L, Haken D, Saxe J B. A General Method for Solving Divide-and-conquer Recurrences[J]. SIGACT News, 1980, 12(3): 36–44.

[3] Cook S A. The Complexity of Theorem-proving Procedures[C]. In Proceedings of the Third Annual ACM Symposium on Theory of Computing, STOC '71. New York: ACM, 151–158.

[4] Cormen T, Leiserson C, Rivest R, et al. Introduction to Algorithms[M]. 3rd ed. Cambridge: MIT Press, 2009.

[5] Dasgupta S, Papadimitriou C, Vazirani U. Algorithms[M]. New York: McGraw-Hill, 2006.

[6] Erickson J. Lecture Notes for Algorithms Courses[EB/OL]. http://www.cs.illinois.edu/jeffe/teaching/algorithms, 2011.

[7] Garey M R, Johnson D S. Computers and Intractability: A Guide to the Theory of NP-Completeness[M]. New York: W. H. Freeman, 1979.

[8] Hopcroft J E, Ullman J D. Set Merging Algorithms[J]. SIAM Journal on Computing, 1973, 2(4): 294–303.

[9] Knuth D. The Art of Computer Programming, Volume 4: Combinatorial Algorithms, Part 1[M]. New York: Pearson Education, Addison-Wesley, 2008.

[10] Lehman E, Leighton F T, Meyer A R. Mathematics for Computer Science[Z]. MIT Open Courseware, 6.042J/18.062J, 2012.

[11] Mount D. Problem Set for the Algorithms Course[D]. Maryland: University of Maryland, 2008.

[12] Tarjan R E. Efficiency of A Good But Not Linear Set Union Algorithm[J]. J. ACM, 1975, 22(2): 215–225.